MUSÉE INDUSTRIEL.

DESCRIPTION COMPLÈTE DE L'EXPOSITION

DES

PRODUITS DE L'INDUSTRIE FRANÇAISE FAITE EN 1834.

OU

STATISTIQUE INDUSTRIELLE,

MANUFACTURIÈRE ET AGRICOLE DE LA FRANCE

A LA MÊME ÉPOQUE.

VERSAILLES. — IMPRIMERIE DE MARLIN.

MUSÉE INDUSTRIEL.

DESCRIPTION COMPLÈTE DE L'EXPOSITION

DES

PRODUITS DE L'INDUSTRIE FRANÇAISE FAITE EN 1834.

OU

STATISTIQUE INDUSTRIELLE,

MANUFACTURIÈRE ET AGRICOLE DE LA FRANCE

A LA MÊME ÉPOQUE.

PUBLIÉ PAR

MM. DE MOLÉON, ancien Élève de l'École Polytechnique, Directeur du Recueil Industriel et des Beaux-Arts;

COCHAUD, ancien chef du Bureau des Manufactures au Ministère de l'Intérieur;

PAULIN-DESORMEAUX, auteur du Journal des Ateliers.

TOME SECOND.

A PARIS,

AU BUREAU CENTRAL DE LA SOCIÉTÉ POLYTECHNIQUE ET DU RECUEIL INDUSTRIEL,
rue Neuve-des-Capucines, n° 13 bis.

Dans les Départemens et à l'Étranger, chez les Libraires et les Directeurs de Postes aux Lettres.

1836.

MUSÉE INDUSTRIEL,

OU

Description complète de l'Exposition générale

DES PRODUITS

DE L'INDUSTRIE FRANÇAISE EN 1834.

SIXIÈME CHAPITRE.

COTON.

Des documens que l'on peut regarder comme authentiques, et qui ont été fournis par la dernière Enquête commerciale, démontrent que l'industrie des lainages qui a été l'objet de notre premier Chapitre, produit annuellement pour quatre cent millions de valeur.

Croirait-on que la branche d'industrie alimentée par le coton, est beaucoup plus productive? Les Conseils généraux de l'agriculture, du commerce et des manufactures, l'évaluaient à cinq cent millions, en 1833. M. *Mimerel,* filateur de coton, à Roubaix, entendu récemment devant le Conseil supérieur du commerce, comme délégué de la Chambre de commerce de Lille et des Chambres consultatives des arts et manufactures de Roubaix et de Tourcoing, a déclaré qu'elle excède cette somme, d'un cinquième. « La production » générale du coton en France, a-t-il dit, est » de 600 millions. Les salaires, y compris les » frais de transport, s'élèvent à 400 millions. » Nous employons pour 110 millions de matières » premières, y compris le blanchîment et les ma- » tières colorantes. Les intérêts des capitaux em- » ployés, représentent 30 millions. La déprécia- » tion de nos usines à 5 p. o/o, peut être portée à » 15 millions : l'entretien de ces mêmes usines, » à 15 autres millions. En temps ordinaire, les bé- » néfices des producteurs, montent à 30 millions. » Dans les temps de prospérité, la production » excède 600 millions, et l'excédant se partage » entre le producteur et l'ouvrier. »

Lors même que l'on admettrait que ces assertions sont un peu exagérées, toujours est-il que la valeur de nos produits en coton, surpasse celle de nos produits en laine.

Qu'il est à regretter que la première de ces deux industries, qui s'est placée à la tête des plus importantes que nous possédons, se trouve réduite à ne recevoir que de l'étranger les matières qu'elle met en œuvre! elle en emploie, suivant M. Mimerel, 35 millions de kilogrammes par an, qui coûtent 70 millions; et quoique l'exportation qui a lieu de beaucoup d'objets qui en sont fabriqués, ramène dans le royaume une partie des déboursés qu'elle a faits pour achat de cotons en laine, elle n'en fournit pas moins à notre consommation intérieure, une quantité immense de produits, dont la base, les élémens, n'appartiennent pas à notre sol.

Malgré un tel désavantage qu'éprouvent également presque toutes les autres nations de l'Europe qui manufacturent le coton, sa fabrication et les diverses branches qui la constituent, ont pris entre nos mains un grand essor, et une perfection qui laisse peu à désirer. Pour les ouvrages communs, et même pour les tissus fins, tels que percales, jaconats, madopolans, basins, piqués, etc., nous luttons avec nos rivaux, à forces égales, dans tout ce qui se rapporte à une bonne et belle exécution, et sauf que leurs prix, presque généralement inférieurs aux nôtres, attirent plus l'acheteur. Nous fabriquons aussi très bien les mousselines et le tulle; mais les fils qui entrent dans leur confection, nous viennent la plupart d'Angleterre. Si nous cédons aux Anglais sur ces deux points, principalement en ce qui concerne le prix, et le nerf des filés d'une grande finesse, la cause en est due à ce que nos filateurs ne produisent pas assez dans les numéros élevés, ou n'opèrent pas, dans ces numéros, d'une manière assez parfaite. Ainsi, nous avons à améliorer cette partie de notre filature de coton.

SECTION Ire.

Filage du coton.

Avant la découverte des machines à filer le coton, ce lainage n'était filé en France qu'à la main et au rouet. Notre industrie cotonnière était peu de chose dans ce temps qui ne remonte guère au-delà d'un demi-siècle : elle n'occupait pas beaucoup de bras, et ses produits étaient très chers.

Depuis que les anglais *Milne*, dont le dernier vient de mourir à Paris, nous apportèrent, en 1788, sous le ministère de M. de Calonne, les mécaniques à filer que l'on appelle *continues*, et celles dites *mull-Jennys*, cette industrie s'est accrue successivement. Ses produits, qui sont tous alimentés par la filature, se sont en même temps et progressivement multipliés, tant à l'aide des perfectionnemens éprouvés par les premières mécaniques d'importation anglaise, que par l'invention ou le perfectionnement d'autres machines employées aux diverses parties de la fabrication. Leur prix a proportionnellement baissé, au grand avantage des consommateurs, presque uniquement par l'effet de la consommation intérieure, et s'est réduit à un degré qui paraît à peine croyable. Qu'il nous soit permis de citer à cet égard, un fait qui est à notre connaissance. Il existe un vieillard possédant encore dans sa garde-robe, quelques anciennes chemises de percale qui lui coûtèrent, lorsqu'il en fit emplette, de 25 à 30 fr. la pièce : elles ne lui seraient vendues aujourd'hui dans les même qualité et finesse de tissu, que 7 à 8 francs.

On rapporterait beaucoup d'autres exemples des salutaires améliorations qu'introduisent dans les manufactures, des machines nouvelles que repoussent d'abord les ouvriers, et qui finissent par leur procurer plus de travail, par en occuper un plus grand nombre, et par mettre les produits à la portée des petites fortunes et des personnes qui ont le moins d'aisance. Si vous descendez dans les classes pauvres, vous y verrez partout des parties de vêtement en coton, dont le bon marché provoque l'achat et l'usage.

Excusez, lecteurs, cette courte digression, qui n'est pas étrangère à notre sujet, où nous nous empressons de rentrer.

Il est reconnu et constaté que le coton est très bien filé chez nous jusqu'au n° 140, et même un peu au-dessus. On avait lieu de penser que la perfection de cette filature s'étendait au moins au n° 200, car aux Expositions de 1819, 1823 et 1827, quelques médailles d'or furent accordées pour ce numéro ou pour des numéros supérieurs obtenus dans les départemens de l'Aisne, du Nord et du Haut-Rhin.

Cependant, à la fin de 1833 et au commencement de 1834, des renseignemens officiels demandés à Tarare, Lille, Calais, Douai, etc., et la discussion élevée dans le sein des Conseils généraux des Manufactures, du Commerce et de l'Agriculture, ont révélé qu'au-dessus du n° 143, les filés anglais l'emportent sur les nôtres par la force, et qu'ils sont à moindre prix. On en a conclu la nécessité de lever la prohibition qui, comprenant les autres plus bas numéros, existait aussi sur ces filés, quoiqu'ils soient indispensables pour les travaux de nos fabriques de mousseline et de tulle, qui ne pouvaient, depuis trop long temps, les avoir qu'en fraude. C'est ce qui a déterminé à rendre l'ordonnance du 8 juillet 1834, qui admet provisoirement les cotons filés, sous le paiement d'un droit de 7 fr. par kilogramme pour les simples, et de 8 fr. pour les retors,

§ Ier.

Fils de coton simples.

M. Mimerel, que nous avons déjà cité deux fois, évalue à 180 millions de francs la totalité des fils de coton annuellement obtenus en France.

Les filatures les plus nombreuses sont 1° dans l'arrondissement de Lille, où il y en a 150, employant 600,000 broches, au dire du même M. Mimerel; 2° dans l'arrondissement de Saint-Quentin, où, suivant MM. Joly et Bouchart-Demarolle, entendus devant le Conseil supérieur du Commerce, lors de l'Enquête commerciale de 1834, il existe 37 filatures garnies de 210,000 broches, qui produisent, chaque année, 3 millions de livres de fil de coton, valant 12 millions de francs; 3° dans le département de la Seine-Inférieure qui, d'après les déclarations de MM. Fauquet, Lemaitre et Crepet, interrogés dans la même enquête, ne possède pas moins de 240 filatures grandes ou petites, fournissant 248,000 kilogr. de filés par semaine; 4° dans le département du Haut-Rhin qui contient 40 filatures importantes, lesquelles réunies à celles du Bas-Rhin et à celles avoisinant l'ancienne province d'Alsace, du côté des Vosges et du côté des départemens de la Haute-Saône et du Doubs, forment un total de 56 établissemens, où il y a 700,000 broches, dont le produit annuel est de 7,000,000 de kilogr. de filés. (*Voir l'interrogatoire de M. Roman entendu aux noms des Délégués du Haut et du Bas-Rhin.*)

A raison du grand nombre de filatures de ces localités, nous réunirons successivement ce qui avait été présenté à l'Exposition de 1834, par celles du Nord, de la Seine-Inférieure et du Bas-Rhin, passant sous silence les filatures de l'Aisne qui n'y ont rien fourni. Viendront après les établissemens de la même nature, disséminés sur d'autres parties du royaume, qui leur ont fait concurrence.

Nous devons encore prévenir nos lecteurs que, bien que nous ayons séparé les fils de coton en deux paragraphes, savoir, les fils simples et les fils retors, il y a plus d'un filateur qui produit les uns et les autres; on verra également dans la suite de ce chapitre, et notamment à la 3e section, des fabricans de tissus de coton, qui ont à eux et exploitent des filatures. Ainsi, dans une autre industrie, beaucoup de fabricans de lainages filent la laine qu'ils consomment.

Filatures de l'arrondissement de Lille.

371 (2133). MM. *Courmont* et *Godfernaux*, filateurs à Wazemmes, banlieue de Lille, avaient envoyé à l'Exposition un paquet de coton filé au nº 180 mille mètres pour chaîne, et 1 kilogramme de fil retors pour tulle. Leur établissement compte 3,000 broches. C'est une machine à vapeur qui le met en mouvement. Ses produits les plus habituels sont destinés à former des chaînes. MM. Courmont et Godfernaux seront mentionnés honorablement dans le rapport du Jury central.

372 (2111). M. *Delot* (Emile), filateur à Lille, exposait des cotons filés d'une bonne exécution,

qui n'offrait rien cependant qui pût lui attirer une distinction analogue à la précédente.

373 (2151). M. *Desvignes-Duquesnoy*, filateur à Roubaix, des filés moitié coton et moitié laine; c'étaient les seuls de ce genre, qui fussent admis au concours. Le jury le citera avec éloge dans son rapport.

374 (2109). Une distinction beaucoup plus haute, la médaille d'argent, a été décernée à M. *Tesse-Petit*, filateur à Lille. Il produit les filés simples pour les fabriques de Tarare, Saint-Quentin, Cambrai, etc., et les retors, destinés à la confection du tulle et des dentelles, pour les fabriques de Lille et de Calais. Les matières qu'il emploie le plus fréquemment, sont le Fernambouc, le Bahia, le Géorgie longue soie et quelques parties de jumel. Ses métiers sont au nombre de 14, qui occupent 90 ouvriers. M. Tesse-Petit file jusqu'au n° 220 m/m.

Voir, pour les autres filatures de coton du département du Nord, dont les filés retors sont le principal produit, les quatre premiers numéros du paragraphe suivant.

Filatures de coton de la Seine-Inférieure.

375 (2355). Les filés de coton de M. *Chevalier*, filateur à Rouen, et membre du conseil de prud'hommes, seront mentionnés honorablement dans le rapport du jury. Il avait placé sous le 3e pavillon de la place de la Concorde, un carton de petites bobines de fil au n° 34, pour tissage de calicot. Ce fil était de mille mètres au demi-kilogramme,

et roulé sur cannetilles ou fuseaux en papier qui s'adaptent de suite dans la navette du tisserand, ce qui économise la main-d'œuvre du dévidage. M. Chevalier le manœuvre par l'appareil dit *rota-frotteur*, qui fait acheter, par une grande surveillance, les avantages qu'on en obtient. Les ouvriers de sa filature sont au nombre de 80, qui fournissent 60 mille kilogrammes de fil par an, et ne chôment jamais, parce qu'on recherche leurs filés qui se distinguent par la régularité et par une égalité parfaite.

376 (2356). Une médaille d'or et la décoration de la légion-d'honneur décernées à M. *Fauquet-Lemaître*, filateur de coton et fabricant de calicot à Bolbec (1), annoncent assez qu'il tient un des rangs les plus hauts dans ces deux branches de notre industrie cotonnière. Il exposait des cotons filés Louisianne, les uns pour trame et les autres pour chaîne : une pièce de calicot 3/4, première qualité, à 82 c. ½ l'aune, y était réunie. — Les ouvriers de ses filatures s'élèvent à 1,200, et ses tisseurs à 1,800. Ils ne produisent pas moins de 400 livres de fil chaque jour, et de 400 pièces de calicot par semaine, la pièce de 100 aunes de long. — La bonne qualité et la modération des prix, caractérisent tout ce qui sort des vastes ateliers de M. Fauquet-Lemaître.

(1) La ville de Bolbec est une des principales cités manufacturières du département de la Seine-Inférieure. Son industrie est très variée : on y distingue ses fabriques de calicot, d'indiennes, de mouchoirs, des filatures de coton, des teintureries, taneries, etc. — Elle est située à 35 kil. du Hâvre, et possède 9,630 habitans.

Filatures de coton du Haut-Rhin.

377 (1893). M. *Bourcard* (Camille), à Thann (1). C'était des cotons filés dans les bas numéros, que se composait son exhibition : il y en avait du n° 4 au n° 16, provenant de déchets; il y avait aussi des chaînes pour tissage à la mécanique. Une médaille de bronze, a été accordée à M. Bourcard.

378 (1894). Tout ce qu'avait obtenu M. Fauquet-Lemaître dans le département de la Seine-Inférieure, M. *Hartmann* (Jacques), l'a obtenu dans celui du Haut-Rhin ; il a aussi reçu une médaille d'or et la croix. Quel triomphe dans le premier concours où il s'est montré ! Il est vrai de dire que, si ses établissemens qui existent à Munster (2), et qu'il y avait formés en 1830, n'ont rien fourni aux Expositions de 1823 et de 1827, c'est que leur fondateur ne voulait concourir qu'après avoir atteint une haute perfection. — Ils sont mis en activité par deux roues hydrauliques, renferment 50,000 broches en fin, occupent 1,200 ouvriers de tout âge et des deux sexes, et fournissent chaque jour 1,000 kilogrammes de fil du n° 6 à 160 m/m. Suivant les demandes qui sont adressées à M. Hartmann, ce dernier degré de finesse est outre-passé ; il en a donné pour preuve, un cadre

(1) Cette ville, du département du Haut-Rhin, doit être citée pour ses toiles peintes et ses forges. — Elle compte environ 3,900 habitans.

(2) Située sur la Fecht, à 20 kil. de Colmar, et de 4,300 habitans. — Elle possède de bonnes fabriques de toiles peintes, de coton, des filatures hydrauliques.

qui était visité par les connaisseurs, et où l'on voyait réunis des échantillons de tous numéros, depuis le n° 6, jusqu'au n° 340.

379 (1895). MM. *Heilman* frères, à Ribeauvillé (1), reçurent en 1827, une médaille d'argent, dont le jury de 1834 les a déclarés toujours dignes. Le moteur de leur filature est une roue hydraulique en fer, ayant 54 pieds de diamètre, qui fut construite, en 1830, dans les ateliers de MM. André Kœchlin et Ce, à Mulhausen; elle est de la force de 22 chevaux, et fait mouvoir un tour, une meule, une scie circulaire, dix étirages, trois bancs à broches, huit métiers en gros, et cinquante-quatre métiers en fin, qui sont garnis en totalité de 17,000 broches. — Dans le nombre de leurs ouvriers, qui est de 350 à 400, il y en a deux tiers de l'un et de l'autre sexe et de 10 à 16 ans, appartenant tous à des familles de Ribeauvillé. — En 1828, MM. Heilman ne filaient encore que dans les numéros 28 à 40 pour calicot; ils ont successivement donné plus de finesse à leurs fils, qui vont aujourd'hui de 60 à 180, et qu'ils placent soit dans leur département, soit à Saint-Quentin, Tarare, etc., pour y être employés à la fabrication des mousselines, jaconats et autres tissus fins.

380 (1896). M. *Herzog* (Antoine), au Logelbach (2), près Colmar. Ses deux filatures comptent 20,000 broches que fait tourner un moteur hydrau-

---

(1) Petite ville de 6,500 habitans, à 15 kil. de Colmar.

(2) Logelbach est situé sur le canal, près Colmar. On y trouve à la fois des manufactures de coton, de toiles peintes, et des filatures.

lique. Leur production annuelle est de 8 à 9 cents quintaux métriques de filés nos 50 à 150 m/m, résultat du travail de 500 ouvriers. Au besoin, M. Herzog porterait ses produits à un plus haut degré de finesse : en effet, parmi ceux qu'il étalait sous le troisième pavillon de la place de la Concorde, distribués en sept paquets distincts, il y en avait qui s'élevaient graduellement du n° 50 au n° 300; on y remarquait deux bobines provenant d'une machine à tubes, dite *double speeder*, qui sert à la préparation des filés chaîne et trame; c'est la seule de cette espèce qui ait jusqu'ici fonctionné en France. — En 1819, la maison Herzog reçut une médaille d'argent, sous la raison Schlumberger et Herzog, pour les numéros 57 à 120, ancien système; cette distinction a été rappelée en 1823, sous la même raison, pour des numéros s'élevant de 130 à 150 m/m : une nouvelle médaille d'argent lui a été décernée en 1834, sous sa raison actuelle.

381 (1897). Des cotons filés simples dans les numéros 30 à 300, et des filés de coton doublé et retors dans les mêmes numéros, ont été présentés par MM. Nicolas *Schlumberger* et Ce à Guebviller (1). — Leur filature a 55,000 broches; c'est une des premières qui a produit en France des filés fins se rapprochant beaucoup de ceux obtenus en Angleterre. Ses machines ont toutes été construites par eux-mêmes, et c'est de la grande per-

---

(1) Petite ville de 3,960 habitans, située à 34 kil. de Colmar et sur la Lauch.

fection qu'elles ont reçues, que provient celle des filés. L'atelier de construction qu'ils établirent en 1818, a rendu d'importans services au département du Haut-Rhin : il a servi de modèle à la plupart de ceux qui s'y trouvent aujourd'hui, et qui ont contribué plus qu'aucune autre cause, au perfectionnement de son industrie manufacturière. — Le jury central a déclaré que MM. Nicolas Schlumberger et Ce, sont dignes plus que jamais de la médaille d'or qui leur fut accordée en 1827.

Pour les filatures de coton qui, dans le Haut-Rhin, sont réunies soit à des tissages de la même matière, soit à des impressions de toiles peintes, voyez ci-après les numéros 414, 415, 417 et 420, qui concernent MM. Dolfus, Mieg et Ce, Gros, Odier, Roman et Ce, Haussmann frères et Ce, et Schlumberger-Steiner et Ce.

Autres filatures de coton.

582 (1938). M. *Dallas*, à Toulouse (1), sera cité avec éloge dans le rapport du jury, pour les cotons filés qu'il avait fait admettre à l'Exposition.

583 (1527). M. *Fruictier*, à Bouttencourt, département de la Somme, y avait envoyé des

(1) Toulouse, chef-lieu d'un des beaux départemens de la France, sur la rive droite de la Garonne et à l'extrémité du canal du Midi qui unit l'Océan à la Méditerranée. C'est le centre d'un grand commerce de cire, de bougies, d'eaux-de-vie, et en général d'épiceries. — On y trouve des fabriques d'aciers et de fers, entrepôts des fers de l'Arriège. — 53,300 habitans. — Cette ville a beaucoup de relations commerciales avec l'Espagne.

échantillons de coton filé par un nouveau moyen dont il est inventeur, et qui étaient accompagnés d'un dessin explicatif de ce moyen. Voici les avantages qu'il attribue à sa découverte, qui sert tout à la fois au tordage et au renvidage, et qui, ne s'appliquant pas uniquement à la filature en gros et en fin du coton, est également applicable à celles de la laine et du lin. 1° Le mouvement de la bobine est complètement régularisé, et elle est constamment rendue aussi légère qu'on le désire, ce qui obvie aux irrégularités de l'ancien système de filature continue. 2° On a un produit double, sans augmentation sensible de charge, le tube auquel s'adapte l'ailette étant quinze à vingt fois plus léger que la broche qu'il remplace. 3° Le prix de revient de la filature en doux, est considérablement réduit, et celui de la filature en fin par machine continue, s'abaisse de moitié, parce que l'ouvrière surveille facilement, malgré le surcroît de vitesse, le même nombre de fils. 4° Il y a moins de déchet, et le fil produit est plein, moelleux, élastique, parfaitement lisse et régulièrement tors. 5° Par ce moyen, on fait alternativement et à volonté de la chaîne, demi-chaîne ou trame, remplaçant ainsi les mull-Jennys, au moins jusqu'au n° 80 m/m, ce qui procure une nouvelle et grande économie. — M. Fruictier nous assure que le dessin de son invention lui a été demandé pour faire partie de la collection du Conservatoire royal des arts et métiers, et que tous les filateurs qui visitent son établissement, s'empressent d'en adopter l'emploi. Ce qui ne nous permet pas d'en douter, c'est que le jury central lui a accordé la médaille de bronze.

384 (1595). La filature de la Coudre, commune de Negreville (1), département de la Manche, exploitée par une Société anonyme, sous la direction de M. *Oxford*, n'avait mis au concours qu'un paquet de coton filé, dans un numéro qui n'était pas très fin, provenant d'un lainage de qualité moyenne. Cependant l'exécution a paru si bonne, et le fil si régulier, que le jury central a arrêté d'en faire une mention honorable dans son rapport.

385 (2100). Même distinction est accordée à M. *Poittevin*, filateur à Tracy-le-Mont, par Ribecourt, département de l'Oise, ancien membre du Conseil général de ce département. Il avait déjà été mentionné honorablement, en 1819. Ce qu'il offrait de particulier au concours de 1834, c'était des chaînes de fil de coton, parées et lissées par une méthode qui lui appartient. S'il ne nous en a pas donné connaissance, il offre de la faire connaître à tous ceux qui lui écriront franc de port. Cette méthode a pour but, comme celle de M. Fruictier, dont nous venons de parler sous le n° 383, d'économiser les frais de fabrication; elle consiste à coller facilement et à lisser les chaînes en tous numéros, avant de les remettre aux ouvriers tisseurs, ce qui évite le parage, permet d'employer utilement le temps qu'il exige, et rend inutiles les machines à parer, qui sont chères,

(1) A 7 kilom. de Valognes.

demandent beaucoup de place, un moteur assez puissant, et ne s'appliquent pas au-dessus des numéros 30 à 32. Le fil qu'on obtient est sans duvet, et empreint jusqu'au fond de matières glutineuses qui lui donnent une grande consistance, sans néanmoins attacher les fils entre eux.

386 (930). M. V. *Ray Anquetil*, filateur à Paris, Place Royale, nº 12, et membre du jury assermenté, sera cité avec éloge dans le rapport des juges souverains du concours général. Il file, par jour, mille livres de coton, dans les numéros peu élevés. Ses fils sont recherchés à cause de leur bonne fabrication et de la modération des prix : il y en a à 1 et à 2 bouts, pour bonneterie ; à 4, 5 et 6 fils un peu moulinés, pour bretelles ; à 2, 3, 4, 5 et 6 bouts moulinés, pour mèches à quinquet. L'établissement de M. Ray-Anquetil marche au moyen d'une pompe à vapeur, de la force de 28 chevaux.

387 (1742). La filature de coton de Senones (1), département des Vosges, généralement connue sous le nom de Saint-Maurice, exploitée aujourd'hui par MM. *Seillière-Provensal et fils*, est la plus considérable de ce département. Elle se compose de deux établissemens séparés, l'un qui occupe les bâtimens de l'ancienne abbaye des bénédictins, et l'autre le château des princes de Salm-Salm. Ils réunissent 500 ouvriers adultes, et 200 enfans de 7 à 10 ans. — Le dernier contient 10,000 broches, et file annuellement 30,000 kilo-

(1) Centre de plusieurs manufactures et fabriques. — A 20 kilom. de Saint-Dié. — 2,070 habitans.

grammes, dans les numéros 100 à 150. Il y a 15,000 broches dans le premier, qui fournissent par an 120,000 kilog., numéros 40 à 60. Les filés les plus fins sont employés à Tarare, Saint-Quentin, Mulhausen, Sainte-Marie-aux-Mines, pour mousselines, jaconats et guingamps; les plus communs servent ailleurs pour calicots, coutils, etc. — Une roue hydraulique, de la force de 75 chevaux, met en action les machines de la filature de l'abbaye; celle qui fait mouvoir la filature du château, n'a que 25 chevaux de force. Celle-ci a été exécutée par MM. Kœchlin et Cᵉ, de Mulhausen; celle-là sort des ateliers de MM. Fairbain et Lellièe, ingénieurs distingués de Manchester : elle a souvent servi de modèle et d'étude aux ingénieurs français. A ces deux établissemens et sur le cours d'eau qui satisfait à leurs besoins, MM. Seillière, Provensal et fils ont ajouté une grande blanchisserie qui a son siége dans les bâtimens de l'ancienne abbaye de Moyenmoutier; on y blanchit et apprête annuellement 80,000 pièces de calicots, coutils, mousselines, jaconats, etc. — Ce qui composait l'exhibition de la manufacture de Saint-Maurice, consistait en filés de coton jumel, du nº 40 à 100 m/m, et en filés Géorgie longue soie jusqu'au nº 300, système anglais. Ils n'y avaient joint des numéros si élevés, que pour faire voir qu'il est possible de les obtenir en France : leurs ventes habituelles ne dépassent pas le nº 180 m/m. — Les produits de cette manufacture ont été distingués par la médaille de bronze en 1819; par la médaille d'argent en 1823; par le rappel de cette dernière médaille en 1827, et par une nouvelle médaille d'argent en 1834.

Revoir au premier chapitre, sous le n° 29 du *Musée industriel*, l'article concernant M. *Floris-Delannoy*, de Tourcoing, qui a été mentionné honorablement, tant pour des fils de coton que pour des fils de laine. Consultez aussi, à la 3e section du présent chapitre, les nos 426, 429, 430, 437, 438 et 440, qui sont relatifs à MM. Bompart, Laruelle et Orly, Dupont, Guillemet aîné, Teissier et Zeitter, Titot et Chatellux, et L. Vallet.

§ 2.

Fils de coton retors pour tulle, bonneterie, à coudre, à broder, à marquer, etc.

Les fils de coton retors se produisent actuellement chez nous, en plus grande abondance qu'avant l'Exposition de 1827. Il en faut attribuer la cause à ce qu'il s'en fait un emploi bien plus considérable pour la fabrication du tulle, et pour celle de la bonneterie improprement dite de fil d'Écosse. C'est principalement dans le département du Nord qu'existent les filatures d'où ils sont tirés; c'est aussi pour nous un motif de placer ces filatures en tête du présent paragraphe.

Filatures de coton retors appartenant au département du Nord.

388 (2108). M. *Blot* (Emile), à Douai (1), y

(1) Douai est situé sur la Scarpe et la Sensée, rivières navigables. Ces

occupe de 3 à 4 cents ouvriers. Son établissement renferme une machine à vapeur de la force de 30 chevaux, et une de moindre dimension, égalant la force de dix chevaux seulement. Elles impriment le mouvement à 70 métiers de mull-Jennys de 216 broches, 50 métiers à tordre de 140 broches, 40 cardes, 6 étirages, 9 métiers en gros de 108 broches, 5 métiers doubles à rouages servant à fabriquer le tulle, etc. M. Blot avait envoyé à l'Exposition une vitrine contenant des échantillons de coton filé, numéros 100 à 200 pour tissage de mousseline, des retors à tous numéros pour tulles et broderies, des filés blanchis pour dentelles au carreau, et une pièce de tulle. Le jury lui a décerné une médaille d'argent.

389 (2132). Celle de bronze a été accordée à M. *Périer-Favier*, filateur à Lille. Il exposait des cotons filés pour tulle, retors en deux bouts, numéros 180 à 210. Sa filature comprend 3000 broches; elle occupe environ 100 ouvriers, est susceptible de fournir par semaine, au moyen de 21 métiers mull-Jennys, 100 kilogrammes de filés pour tulle. Il y a une machine à feu.

390 (2110). MM. *Vantroyen-Cuvelier et C*^e^ ont aussi dans leur filature établie au chef-lieu

---

voies de commerce par eau, sont très étendues. Par l'Escaut, cette ville communique avec Valenciennes, Tournai et toute la Belgique et la Hollande; par des canaux, avec Cambrai, Lille, Saint-Omer, Dunkerque et la mer du Nord. — On y trouve un grand entrepôt de lin, des raffineries de sel, des manufactures de faïence, etc. La fabrication des dentelles et des tulles, y fait depuis quelques années de grands progrès. Cette ville compte environ 19,880 habitans.

du département du Nord, une machine du même genre; ils y en ont joint une autre qui fournit le gaz hydrogène pour le *garage* des filés, c'est-à-dire pour en brûler le duvet et tout ce qui les empêche d'être parfaitement lisses : cette dernière sert encore à l'éclairage des ateliers. — Leur établissement comprend dans son enceinte, 30 métiers mull-Jennys, employés à la confection des numéros 160 à 170, 18 *idem* continus à retordre; 5 *idem* continus à garer; et à l'extérieur, 8 métiers à retordre et 9 métiers produisant le fil simple, qui est ensuite soumis à l'opération du retordage. Il fut un des premiers du département du Nord, dont les entrepreneurs essayèrent la fabrication du fil de coton pour tulle : sa production annuelle est aujourd'hui de 8 à 9 mille kilogrammes, et fait vivre 200 ouvriers. — En 1827, MM. Vantroyen, Cuvélier et Ce n'obtinrent qu'une mention honorable; leurs progrès ont été si rapides depuis lors, et ils ont atteint une si haute perfection, que le jury de 1834 leur a décerné la médaille d'or.

391 (2137). Une médaille de bronze a été obtenue par M. Pierre *Wacrenier*, filateur à Roubaix. Elle était due à la chaîne de coton retors pour tulle, qui formait seule son exhibition; il n'était pas facile de la distinguer de la filature anglaise.

Autres filatures de coton retors.

392 (1839). M. *Bour*, à Nancy, département de la Meurthe, exposait des cotons à broder; il y

avait joint des madapolams. Ces deux articles seront cités avec éloge dans le rapport du jury.

393 (218). Les produits de M. *Bresson* aîné, fabricant de cotons à Paris, rue Saint-Denis, n° 189, à côté de l'église Saint-Leu, seront également cités avec éloge dans le même rapport. Ils se composaient de fils dits d'Ecosse; de qualité supérieure, en écheveaux et bobines; de cotons à coudre, superfins, qualité supérieure et qualité ordinaire; de cotons à broder aux plumetis, perfectionnés et ordinaires, à blouses, à marquer, en pelottes et en écheveaux; de cotons à tricoter, en écheveaux et en pelottes, moulinés et autres, par quatre gros, une once et deux onces; de coton plat pour reprises; de lacets de coton, superfins et ordinaires; de rubans de percale. — Cette maison fait aussi les fils de coton de tout genre, pour mercerie, bonneterie et passementerie; elle donne du travail à 150 ouvriers.

394 (1882). MM. *Dauge* et *Jeuch*, à Paris, rue Thibautodé, n° 12, possèdent à Croissanville, département du Calvados, une filature qui renferme 5000 broches à produire le fil de coton simple n° 15 à 40 m/m, et 5 mille à le retordre; ils exploitent aussi à Caen, faubourg de Montaigu, une seconde filature de 3,400 broches. L'un et l'autre établissement marchent à l'aide d'un moteur hydraulique. La quantité de leurs produits est de 700 livres par jour, et par an, de 100 mille kilogrammes. — L'emploi en est fait soit comme cotons à coudre, soit comme chaînes d'étoffes. Ils

seront mentionnés honorablement dans le rapport du jury central.

395 (617). Dans les états officiels et non officiels des distinctions accordées par le jury, qui ont été rendues publiques jusqu'à présent, on ne trouve pas MM. *Gombert* père et fils, fabricans de coton retors, à Paris, rue de Sèvres, nº 102. Ce ne peut être que par omission. Une médaille d'argent leur avait été accordée en 1819; ils obtinrent en 1827, une seconde médaille d'argent. Est-ce que ni l'une ni l'autre n'aurait été rappelée en 1834? Nous sommes d'autant moins portés à le croire, qu'ils ont les premiers fabriqué en France les cotons retors pour la couture, et que leur établissement jouit d'une si haute réputation dans son genre, qu'il a été honoré de la visite de M. le Préfet de la Seine. — Ils avaient étalé sous le troisième pavillon de la place de la Concorde, des cotons à coudre, à broder, marquer, tricoter, remmailler, des fils d'Ecosse en 6 imitant le cordonnet de soie, d'autres fils en 2 et 3 ondés et ondulés pour les fabriques de tissus, des lacets de coton, des rubans de perkale surfins, etc., etc., le tout d'une parfaite exécution.

396 (1218). Une exhibition semblable avait été faite par M. Carlos *Gombert* fils, qui jadis, associé de son père, a établi une fabrique pour son compte particulier, rue de Vaugirard, nº 77, à Paris. Sa maison a aussi sans doute à se plaindre de la même omission que la précédente, car elle reçut en 1827, la médaille d'argent.

397 (2213). Des cotons à broder, d'une bonne fabrication, avaient été envoyés de Metz par M. *Leclerc*. Le jury les citera avec éloge dans son rapport.

398 (43). Tout ce qui composait les exhibitions particulières de MM. Gombert père et fils, n° 395, et de M. Carlos Gombert, n° 396, se retrouvait dans celle de M. *Michelez* fils aîné, fabricant de cotons retors et de lacets, rue de Sèvres, n° 159, à Paris. Il a dans cette ville un dépôt général, rue Saint-Denis, cour Batave, n° 6, un second à Rouen, et un troisième à Lyon. Son établissement placé en grande partie à Lardy, près Arpajon, département de Seine-et-Oise, est pourvu d'un moteur hydraulique; il renferme 40 métiers, en mull-Jennys, continues et machines à retordre avec tous leurs accessoires, 250 métiers à lacets et à cordonnets, et 10 métiers à rubans. Ses produits sont de 400 livres de fil de coton par jour, et de 15 à 18 cents aunes de rubans et lacets. Le jury a déclaré que M. Michelez est toujours digne de la médaille d'argent qui lui fut décernée en 1827, sous la raison Vincent Michelez père et fils aîné.

399 (1583). M. *Soutain*, à Saint-Mihiel (1), département de la Meuse, a exposé des cotons à broder au plumetis, les uns en Géorgie longue soie, et les autres en courte soie. C'est un fabricant ingénieux, qui a perfectionné diverses parties de sa

---

(1) Situé sur la rive droite de la Meuse, à 16 kil. de Commercy, ayant 5,570 habitans. — Les voyageurs curieux y vont voir les *falaises* et le *camp de César*.

fabrication ; il est même auteur d'un procédé dont il se réserve le secret, et qui consiste à blanchir ses produits dans un laboratoire clos, sans autre courant que le tuyau d'une simple cheminée, et sans que l'on sente l'odeur du chlore qu'il distille dans la même pièce. Le rapport du jury doit le citer avec éloge.

2e SECTION.

Tulle de coton.

Cette branche d'industrie qui en Angleterre, ne remonte qu'à l'année 1811, est encore moins ancienne en France. Ses produits sont de deux sortes : le tulle *meklin*, dont la consommation est peu étendue, et le tulle *bobin*, qui est plus généralement recherché.

En 1819, le tulle de coton ne figurait pas parmi nos productions industrielles. A l'Exposition de 1823 il en fut présenté par quatre fabriques, qui n'étaient que naissantes; et dès la fin de 1824, une enquête officielle constata qu'elles s'étaient accrues jusqu'à quarante-trois, dans les seuls départemens de l'Aisne, du Nord, et du Pas-de-Calais. Aussi vit-on beaucoup plus de tulle de coton au concours de 1827.

Suivant une notice insérée dans le tom. III de la *Revue britannique*, p. 189, la France posséderait 2,400 métiers à fabriquer le tulle, nombre évidemment exagéré. Le recensement qui en fut fait en 1833, a été rappelé dans la dernière enquête commerciale, par M. Robert-Belin, l'un des déposans. On n'en compta alors que 1,500, savoir : 600 à Calais et à Saint-Pierre-les-Calais; 450 à Saint-Quentin et aux environs; 100 à Lyon, Sedan, Paris, Rouen et Caen ; 350 à Lille, Roubaix et Douai. Total 1,500.

Au moment où nous écrivons ce préambule (janvier 1835), l'industrie de nos tullistes est dans un état de grande souffrance causée par l'avilissement du prix de leurs marchandises, par l'introduction frauduleuse de celles du même genre que fabriquent les Anglais, etc.

Indépendamment de M. Blot, dont nous avons parlé au § 2 de la section précédente, sous le n° du *Musée* 388, qui réunit la fabrication de tulle à la production des filés retors, cinq autres fabricans de tulle ont paru à l'Exposition de 1834. On a regretté de ne pas apercevoir parmi eux M. Heathcoat, auteur d'un ingénieux métier, d'où lui est provenu une fortune considérable, et qui, non content des exploitations qu'il avait formées en Angleterre, en a établi à Saint-Quentin une très importante que le Roi honora de sa visite lorsqu'il parcourait quelques parties de nos départemens du Nord.

400 (239). MM. *Dablaing-Estabelle* et *Thomassin*, à Paris, rue du Sentier, n° 18, obtinrent, en 1827, sous la raison Dablaing-Estabelle père et Compagnie, fabricans à Douai, une médaille d'argent dont le jury de 1834 a déclaré qu'ils sont toujours dignes. L'un d'eux, M. Thomassin, avait contribué à introduire en France la fabrication du

tulle; il prit à cet effet, le 15 novembre 1817, avec les sieurs Corbitt, Blacks et Cults, un brevet d'importation, qui est depuis lors tombé dans le domaine général de l'industrie. Sous leur raison actuelle, ils confectionnent le tulle en coton uni, en bandes à grandes laises, brodé en pièces à bouquets et colonnes, et les tulles de soie noire unis et brodés, tels que mantilles, châles, voiles noirs, etc. Leurs métiers sont à rotation, exécutés avec tous les perfectionnemens connus, dans les dimensions les plus grandes, et mis en mouvement par la vapeur : un atelier de construction qu'ils ont établi, fournit ces métiers au commerce à des prix modérés.

401 (2358). Voici un autre fondateur de la fabrication du tulle, en France. Dès 1821, elle fut établie au Grand-Couronne (1), près Rouen, par une Compagnie dont M. *L. C. Lefort* était associé. Ses produits avaient d'abord été mentionnés honorablement en 1823 : ils obtinrent la médaille d'argent en 1827; la fabrique était encore alors sous la raison Sénéchal et Ce. A la dissolution de la Société, M. Lefort, resté seul propriétaire de l'établissement, n'a rien négligé et n'a point épargné de sacrifices pour lui donner plus d'extension et pour le perfectionner. Il y a joint, en premier lieu, un atelier de blanchiment et d'apprêt dont la fabrique était dépourvue, et il l'a placé sous la direction d'un blanchisseur anglais. Secondement, le nombre

(1) A 9 kil. de Rouen, et de 1,170 habitans.

de ses métiers a été porté à quatorze. Enfin, un constructeur habile, qui avait montré un génie inventif en Angleterre, son pays natal, le sieur Leavers, attiré par M. Lefort, a rendu plus précieux ces métiers à rotation par des procédés pour lesquels il a pris un brevet, et il a su faire l'application de ses nouveaux moyens aux anciens métiers, d'où il résulte que, dans la manufacture du Grand-Couronne, les travaux de la fabrication du tulle s'opèrent avec une rapidité incroyable. Tant d'efforts, de dépenses et de succès, ont valu à M. Lefort, une seconde médaille d'argent que lui a accordé le jury de 1834.

1402 (1795). Le titre de fondateurs de notre fabrication de tulle, ne peut pas plus être refusé à MM. *Malezieux frères* et *Robert*, qu'il ne l'a été à M. Lefort, et à MM. Dablaing-Estabelle et Thomassin, que nous avons compris dans nos deux précédens articles. Il y a au-delà de quinze ans, qu'ils l'ont importée à St.-Quentin, dans cette ville si industrieuse du département de l'Aisne. Déjà en 1825, ils avaient en mouvement 6 métiers qui valaient seize mille francs chaque, et n'en valent plus que cinq mille; en 1827, le nombre en était porté à 14; ils en ont actuellement 18, et, tant pour la fabrication du tulle que pour les broderies et les apprêts, ils occupent 3,000 ouvriers des deux sexes, dont le travail a versé dans le commerce, en 1833, des marchandises de la valeur de treize cent mille francs. Leurs tulles grecs, leurs tulles unis, en bandes, ceux brodés de diverses manières, brochés en noir, etc., ne laissaient rien à désirer, et étaient si remarquables par la modération des prix, qu'on y distinguait des mecklins brodés à 10 et à 15 centimes l'aune. — Une citation fut accordée, en 1827, à MM. Malezieux frères et Robert; ils ont obtenu du jury de 1834, la médaille d'argent.

403 (2131). Ce n'est pas une grande fabrique qu'exploite M. Charles *Renaux*, à Caudry (1), département du Nord; elle n'est en quelque sorte qu'à sa naissance. Ses mécaniques sont encore si peu nombreuses, qu'elles n'occupent que 16 ouvriers. La pièce de tulle uni, en 6/4, que M. Renault avait envoyée à l'Exposition, n'en a pas moins fixé l'attention du jury, qui la citera avec éloge dans son rapport.

404 (2106). MM. *Widowson-Bussel* et *Bailly*, à Douai, s'étaient présentés trop tard au concours de 1827, le jury central regretta que, pour y être régulièrement admis, ils ne se fussent pas adressé au jury spécial de leur département. Avant de paraître à l'Exposition de 1834, ils ont rempli toutes les formalités prescrites; et leur tulle-bobin uni leur a valu la médaille de bronze.

3e SECTION.

Tissus de coton pur, en écru et en blanc.

Des restes de mousseline tirée des Indes, se trouvent encore dans les lingeries de quelques parti-

(1) A 14 kil. de Cambrai, ayant 3,350 habitans.

culiers. A l'époque où ce tissu y a été mis, il ne s'en fabriquait pas en France. Les manufactures de Tarare, Saint-Quentin, Alençon, Nancy, etc., s'en sont emparé, et l'établissent avec beaucoup de perfection.

Les percales, jaconats et madapolams, tissus ordinairement moins fins que la mousseline, et qui sont cependant d'une assez grande finesse, se répandent de plus en plus dans toutes les classes.

Qui ne connaît la consommation bien plus étendue d'un autre tissu plus commun, le calicot, qui s'applique à tant d'usages divers !

Parmi les nombreux produits de cette branche de l'industrie cotonnière, nous avons d'autres variétés de tissus dont les principaux sont les bazins, piqués, coutils, rubans de percale, etc.

§ Ier.

Mousselines, percales, jaconats, madapolams, calicots, bazins, coutils, satins, rubans de percale, etc.

Les manufactures de Tarare, département du Rhône, de Saint-Quentin, département de l'Aisne, de Mulhausen et autres lieux du département du Haut-Rhin, et de Roisels, département de la Somme, étant celles qui ont le plus fourni à cette partie de l'Exposition, nous nous en occuperons d'abord, sauf à parler ensuite des autres fabriques du même genre qui se sont présentées au concours.

TARARE.

Située dans un vallon et entourée de montagnes, la ville de Tarare, qui a 7,000 habitans, et se trouve à 11 lieues de Lyon, est le centre d'une importante fabrique où l'on comptait, il y a quelques années, 20,000 métiers battans, qui, pour la fabrication des mousselines, les préparations et finissages, ainsi que pour la broderie, occupaient 50,000 ouvriers. Le nombre en est aujourd'hui restreint. Ce qui en a amené la diminution, c'est que la mousseline a baissé de prix : c'est que Saint-Quentin, l'Alsace et Nancy travaillent en concurrence de Tarare ; c'est que détournés de leur destination primitive, beaucoup de métiers servent actuellement à la fabrication des soieries et des tissus de laine. Néanmoins, la masse des produits annuels de la fabrique, qui était de quinze millions de francs, est encore de dix à onze millions.

405 (2247). MM. Ph. *Leutner* et Cᵉ, dont la maison est connue depuis trente ans, obtinrent une médaille d'or à l'Exposition de 1819; en 1823 et 1827, elle a été rappelée à leur avantage. Pouvait-elle ne pas l'être en 1834? Aussi le jury central s'est empressé de reconnaître que MM. Ph. Leutner et Compᵉ se montrent dignes de plus en plus, de la haute distinction qui leur a été accordée précédemment. En effet, ils n'ont rien négligé pour rendre leur fabrication plus parfaite, et pour s'emparer des améliorations qui ont apparu à l'é-

tranger. C'est principalement dans leurs apprêts que ces améliorations ont été remarquées; et, d'après un examen attentif de la beauté des produits qu'ils avaient exposés à l'angle sud-est du 3e pavillon de la place de la Concorde, on ne voyait pas qu'ils cédassent en rien à l'Ecosse pour l'organdi et la batiste, à l'Inde pour la mousseline tarlatane ou nansouk, à la Suisse pour les mousselines claires, mi-claires, etc. Tarare est ainsi devenu le Glasgow de la France. MM. Leutner et Compe y ont puissamment contribué. Le chef de leur maison, M. Ph. Leutner a reçu la croix de la Légion-d'Honneur.

406 (2248). Le perfectionnement des apprêts de la fabrique de Tarare, dont nous venons de parler, est dû en grande partie à MM. *Macculoch* frères. Ce sont des étrangers industrieux qui, il y a sept à huit ans, ont adopté la France pour patrie. Ils avaient apprêté de la manière la plus convenable, les produits qu'exposait M. *Madinier* fils, qui sera l'objet de l'article suivant.

407 (2246). Ces produits se plaçaient, pour leur mérite et pour une bonne exécution, à une faible distance de ceux offerts par MM. Ph. Leutner et Ce: ils consistaient en mousselines unies, mousselines façonnées, organdis, etc. Le jury a décerné une médaille d'argent à leur habile producteur, M. *Madinier* fils.

408 (2245). M. Alexandre *Salmon* est le dernier des fabricans de Tarare, que nous avons à mentionner comme Exposant de 1834. Il a maison à Paris. Ce qui le distingue, c'est, d'une part, sa

persévérance à employer les filés indigènes, et de l'autre, ses recherches constantes pour obtenir, dans sa fabrique, des améliorations nouvelles. On lui doit l'application du métier Jacquard, à la confection des mousselines façonnées qui ne pouvaient être établies que dans des ateliers humides et par conséquent malsains : il est parvenu à les faire fabriquer en lieu sec, au moyen d'un encollage hygrométrique. — Son exhibition se composait d'un canevas à gros grain, de mousselines 3/4 et 5/4 dans le genre suisse, de mousselines à l'apprêt doux dit de Tarare, de linons à l'instar de ceux d'Angleterre, d'organdis façon de l'Inde, d'organdis rayés, de gazes 5/4, de nansouks, d'organdis brodés en laine et d'organdis lancés à la Jacquard. Le jury a décerné la médaille de bronze à M. Alexandre Salmon.

SAINT-QUENTIN.

409 (1794). M. Noël *Gosset*, à Hombliêres, près Saint-Quentin, a présenté divers tissus de coton; il y avait joint de la mousseline laine pour meuble, imitant la broderie, fabriquée par un nouveau moyen et n'ayant pas d'envers. Le jury citera avec éloge M. Gosset dans son rapport.

410 (1793). La même distinction a été décernée à M. Auguste *Guille*, fabricant à Saint-Quentin. Il avait envoyé à l'Exposition des mousselines et des jaconats brodés par un nouveau moyen, pour lequel il est breveté d'invention : la broderie qui s'y exécute dans l'opération du tissage, n'imite pas mal la broderie à la main.

411 (1762). Dans ce que les marchands de tissus de coton appellent *le blanc*, l'Exposition présentait peu d'objets qui pussent être comparés aux produits de MM. *Picart* jeune et fils, de Saint-Quentin. Le mérite en était d'autant plus incontestable, qu'ils n'avaient pas été faits pour le concours; c'était des marchandises ordinaires de la fabrique d'où ils sortaient, laquelle occupe six cents ouvriers. Aussi, les batistes d'Ecosse de MM. Picart jeune et fils, leurs jaconats rayés, satinés, brillantés, à la Jacquard, etc., attiraient l'attention des visiteurs. Le jury les a jugés dignes de la médaille d'argent.

412 (1796). Ces messieurs étaient suivis, mais non pas immédiatement, par MM. *Quequignon* et Comp[e], de la même ville de Saint-Quentin. L'exhibition de ceux-ci se composait également de batistes dites d'Ecosse et de jaconats ; ils y avaient réuni des mousselines à carreaux basinés pour meubles, des mousselines brochées, des organdis de divers genres, etc. Le tout était d'une bonne fabrication, et sera cité avec éloge dans le rapport du jury.

Mulhausen et autres lieux du département du Haut-Rhin.

413 (1905). En 1827, MM. Daniel *Baumgartner* et Ce, de Mulhausen, reçurent la médaille d'argent, pour des percales qui pouvaient, suivant les expressions du jury central chargé d'en faire l'examen, soutenir la concurrence avec les plus

beaux produits anglais. Ils ont fait cependant de nouveaux progrès dans cette fabrication et dans celle des jaconats blancs. C'est ce qui a déterminé le jury de 1834 à leur accorder la médaille d'or.

414 (1901). Des mousselines, des calicots, des cotons filés et des toiles peintes, formaient l'exhibition de MM. *Dolfus-Mieg* et Comp^e^, de Mulhausen. C'est une grande, importante et très ancienne maison. Ses établissemens nombreux, qui se sont accrus successivement, réunissent aujourd'hui une filature de 26,000 broches en fin; un tissage mécanique de 300 métiers et de 20 machines à parer; 2,400 autres métiers pour le tissage à bras, qui sont disséminés dans les départemens des Vosges et de la Haute-Saône; des ateliers à blanchir 120,000 pièces par an; des ateliers d'impression, contenant 400 tables et 3 machines à imprimer au rouleau; 3 chutes d'eau et 4 machines à vapeur, de la force totale de 120 chevaux. Ils occupent 4,000 ouvriers, savoir: 500 à la filature, 2,500 au tissage, et 1,000 à l'impression: la main-d'œuvre va à un million par an. — La valeur des produits annuellement fabriqués par MM. Dolfus-Mieg et Comp^e^, s'élève à près de cinq millions, et l'étranger en reçoit pour deux cinquièmes de cette somme, principalement en toiles peintes. — Indépendamment de la médaille d'argent qui leur fut accordée en 1806, ils ont obtenu celle d'or en 1819. Le jury de 1834 a reconnu qu'ils continuent de mériter cette haute distinction.

415 (1902). La maison *Gros, Odier, Roman* et Ce,

à Vesserling (1), est trop avantageusement connue pour en faire ici l'éloge. Sous sa raison sociale de 1819, qui était Gros, Davilliers, Roman et Ce, la médaille d'or lui fut décernée. Elle continue d'en être toujours digne, suivant la décision prise à son égard par le jury de 1834 : cette décision est confirmée par les suffrages de tous ceux qui ont vu les calicots, les jaconats, les mousselines brodées et les mousselines imprimées que messieurs Gros, Odier, Roman et Ce avaient fait admettre à l'Exposition.

416 (1899). M. Jacques *Hartmann-Weiss*, à Soultzmatt (2), avait exposé des calicots, des percales, et des toiles de coton de grandes largeurs, de 4/4 à 12/4. Le jury en a apprécié la bonne fabrication : il en sera fait mention honorable dans son rapport.

417 (1914). L'exhibition de MM. *Hausmann frères et Ce*, au Logelbach, près Colmar, était analogue à celle de MM. Dolfus, Mieg et Ce, ci-devant mentionnée sous le n° 114; elle comprenait aussi des cotons filés n° 30 à 120; des percales, mousselines, jaconats, calicots, en écru et en blanc, depuis 95 jusqu'à 120 portées ; et des tissus de coton imprimés en indiennes, mouchoirs etc. : parmi les mousselines, il y en avait à colonnes dentelées. —

(1) Ville fort intéressante pour l'industrie des toiles peintes; — à 34 kil. de Belfort. C'est un spectacle très curieux que celui de voir tous les villages et hameaux de la vallée, travailler avec zèle et constance aux articles de tissage de coton, établis pour les manufactures de Vesserling, de Thann, de Mulhausen et de Willer.

(2) Petite ville à 22 kil. de Colmar, de 3,140 habitans.

La filature de ces messieurs, n'a été fondée qu'en 1825 et 1826. C'est à 1775 que remonte leur fabrique d'indiennes : elle se glorifie d'avoir été la première en Alsace qui ait imprimé sur tissus de laine et de soie, employé le chauffage à la vapeur, construit des tours à graver les cylindres à la molette, et exploité en grand l'impression au double rouleau. — Leurs ouvriers sont au nombre de 4,000, dont 500 environ attachés à la filature, 2,500 au tissage dans les départemens des Haut et Bas-Rhin et des Vosges, et 1,000 pour la fabrication des toiles peintes. — En 1819, la médaille d'or fut accordée à MM. Haussmann frères et Ce; elle a été rappelée à leur avantage à la dernière Exposition, comme elle l'avait été précédemment en 1827 et 1834.

418 (1906). M. Charles *Mieg*, fabricant à Mulhausen, avait été mentionné honorablement au concours de 1827. La médaille d'argent lui a été accordée à celui de 1834. Elle était due à l'excellente fabrication et aux prix modérés de ses percales, madapolams, calicots, etc., parmi lesquels on en remarquait de deux aunes de large pour rideaux et draps de lit. Cet industriel, qui n'emploie que des filés français, est bien connu dans nos grandes villes, surtout à Paris où ses tissus sont recherchés par les dames. Il n'occupe pas moins de 900 ouvriers.

419 (1907). M. *Risler* (Mathieu), à Cernay (1),

(1) On y trouve un grand nombre de fabriques. — Elle est à 34 kil. de Belfort, et renferme 3,420 habitans.

fut associé aux habiles constructeurs Risler frères et Dixon, qui ont exécuté, en France, les premiers métiers de tissage à la mécanique, et sont auteurs de plusieurs procédés nouveaux qu'ils avaient fait breveter à leur profit. Il n'a envoyé au concours qu'une seule pièce de toile de coton; ce qui l'y a déterminé, c'est qu'elle était tissée mécaniquement, à 70 portées en 3/4 de large : en l'exposant, M. Mathieu Risler a voulu donner un échantillon de ce qui s'opère par ce tissage et du degré de force où l'on peut parvenir. Du reste, il fait aussi tisser à bras une partie des filés provenant de sa filature; mais ce qui l'occupe le plus et attire tous ses soins, c'est le bel établissement qu'il a formé pour la fabrication des garnitures de cardes à la mécanique. C'est le seul de ce genre qu'il y ait en Alsace, et où se trouvent déjà vingt machines construites par son fondateur, qui travaille à en augmenter le nombre. L'établissement possède une chute d'eau et une pompe à feu, qui servent en même temps à la filature et au tissage du coton. Dans le rapport du jury central, M. Risler sera cité avec éloge.

420 (1900). La médaille d'argent qu'obtinrent en 1827, MM. *Schlumberger-Steiner* et Ce, fabricants à Mulhausen, a été rappelée par le jury du concours de 1834. Ces messieurs continuent de la mériter par les percales de toutes finesses et largeurs, les mousselines, jaconats, madapolams, calicots, etc., qu'ils produisent, et dont nous avons vu de belles pièces à l'Exposition; ils la méritent encore par leurs cotons filés n°s 30 à 90 m/m pour

chaîne, et 40 à 120 pour trame. — Leur filature, de 10,000 broches, pourvue de toutes les autres machines préparatoires, et mise en mouvement par une pompe à feu, de la force de 20 chevaux, n'occupe pas moins de 200 ouvriers; ils en ont, en outre, 800 pour le tissage, tant aux environs de Mulhausen que dans les Vosges.

ROISELS (arrondissement de Péronne, département de la Somme.)

Dans le canton de Roisels, et dans ceux de Péronne et de Combles, l'industrie cotonnière a pris des développemens. C'est par cette considération qu'un Conseil de prud'hommes y a été établi par l'ordonnance du Roi, du 15 juillet 1829; il siége à Péronne, et sa juridiction exceptionnelle s'étend sur les industriels des trois cantons. Cinq fabricans de celui de Roisels qui n'avait rien fourni aux Expositions précédentes, ont pris part au concours de 1834 : ils sont tous établis dans le bourg qui porte ce nom.

421 (1519). Mme *Beaudré* y a offert des étoffes de coton satinées, dites brillantées. Elles ne nous ont paru céder en rien à celles du même genre présentées par ses quatre concurrens, qui exploitent la même industrie dans la même commune. Cependant, le jury central les a passées sous silence; ses décisions ne laissent à Mme Beaudé que les honneurs du concours. Il les citera, au contraire, avec éloge, dans son rapport.

422 (1518). M. P. M. *Devraine*;

423 (1520). M. *Leclerc* (Didier);

424 (1517). M. J. P. *Leclerc*;

425 (1516). M. *Lefort*.

Dans l'exhibition de M. J. P. Leclerc, il y avait des étoffes de coton à rayure façonnée. On distinguait dans celle de M. Lefort, un coupon en laine pour meuble. Nous avons appris de ce dernier fabricant, qu'il emploie les métiers Jacquard.

Autres Exposans de tissus de coton pur, écrus ou blancs.

426 (2435). MM. *Bompart-Laruelle* et *Olry* ont eu l'heureuse idée, la broderie étant l'objet d'un commerce étendu dans le département de la Meurthe, de former à Nancy, une fabrique de mousseline. Elle est déjà pourvue de vingt métiers d'un modèle nouveau, qui peuvent confectionner 1,500 à 2,000 pièces de mousseline claire, par an, avec des filés nos 130 à 210 m/m. Ces messieurs y ont aussi fait l'application d'un procédé mécanique et économique pour la préparation des chaînes, et à l'aide duquel le tissage s'opère, en outre, plus vite et plus régulièrement. Avant la fondation de cette fabrique, ils exploitaient à Saint Nicolas-de-Pont, près Nancy, une filature hydraulique de coton, et à Nancy même, une teinturerie d'où il sort, tous les ans, 25 à 30 mille kilog. de cotons filés teints en rouge d'Andrinople. — Leurs trois établissemens fournissent du travail à 200 ouvriers. Celui consacré à la fabrication des mousselines, avait attiré en 1833, l'attention du ministre

de l'intérieur, et la bienveillance de la Société royale des sciences, arts et belles lettres de Nancy, qui en témoigna sa satisfaction par une médaille. Une récompense plus distinguée, parce qu'elle est venue de plus haut, a été décernée en 1834 à MM. Bompart, Laruelle et Olry : ils ont reçu du jury central, la médaille de bronze.

427 (1846). M. *Cazenave* (François), à Nay (1), arrondissement de Pau, département des Basses-Pyrénées, a obtenu la même distinction. Il la méritait par la bonne qualité des toiles de coton qu'il avait envoyées au concours, et par leur prix modéré.

428 (741). Sans être dépourvus de mérite, les tissus de MM. *Dumont* et Ce, rue du Sentier, n° 20, à Paris, ne se plaçaient pas sur la même ligne que les précédens : ils consistaient en madapolams et calicots. Le jury les citera avec éloge dans son rapport.

429 (2415). Nous arrivons à l'emplacement que M. *Dupont*, de Troyes (2), occupait sous le troisième pavillon de la place de la Concorde. La foule s'y arrêtait avec complaisance, et ne se lassait pas de contempler les tissus de coton qui le décoraient. Ceux qui attiraient le plus son attention, étaient

(1) Cette ville, sur le gave béarnais, à 17 kil. de Pau, est le centre d'un grand nombre d'industries, toutes fort bien cultivées; elle renferme 3,300 habitans.

(2) Située dans une belle plaine, et chef-lieu d'une préfecture, à 159 kil. de Paris, faisant un grand commerce de toiles de lin, fils de coton, serge, draps et bonneterie; — sa charcuterie est renommée. — On y compte 23,750 habitans.

les étoffes d'une grande force, telles que les coutils, les piqués et les croisés de divers genres : il y avait aussi des satins, basins, finettes, molletons, futaines, percales, madapolams, des coutils uniquement en fil, tant en écru qu'en blanc, des fils de coton de numéros élevés, et des tricots à double maille élastique pour lesquels M. Dupont a pris un brevet, le tout de l'exécution la plus parfaite. Déjà en 1819, il reçut la médaille d'argent, et rappel avait été fait de cette distinction en 1823 : le jury de 1834, l'a unanimement reconnu digne de la médaille d'or.

430 (2060). La fabrication des futaines qui sont à si bas prix et dont il se fait une si grande consommation en doublure d'effets d'habillemens, est devenue pour la ville de Nantes (1), une précieuse branche d'industrie qui se développe de plus en plus. Elle était représentée au concours de 1834, par deux de ses principaux entrepreneurs, M. *Guillemet aîné*, qui trouve ici sa place, et M. Vallet que nous renvoyons à celle qui lui appartient dans l'ordre alphabétique que nous nous sommes prescrit.

---

(1) Un des ports de France situé sur la rive droite de la Loire, et une ville très belle et très commerçante, à 389 kilom. de Paris. — Le commerce de vins, de productions des îles, l'exportation des produits de la France, la pêche de la morue et de la baleine; tout s'y fait à une grande échelle. C'est le magasin général des vivres et munitions pour la marine; où s'approvisionnent les ports de Brest, Lorient, Rochefort. — Elle a avec l'Inde, l'Afrique, la Chine et les colonies d'Amérique, des relations fort étendues. — On y construit des vaisseaux marchands de 1000 tonneaux. — Elle possède un entrepôt réel et fictif, et compte 78,000 habitans.

M. Guillemet aîné produit tous les ans de 5 à 6 mille pièces de futaine, à 84 aunes la pièce; il fabrique un nombre beaucoup moindre de pièces de coutil sur laine et de flanelle. — Sa filature est considérable, surtout pour le coton, et n'en rend pas moins de 700 livres par jour; elle marche par une machine à vapeur, de la force de 14 chevaux, à laquelle il va en être ajouté une seconde de plus grande force. Ses ouvriers sont de trois à quatre cents, de tout âge et de tout sexe. — En 1825, il y eut à Nantes, une Exposition particulière des produits de l'industrie du département de la Loire-Inférieure. M. Guillemet aîné y reçut une médaille. A l'Exposition générale de 1834, la médaille d'argent lui a été décernée.

431 (1813). M. *Lecoq-Guibé*, à Alençon (1), département de l'Orne, autrefois associé de M. Clérambaut, ayant son dépôt à Paris, chez MM. Labbé frères et Hedelhofer, rue du Sentier, n° 9, avait exposé des jaconats, des mousselines claires, et des mousselines brodées pour meubles. Les qualités en étaient belles. Ses mousselines peuvent rivaliser celles d'Angleterre et de Suisse. Ses broderies ne laissent rien à désirer, particulièrement sous le rapport du bon goût et de la légèreté des dessins. — Établie à Alençon, en 1818, par MM. Lecoq-

(1) Une des villes de France les plus industrieuses, bien bâtie et s'embellissant chaque jour. — Ses fabriques de dentelles sont renommées. Elle exploite beaucoup d'autres manufactures, des blanchisseries, des tanneries, etc. — Elle fait aussi le commerce de chevaux de selle d'une belle race. — On y compte 14,000 habitans. A 191 kil. de Paris.

Guibé et Clerambaut, la fabrication des mousselines unies, claires, serrées, brodées, etc., s'y est perfectionnée constamment. En 1819, ses fondateurs obtinrent la médaille d'argent, qui a été rappelée en 1823. La médaille d'or leur a été ultérieurement décernée en 1827, époque où ils occupaient plus de 1,600 ouvriers. Il a été reconnu par le jury de 1834, que M. Lecoq-Guibé continue à se montrer digne de cette haute distinction.

432 (1825). MM. *Leman* frères et Ce, à Blamont (1), département de la Meurthe, seront cités avec éloge dans le rapport du même jury. Les percales et les calicots qu'ils avaient soumis à son examen, et qu'ils fabriquent dans toutes les largeurs et finesses, se distinguaient par la force et la régularité du tissu. Cette régularité provient essentiellement, d'après les renseignemens que nous devons à leur obligeance, des machines à parer qu'ils ont établies qui sont mises en mouvement par un cours d'eau : elles ont l'avantage de dispenser le tisserand de l'emploi de la brosse, d'accélérer l'opération du tissage, de la rendre plus facile, et de serrer partout également et uniformément la trame dans la chaîne.

433 (1455). La consommation des rubans de percale, devient plus considérable de jour en jour. MM. *Leroy* et *Volard* en exploitent, à Thiberville, département de l'Eure, une fabrique qui jouit d'une très bonne réputation. Tous les genres de

(1) A 28 kil. de Lunéville; 2,280 habitans. — Renferme plusieurs fabriques.

rubans de percale y sont confectionnés avec soin et avec goût; fins, superfins, à dents, demi-percales en première et deuxième qualité, etc.; ils font aussi des rubans de coton très forts. Les échantillons qu'ils avaient fait admettre au concours, portaient des étiquettes indicatives de leurs espèces, de leurs qualités et de leurs prix, qui nous ont paru raisonnables. Le rapport du jury les mentionnera honorablement.

Revoyez, sous les numéros 355 et 356 du *Musée*, les articles de MM. Loquet et Ce., et Masbelin frères, qui, avec des rubans de fil, avaient exposé des rubans de percale.

434 (1843). L'exhibition de MM. *Martin* et *Horzer*, fabricans de calicots et autres tissus de coton, à Blamont, département de la Meurthe, était semblable à celle de MM. Leman frères, du même lieu, précédemment compris sous le n° 432. Le jury l'a appréciée et jugée de la même manière. MM. Martin et Horzer seront aussi cités avec éloge, dans son rapport : ils avaient déjà obtenu une citation en 1827.

435 (2118). Que ceux qui recherchent des tissus de coton à bon marché, et néanmoins susceptibles de faire un excellent et long usage, s'adressent à M. *Place*, fabricant à Valenciennes (1). Il

(1) Ville située au confluent de l'Escaut et de la Rhonelle, à 51 kil. de Lille, et ayant 18,960 habitans. — On y distingue surtout ses dentelles dites *Valenciennes*, et ses nombreuses fabriques de sucre de betteraves. — Son commerce comprend aussi des toiles, percales, des bois de construction, des toiles métalliques, la savonnerie, etc.

confectionne pour les ouvriers et les habitans de la campagne, des étoffes qui sont portées en pantalon, dans les travaux les plus fatigans et les plus pénibles, durent une année entière sans avoir besoin du plus petit raccommodage, et il ne les vend que 33 sous l'aune en 120 centimètres de large. Il a justifié de ces faits par pièces authentiques. Aussi M. Place ne peut faire de ces tissus, qu'il appelle pilons, autant qu'on lui en demande. Il en avait exposé quatre pièces, dans une teinte en noir, que le jury citera avec éloge dans son rapport.

436 (77). MM. *Taigni* frères, à Paris, rue des Mauvaises-Paroles, n° 17, s'étaient fait admettre à l'Exposition, par le jury du département de la Seine. Des circonstances imprévues les ont empêché d'y prendre part. Nous le regrettons d'autant plus qu'ils excellent dans la fabrication des piqués de coton pour gilets, et dans celle des étoffes de la même matière qui servent à faire des pantalons.

437 (1743). A l'Exposition de 1823, MM. *Tessier et Zetter* obtinrent une mention honorable pour leurs cotons filés et leurs tissus de coton, et la médaille de bronze pour leurs fils de coton teints en rouge d'Andrinople. Ils continuent d'exploiter avec succès, à Saint-Dié, département des Vosges, sous la raison Tessier père et fils et Zetter, leur filature qui marche par un cours d'eau, leur teinturerie et leur établissement de tissage : le tout occupe quatre cents ouvriers, ce qui mérite considération dans un pays peu avantagé sous les rapports de l'agriculture et du commerce. — Les

produits de leur triple exploitation, n'ont pas dégénéré. On en restait convaincu, à l'inspection de ceux qu'ils avaient envoyés au concours, tels que cotons filés blancs et teints, cravates, mouchoirs de poche, toiles de coton, etc. La modicité des prix en était surtout remarquable. Ils y avaient joint des tapis charmans fabriqués avec des déchets de coton de la plus basse qualité, que les vers n'attaquent pas comme ils attaquent ceux de laine, et qui brillaient par l'éclat et la vivacité des couleurs.

MM. Tessier père et fils et Zetter ont reçu, en 1834, une nouvelle médaille de bronze : nous avons lieu de croire qu'elle leur a été accordée principalement pour ces tapis, objet d'une nouvelle industrie qu'ils ont créée dans les Vosges, et qui leur attire beaucoup de commandes.

438 (1548). MM. *Titot* et *Chatellux*, à Haguenau (1), département du Bas-Rhin, ont aussi obtenu la médaille de bronze pour la bonne qualité de leurs calicots, de leurs coutils et de leurs fils de coton. Ils s'étaient déjà distingués à l'Exposition de 1827 : leurs fils de coton y furent cités avec éloge, et leurs tissus mentionnés honorablement.

439 (1757). Non loin des produits de MM. Titot et Chatellux, ont été placés les tissus de coton de MM. *Truet* et *Briarez*, fabricans à Laval, département de la Mayenne. Ils seront mentionnés honorablement dans le rapport du jury.

---

(1) Située à 28 kil. de Strasbourg, et renfermant 9,700 habitans. — On y trouve des savonneries et des filatures de coton, des faïenceries, amidonneries.

440 (2059). M. Louis *Vallet* est le second fabricant de tissus de coton établi à Nantes, qui a paru au concours général de 1834, et que nous avons déjà annoncé au n° 430 relatif à M. Guillemet. Livré aux mêmes branches d'industrie que celui-ci, il a pris dans ses magasins quelques pièces de futaine qu'il a exposées avec d'autres pièces de basin. A cette fabrication que nous avons dit être si précieuse pour la ville de Nantes, il réunit une filature de coton mise en mouvement par la vapeur. Ses ouvriers sont au nombre de 350 à 400. Il sort, tous les ans, de ses ateliers, 4000 à 4500 pièces de futaine, qui se recommandent par leur bonne qualité et leur bas prix, et se distribuent dans un rayon de cent lieues. Le jury a décerné la médaille de bronze, à M. L. Vallet.

Revoir au § 1er de la section 1re, le n° 376, relatif à M. Fauquet-Lemaître, de Rouen, qui réunissait une pièce de calicot à ses cotons filés; à la section 2e, le n° 392, concernant M. Bour qui avait exposé des madapolams, avec des fils de coton retors; et consulter ci-après, au § 2, le n° 442, relatif à MM. Xavier Kayser et Ce, qui ont joint aux guingams qu'ils exposaient, des jaconats et des mousselines en blanc et en écru.

§ 2e.

Guingams.

On a donné le nom de *guingams* à des tissus de couleur, en coton pur, que l'on fabrique principalement dans le Haut-Rhin. Il s'en fait une grande consommation, et la concurrence en est à redouter par les imprimeurs d'indiennes. Le jury central de l'Exposition de 1827 remarqua que les guingams qui y parurent, surpassaient ceux de fabrication étrangère, par la vivacité des couleurs, la variété et le bon goût des dessins, la finesse du tissu, et souvent par le bon marché.

441 (1916). MM. *Blech* frères, à Sainte-Marie-aux-Mines (1), département du Haut-Rhin, ont exposé des guingams fins et demi-fins et d'autres tissus de coton en couleur. Ils étaient si bien confectionnés, que le jury leur a décerné la médaille d'argent.

442 (1917). Cette médaille avait été obtenue, en 1827, par MM. Xavier *Kayser* et Ce, fabricans dans la même commune. Le jury de 1834 a déclaré qu'ils continuent de s'en montrer dignes. On remarquait dans leur exhibition, des guingams divers, des madras, mousselines, jaconats, etc. : ce qui forme toutefois la partie la plus importante de leur fabrication où le tissage et la teinture sont compris, c'est des cotonnades ordinaires en toutes largeurs pour robes et tabliers; des cotonnades très fines appelées jaconats-écossais, pour robes de dames; des mouchoirs et cravates en fin et demi-fin; des tissus destinés aux Indes-Orientales, principalement aux îles Philippines, revêtus de dessins spéciaux imitant ceux de l'Inde, et ayant sur eux l'avantage d'offrir des couleurs plus vives et

(1) Ville dont l'industrie est très variée, à 35 kil. de Colmar, et de 9,970 habitans.

plus brillantes. MM. Xavier Kayser et Ce fabriquent encore des jaconats et des mousselines, pour la vente en écru et en blanc. Ils ont habituellement de 450 à 500 ouvriers.

443 (1918). Des guingams de diverses sortes avaient été envoyés au concours par MM. *Mohler* frères, qui ont aussi leur manufacture à Sainte-Marie-aux-Mines. Ils seront cités avec éloge dans le rapport du jury.

444 (1919). Une quatrième maison, de la même ville, a également fourni des guingams à l'Exposition; c'est celle de MM. J. G. *Reber* et Ce, qui obtinrent, en 1827, la médaille de bronze, que le jury de 1834 a rappelée, parce qu'ils la méritent de plus en plus. Les cotons d'Egypte avaient servi à fabriquer ces guingams, et les ingrédiens employés à leur teinture, étaient presque tous indigènes. On recherche ces tissus, à cause de la beauté et de l'éclat des couleurs.

445 (205). M. *Yver* (Prosper), à Paris, rue du Gros-Chenet, n° 2 bis, est un des industriels français qui ont contribué le plus à porter la fabrication du guingam, au point où elle est parvenue. Il n'y a pas plus de dix ans que les Anglais introduisaient ce tissu en fraude, en payant une prime peu considérable. C'était pour M. Yver et pour ses confrères un motif de mettre beaucoup de goût dans les dessins, de varier les couleurs, de réduire les prix, de rendre les ouvriers plus habiles, etc. Le but qu'ils avaient en vue, a été atteint : les Anglais ne nous envoient plus de guingams. A la contrebande, ils ont substitué l'usurpation de nos

dessins qui sont préférables aux leurs. M. Yver s'étant distingué dans cette lutte, la médaille de bronze a été sa récompense.

4e SECTION.

Tissus de coton mélangés.

Les tissus formés du mélange de matières diverses, prennent leur dénomination spéciale de celle de ces matières qui en compose la chaîne. Ainsi, lorsque la chaîne d'une étoffe est en laine et la trame en coton ou en soie, on dit que c'est une étoffe de laine mélangée. On appelle également tissu de coton mélangé, celui qui a sa chaîne en coton et sa trame en soie, laine, etc.

Nous ne nous sommes pas exactement conformés à la différence qu'entraîne cette locution. Déjà, au 2e § de la section 2e du premier chapitre, nous avons ajouté aux étoffes rases, des tissus de laine mélangés, et dans la section 4e du chapitre second, aux châles de cachemire, des châles qui sont aussi mélangés de laine, sans distinguer si la chaîne se composait de laine ou d'autres substances filamenteuses. Il était d'autant plus difficile, pour ne pas dire impossible, d'établir avec rigueur cette distinction, qu'il y a des étoffes où la chaîne n'est pas formée par une seule matière, comme, par exemple, les casimirs côtelés dont quelques parties de la chaîne sont en coton, tandis que le surplus est en laine. Voir l'article de M. Chennevière, de Louviers, sous le n° 42.

Ici nous plaçons deux Exposans qui n'avaient dans leurs exhibitions respectives, que des tissus de coton proprement dits mélangés.

446 (1652). Des étoffes appelées *cote-pali*, avaient été envoyées au concours, par M. *Gauzi*, de Montpellier (1) : elles ont la chaîne en coton, et la trame en soie. Il avait été apporté beaucoup de soins à leur fabrication, et le succès y avait répondu. M. Gauzi sera en conséquence cité avec éloge dans le rapport du jury central.

447 (2563). M. *Tricot* jeune, à Rouen, présentait des pagnes de coton avec franges en laine, dont plusieurs étaient brochées, et d'autres tissus coton et soie, sans apprêt. Les pagnes se faisaient d'autant plus remarquer, que c'est une étoffe qui ne sert qu'à l'habillement des nègres et des Indiens, et s'exporte au Sénégal, au Mexique, etc. Il y a pour la brocher, beaucoup de difficultés à vaincre, car on la fabrique au métier ordinaire ; par les seuls effets du changement de marche et de la complication des lames, les dessins qu'elle figure, sont obtenus sans avoir recours aux métiers Jacquard. Le rapport du jury mentionnera honorablement M. Tricot jeune.

---

(1) Ville où l'on fait un commerce considérable de vert-de-gris, vitriol, eaux-de-vie, fruits secs, huiles, parfums, liqueurs et produits chimiques. — On y trouve des fabriques de draps, couvertures, etc. Célèbre par la place du Peirou ou Peiron, une des plus belles de l'Europe, par son jardin botanique, son école de médecine. — A 752 kil. de Paris, et renfermant 35,000 habitans.

SEPTIÈME CHAPITRE.

COUVERTURES POUR LITERIE ET A DIVERS AUTRES USAGES; COURTE-POINTES, COUVRE-PIEDS.

Aux industries qui s'exercent sur la laine, le coton et la soie, se rattache celle qui va être l'objet de ce chapitre. Elle leur emprunte les matières qui servent à ses manipulations, et ses produits, à l'instar des leurs, composent des tissus qui, en général, sont formés de fils plus ou moins gros. Ce n'est pas qu'elle n'emploie encore d'autres substances filamenteuses telles que le poil de bœuf, le lin ou le chanvre; mais c'est en si petite quantité, qu'il suffirait en quelque sorte de les mentionner ici à titre de mémoire.

Notre intention était de diviser le présent chapitre suivant la nature des matières qui entrent dans la fabrication des couvertures. Ce qui nous a fait changer d'avis, c'est qu'il est peu de fabricans qui ne produisent celles de laine et celles de coton; il y en a même qui mélangent et amalgament les deux matières. La séparation que nous avions projetée d'abord, offrait donc des difficultés qui, examinées avec plus d'attention, nous ont paru insurmontables.

Du reste, cette industrie est dans une bonne situation, et ses développemens, en ce qui concerne la fabrication des couvertures de coton piqué, ne peuvent être méconnus. Sous le rapport des procédés dont elle fait usage, on ne pense pas qu'elle ait beaucoup à acquérir ni à améliorer. C'est à Paris, à Orléans, à Montpellier, à Tournus, département de Saône-et-Loire, à Lannoy, département du Nord, qu'elle s'exploite principalement, et à Laons, département d'Eure-et-Loir, qui n'a rien envoyé à l'Exposition de 1834.

448 (2085). M. *Accary* aîné (Jacques), à Tournus (1), département de Saône-et-Loire, fut mentionné honorablement, aux concours de 1819 et de 1823; une nouvelle mention honorable lui a été accordée par le jury central de la dernière Exposition. Il y avait présenté douze sortes de couvertures, de 7 à 14 points, de 5/4 à 9/4 de large, de qualités diverses, et de prix généralement très modérés. M. Accary est un de nos premiers fabricans de couvertures; il en fait de pure laine, de coton, de laine et coton, en blanc, en gris, en vert, imprimées de plusieurs façons, ouvragées dites de Naples; il confectionne aussi les molletons. Ses produits sont achetés dans les magasins de sa fabrique, et il n'a pas besoin de les offrir au dehors. Une succursale qu'il a établie à Lyon, y est dirigée par son frère.

449 (10). Il était de toute justice que le jury rappelât, à l'avantage de M. *Bacot*, rue de la Monnaie, n° 26, à Paris, la médaille d'argent qu'il obtint en 1823, et qui avait déjà été rappelée en 1827.

(1) Petite ville sur la rive droite de la Saône, qui fait un commerce assez considérable en vins et en pierres à bâtir; — 5,150 habitans.

Sa maison est ancienne, et jouit d'une excellente réputation. Il a présenté, comme aux deux concours précédens, des couvertures en laine, en soie et en coton. Selon le jugement qui en fut porté alors, ces tissus étaient légers quoique bien fournis, et convenablement serrés quoique très moelleux.

450 (1888 et 2080). Des couvertures en laine blanche, et une couverture de laine grise, avaient été envoyées par MM. *Barba* et *Brecheux*, d'Orléans (1). Ces estimables fabricans n'avaient pas encore figuré dans les concours généraux de l'industrie. D'après la mention honorable qui leur a été accordée à celui de 1834, ils peuvent se féliciter d'y avoir pris part.

451 (136). C'était aussi la première lutte de M. *Berthier*, fabricant, passage Sainte-Croix de la Bretonnerie, n° 7, à Paris, ayant son magasin n° 38 de la rue du même nom. On ne doit pas en être surpris : son établissement n'est formé que depuis huit ans. Il s'adonne principalement à la fabrication des couvre-pieds piqués et brochés dans le genre anglais, qui sont également remarquables par la solidité, et par la variété et la richesse de leurs dessins. A force de soins secondés par beaucoup d'intelligence, il est parvenu à les perfectionner et à les embellir, et il en a tellement répandu le goût que ses relations commerciales ne

(1) Une des villes industrielles de France, citée pour son commerce de vins, d'eaux-de-vie, de vinaigres et sucres raffinés. Elle est située sur la Loire, et le canal qui porte son nom y aboutit. — Sa population est de 40,160 habitans.

se bornent plus à la France, mais qu'elles embrassent une partie de l'Europe et s'étendent à l'Amérique. M. Berthier a reçu la médaille de bronze.

452 (1941). M. *Chapelon* cadet, à Toulouse, exploite plus d'une branche d'industrie manufacturière ou agricole. Il exposait tout à la fois des couvertures de coton, un cuir tanné et un pain de sucre de betterave. La médaille de bronze lui a été accordée par le jury central.

453 (1860). Il sera fait, dans le rapport du même jury, une mention honorable de M. *Feugé-Fessard*, de Troyes, qui fabrique des couvertures en coton façonné, de tous genres et dessins, de 2/3 à 11/4 de long, dites piqués brillans, à fleurs damassées et autres, etc., et qui en avait étalé deux sous le troisième pavillon de la place de la Concorde. — La première était à deux chaînes, dont une en fil de coton double retors, couleur rouge des Indes, ce qui rendait l'étoffe doublée et fourrée, suivant l'expression technique, entourée d'une bordure très belle; le dessin figurait une rosace, ayant dans son milieu un écusson. — La seconde à grands carreaux, également rouge des Indes, fil double retors, avait aux deux bouts une bordure à fleurs et, au centre, le portrait du roi monté sur un piédestal, avec entourage de lauriers : le dessus et le dessous de la bordure étaient parsemés de croix d'honneur.

454 (1889). Dans l'état non officiel qui a été publié des décisions rendues par le grand jury de l'Exposition de 1834, et même dans la liste qui

en fut insérée officiellement au Moniteur du 15 juillet de ladite année, nous avons vainement cherché le nom de M. Jacques *Demay*, d'Orléans. Sa maison, qui tient un haut rang dans la fabrication des couvertures, avait cependant obtenu la médaille d'argent en 1823, médaille qui a été rappelée en 1827. Ce n'a donc pu être que par omission, qu'elle n'a pas été rappelée de nouveau en 1834. En effet, nous avons examiné attentivement les couvertures de laine, et celles de coton qu'avait exposées M. Jacques Demay : leur fabrication ne nous a pas paru avoir dégénéré entre ses mains, depuis le précédent concours. Ce qui est ici relevé, sera rectifié sans doute dans le rapport définitif du jury, auquel nous rendrons conforme, pour cet objet, la table alphabétique qui terminera notre ouvrage.

455 (1863). Appliquons ce que nous avons dit de M. Feugé Fessard, sous le n° 453 qui le concerne, à M. Michel *Petit*, qui exerce également son industrie à Troyes ; c'est dans le même genre que ce dernier travaille avec beaucoup d'intelligence et de goût. Il présentait quatre couvre-pieds en coton, de qualités différentes, exécutés à la tire et non à la mécanique, à dessins variés qu'il serait trop long de décrire, et dont l'étoffe était doublée et fourrée. Nous regrettons que le jury n'ait pas pris la détermination de les citer dans son rapport. M. Petit est un simple ouvrier, dépourvu de capitaux, plein de zèle et d'ardeur, qui ne demande que du travail, et qui est en état de bien confectionner non seulement des couvre-pieds

semblables à ceux qui formaient son exhibition, mais encore d'en varier les dessins à l'infini, et de les figurer sur des pièces de linge de table, dans toutes les largeurs et dispositions qui lui seraient indiquées. Puisse la publicité que nous donnons à ses talens, lui attirer des commandes qui le mettraient à portée de justifier complétement nos éloges !

456 (1662). Les couvertures provenant de la fabrique de MM. *Pagezy* et *Serres*, de Montpellier, avaient été faites avec soin. Elles seront mentionnées honorablement, dans le rapport du jury central.

457 (2142). M. *Pluquet* (Edme), à Lannoy, département du Nord (1), recevra dans le même rapport une mention semblable à celle qui doit y être contenue sur MM. Pagezy et Serres. Il avait exposé une courte-pointe en coton, des couvertures en coton et laine, etc. — Nous lisons dans sa correspondance, des détails sur l'industrie du bourg de Lannoy, qu'il est utile de consigner ici sommairement. Il s'y fabrique, chaque année, de 40 à 50 mille couvertures, de diverses sortes : 2/3 trouvent leur placement dans le département du Nord et dans les départemens voisins; 1/3 s'écoule dans l'intérieur de la France et à l'étranger. La plus grande partie est faite avec les déchets de coton provenant des nombreuses filatures du Nord : il y en a d'assez belles, et de très communes. On en fabrique aussi en coton et laine, qui excitent quel-

(1) A 12 kil. de Lille et de 1,380 habitans.

qu'attention par leur bas prix. Celle qui s'élève au-dessus de toutes les autres, est la courte-pointe piquée; c'est en même temps la plus solide. Le travail qu'elle exige, est comme celui du piqué pour gilets : il y a de plus la fourrure, sans compter les dessins dont la variété est innombrable. Ces fabrications occupent 400 ouvriers.

458 (1187). M. *Poupinel* jeune, à Paris, rue Galande, n° 57, qui tire ses filés de Pantin où il a une filature que la vapeur met en mouvement. Ses ouvriers sont au nombre de 140. Ses couvertures de laine et ses couvertures de coton se placent en France et à l'étranger, mais principalement en France : il emploie les laines françaises et étrangères, et les cotons de la Louisiane et du Levant. M. Poupinel avait été mentionné honorablement en 1827. Le jury de 1834 lui a décerné la médaille d'argent : c'est la plus haute distinction qui ait été obtenue jusqu'ici dans son genre d'industrie.

459 (1871). M. *Valtier* aîné, à Lisieux, département du Calvados, sera mentionné honorablement dans le rapport du jury. Il avait fait admettre au concours général, deux couvertures dites thibaudes, en poil de bœuf brun, de 5/4 sur 8/4, à 3 fr. 50 c. la pièce; deux *idem* en poil de bœuf et veau blancs, à 5 fr.; deux *idem* rayées, au même prix; deux couvertures en fil pour chevaux, 9/8 sur 6/4, à 3 fr. 50 c. la pièce; deux *idem*, à carreaux écossais, à 5 fr.; et deux en fil et laine, 9/8 sur 5/4, à 5 fr. — M. Valtier aîné emploie, tous les ans, quarante-huit mille livres de poil de

bêtes à cornes, et vingt mille livres de filasse de lin.

Revoyez, sous le n° 23, l'article de MM. Aynard frères; sous le n° 118, celui de M. Violle fils; et sous le n° 131, celui de MM. Boyer et Ce, qui avaient des couvertures dans les exhibitions qu'ils ont faites respectivement, des autres produits de leurs fabriques. Vous en trouverez encore au chapitre quatorzième, à l'article de MM. Bellangé père et Nourrisson, de Tours.

HUITIÈME CHAPITRE.

BONNETERIE.

La bonneterie est, comme les couvertures, liée aux industries du coton, de la soie et de la laine; elle se rattache également à celle du lin et du chanvre : c'est principalement dans les matières employées par ces grandes branches de l'industrie nationale, que sont prises celles que les bonnetiers approprient à ses besoins et à ses usages.

On a remarqué que depuis l'Exposition de 1827, la partie de la bonneterie de coton qui emploie les filés de coton retors, improprement appelés fils d'Ecosse, a acquis beaucoup de développement.

1re SECTION.

Bonneterie de coton, de soie, de laine, de fil.

Parmi les fabriques de bonneterie qui sont en activité à Paris, Lyon, et dans les départemens du Gard, de l'Aube, du Calvados, de la Somme, celles du Gard, et notamment de Nîmes, avaient envoyé à l'Exposition les produits les plus nombreux. C'est ce qui nous détermine à les placer en tête de cette section, pour parler ensuite des autres qui ont concouru, en renvoyant à la section suivante ce qui tient à la bonneterie dite orientale.

Fabriques de bonneterie du département du Gard.

460 (2326). MM. *Benoît* père et fils, à Saint-Jean-du-Gard (1), ont exposé des gants et des bas de soie à jour; *idem* en soie gaze : la matière provenait de leur filature de soie. Ils y avaient joint des bas et des gants à jour, en fil d'Ecosse de fabrique française. Conformément à la déclaration du jury spécial de leur département, ces produits étaient beaux, bons et riches : ils prouvaient que MM. Benoît père et fils travaillent également bien la soie et le fil d'Ecosse. La médaille de bronze leur a été décernée par le jury central.

461 (2307). Au-dessous d'eux se plaçaient MM. *Boissier* et Ce, fabricans à Nîmes, qui seront mentionnés honorablement dans le rapport du même jury. Ils avaient envoyé des gants de soie chinée; *idem* blancs, à l'anglaise, des mitons, des filoches, etc. Leur maison est ancienne. Ses produits sont variés et d'une vente facile pour l'exportation.

462 (2306). Nous trouvons sur la même ligne MM. *Bossens Moureau* et *Beaud*, qui ont aussi leur établissement au chef-lieu du Gard, et ont été jugés dignes de la même récompense. Leur exhibition se composait de gants de soie, et de soie et coton, de bas de soie à jour, et de bas de bourre de soie. C'est une maison qui compte à

---

(1) Les habitans sont très actifs et très industrieux. — On y compte plus de 220 métiers. — A 28 kil. d'Alais; 4,000 habitans.

peine quelques années d'existence, et ses succès vont croissant.

463 (2309). La bonneterie du Vigan (1) se distingue par une jolie apparence, et par le bas prix. C'est la double qualité qui frappait à la vue des articles adressés par M. Pierre *Germain*, qui tient un des premiers rangs dans cette fabrique : ils consistaient en bas de coton superfins unis blancs pour homme, *idem* pour femme, *idem* à jour pour femme, et en un bonnet blanc pour homme. Le jury a accordé la médaille de bronze à M. Germain.

464 (2308). Les gants de MM. Emile *Joyeux* et Cᵉ, fabricans à Nîmes, seront mentionnés d'une manière honorable. Ils étaient en fil d'Ecosse, façonnés, à jour, les uns avec et les autres sans couture, tous fabriqués économiquement, et qui se recommandaient par la modicité de leur prix. Parmi ces articles, il y en avait un dont le livret de l'administration ne parle pas : c'était une jolie pièce de zéphir façonné et illuminé.

465 (2327). Une mention honorable a également été accordée à MM. *Leignadier* et *Daumas*, fabricans à Nîmes. Ils exposaient des gants de soie amadis, brodés à fleur, des gants et des mitons en fil d'Ecosse. C'est une nouvelle maison qui fait de la bonneterie légère et apparente pour l'étranger, et beaucoup plus solide pour la consommation de l'intérieur.

---

(1) Ville de 4,300 habitans, chef-lieu d'une sous-préfecture où il y a 4,000 métiers pour la bonneterie de coton, et 1,500 pour celle de soie.

466 (2328). En 1819, M. *Meynard* cadet, de Nîmes, obtint la médaille d'argent pour un tissu de soie de sa composition, qu'il appelait tricot-velouté, et dont l'effet était fort agréable. Le jury de 1834 a reconnu et déclarera dans son rapport, qu'il continue de mériter cette distinction. M. Meynard cadet travaille avec les métiers à chaîne, mécanique à la Jacquard. Ceux de ses produits qui figuraient dans le troisième pavillon de la place de la Concorde, étaient des gants de soie à jour, riches, des gants filochés et brodés, gants tulle sans couture, à côtes élastiques, etc., articles d'une conception heureuse, et d'une exécution parfaite. Leur habile producteur ne mérite pas moins d'éloges par la finesse de la maille, que par le bon goût et la variété des dessins.

467 (2310). Une maison de Nîmes qui fabrique en grand pour l'exportation, dont les produits ont de la légèreté et ne se vendent pas cher, est celle de MM. *Pagès* fils et Ce : elle a succédé à M. Daniel Pagès. Il n'était pas difficile de reconnaître ces qualités dans ses gants de couleur, en coton, qui étaient admis au concours, dans ceux en fil d'Ecosse unis, *idem* brodés, dans ses mitons, et dans ses bonnets fins de soie noire. Le tout sera mentionné honorablement dans le rapport du jury.

468 (2311). Celle de toutes les manufactures de bonneterie de Nîmes, qui exposait les produits les plus nombreux et les plus variés, appartient à MM. *Plantier-Barre* et Ce; le nombre en excédait soixante, tant en gants et mitons de soie, ou en fil d'Ecosse, qu'en bas et bonnets de soie, mi-soie,

bas de soie, bas de cachemire, calotes en soie, calotes en coton, etc. Maison ancienne et importante qui vend avec ses produits, ceux de la même nature qu'elle achète dans le département du Gard, occupant beaucoup d'ouvriers et faisant beaucoup d'affaires. Le jury l'a distinguée par la médaille d'argent. — Nous retrouverons un de ses membres, M. Plantier, au chapitre de cet ouvrage, qui comprendra les poteries.

469 (2312). Une autre maison qui opère à Nîmes à peu près comme la précédente, est sous la raison *Tur* et Ce : elle a aussi reçu la médaille d'argent; déjà, en 1827, elle avait obtenu celle de bronze, après avoir été mentionnée honorablement en 1819. — A une fabrication très étendue, et comprenant presque tous les articles de bonneterie qui se font sur le métier à cueillir, MM. Tur et Ce réunissent l'achat des produits des autres bonneteries du Gard, qu'ils vendent simultanément avec les leurs, et dont ils trouvent le placement dans des relations de commerce anciennes et bien établies. Une exécution soignée justifie leur succès, ainsi qu'il a été reconnu par tous ceux qui ont examiné attentivement les bas, gants en soie, en coton, en bourre de soie, etc., qu'ils présentaient au concours. Ils occupent environ mille ouvriers dans l'étendue de leur département. — A leur exhibition de bonneterie de divers genres, ils avaient joint de la fantaisie cardée extrêmement pure.

Revoir, sous le n° 236 du Musée, l'article concernant MM. Roux cadet, Bigot et Ce, et sous celui 269, l'article relatif à M. Puget, qui avaient quelque peu de bonneterie parmi les objets dont se composaient leurs exhibitions.

Autres fabriques de bonneterie.

470 (1538). Il existe à Bischwiller (1), département du Bas-Rhin, une industrie qu'on pourrait dire locale, qui est particulière à cette ville, et qui, à raison du bon marché de ses produits, ne craint point de concurrence de la part de l'étranger. On y tricote à la main ou au crochet, des mitaines, des chaussons, des bracelets, des brodequins, des bonnets grecs, etc., pour hommes, femmes et enfans : parmi ces articles, les uns sont en pure laine, tandis que l'intérieur des autres est fourré en coton ; le prix de la façon d'une paire de gants ou mitaines, ne va qu'à 7 ou 8 centimes, et une tricoteuse habile et assidue en fournit jusqu'à 7 à 8 paires par jour. Outre la consommation qui s'en fait en France, il s'en expédie de quatre-vingt à cent mille douzaines par an, en Europe et même en Amérique. — C'était de la bonneterie de Bischwiller que MM. *Bourguignon* et *Schmitd*, qui y sont depuis long-temps établis, avaient envoyée au concours. Le jury central a été tellement satisfait de sa bonne exécution et de son prix modique, qu'il a arrêté d'en faire une mention honorable dans son rapport.

(1) Située sur la rivière de la Moder, à 20 kil. de Strasbourg. Ville où l'industrie est très active, et qui renferme des blanchisseries de toiles, des fabriques considérables de draps pour les troupes. — 5,100 habitans.

471 (1862). Des mitons, des gants, et des bas avec dessins en or, étaient offerts par M. *Braçonnier* (Alexandre), bonnetier à Arcis-sur-Aube (1). Ils seront cités avec éloge dans le rapport du jury.

472 (1811). M. *Deletoille-Cocquel*, à Arras, avait un assortiment complet d'articles de bonneterie en laine, soie, bourre de soie, coton et fil, dans toutes les qualités et dans tous les prix. C'est le seul bonnetier du Pas-de-Calais et du Nord, qui fabrique en grand. Il n'occupe pas moins de 600 ouvriers des deux sexes, et ses produits, à raison de leur excellent usage et du fini qui les distingue, se placent avec facilité à Paris et dans les départemens. A sa fabrication de bonneterie, il réunit le peignage des laines. — Le jury a accordé la médaille de bronze à M. Deletoille-Cocquel. — Il a succédé à son beau-père, M. Cocquel-Valle, qui obtint en 1819, celle d'argent.

473 (1458). Les bas de M. *Desmares-Thelot*, bonnetier à Evreux, seront cités avec éloge, dans le rapport du jury.

474 (1580). Une semblable distinction honorera la fabrique de M. *Dillon* aîné, à Xivray, près Saint-Mihiel, département de la Meuse, qui avait fourni à l'Exposition des bas et des gants en fil d'Ecosse. C'est un ancien militaire, à qui des infirmités qu'il contracta au service de son pays, ne permettaient pas de se livrer, comme ses pères,

(1) Ses communications avec Paris et Orléans sont très actives, au moyen de celles établies par la rivière de l'Aube et les canaux d'Orléans, de Briare et du Loing. — C'est là que se fait la boissellerie destinée aux Vosges. — 2,670 habitans.

aux travaux de l'agriculture. Par nécessité, il s'est rendu industriel. Son établissement prospère, et compte déjà 36 métiers tant en gros qu'en fin, exécutant les mêmes ouvrages qui se font dans la capitale où est son débouché principal.

475 (279). Par les bas de soie, et par ceux de fil qu'exposait M. *Fredly*, bonnetier, faubourg Saint-Denis, n° 88, on a jugé que la vieille réputation de la bonneterie de Paris trouve dans ses ateliers un fort bon soutien. Aussi, le rapport du jury central le mentionnera honorablement.

476 (2416). La même distinction a été bien méritée par M. Charles *Huot*, bonnetier à Troyes, qui, à sa fabrique de tricot, joint une filature de coton, le tout occupant 250 ouvriers. C'est pour la très petite propriété qu'il travaille le coton et la bourre de cachemire, et c'est avec beaucoup de raison qu'il nous a écrit que, pendant que d'autres industriels couvraient élégamment le riche, il avait pensé à produire, en faveur du pauvre, des vêtemens à bon marché. Des jupons, des gilets, des camisoles, des maillots, des brassières, etc., de divers genres, qui, par leur bas prix, ont souvent fixé notre attention tant qu'a duré le concours, depuis 54 francs jusqu'à 13 et même 11 fr. 50 c. la douzaine, pesant de 2 à 11 livres! Quelle facilité donnée aux pauvres pour se vêtir, et combien leurs bénédictions doivent flatter M. Huot, qui a introduit cette industrie à Troyes et dans ses environs, où il espère de la fixer par le peu d'élévation de la main-d'œuvre!

477 (1199). M. *Meyreuis-Rey*, tenant un gros

magasin de bonneterie à Paris, où il est fixé depuis trente ans, rue des Lavandières-Sainte-Opportune, n° 24, a une fabrique à Ganges, département de l'Hérault. Il s'était fait admettre à l'Exposition, par le jury particulier du département de la Seine; c'est ce qui a sans doute été cause que le jury central ne lui a point accordé de distinction, ne l'ayant pas vraisemblablement considéré comme manufacturier ou fabricant. La méprise est d'autant plus à regretter, que M. Meyreuis-Rey a singulièrement perfectionné la fabrique de bas de soie de Ganges, où son père tenait déjà un rang distingué. Par ses efforts et sa persévérance, il l'a amenée au point de produire des bas de soie qui, dans les jauges ordinaires, sont au niveau de ceux de Paris, avec une différence de 20 p. o/o en moins sur le prix coûtant. Du reste, cet honorable négociant-fabricant est connu de la manière la plus avantageuse par le commerce qu'il fait en grand, tant en France qu'à l'étranger, de toutes sortes de bonneteries en soie, coton, fil d'Ecosse, cachemire, etc.

478 (1878). Une médaille de bronze a été décernée à M. *Potel*, bonnetier à Caen (1), qui produit avec solidité et perfection, des bas et des

---

(1) Ville située au confluent de l'Orne et de l'Odon, renommée pour son commerce de coutellerie, de plâtre pour l'agriculture, de sel, de granit. — Son industrie est relative aux dentelles, aux tulles brochés, blondes, soie blanche et noire, aux châles, gants et bonnets d'angora. — Port excellent pour la construction des vaisseaux, et qui reçoit annuellement 7 à 800 navires, dont le quart environ chargé de sel. — A 263 kil. de Paris; — 39,140 habitans.

gants en fil d'Ecosse, unis, à jour, de couleur, etc., depuis 18 fr. la paire jusqu'à 25 sols, ainsi qu'il nous l'a déclaré; cependant, les moins beaux de ceux qu'il avait envoyés à l'Exposition, étaient du prix de 3 francs.

479 (2357). Cette partie de la bonneterie qui, comme nous l'avons dit dans le préambule de ce chapitre, se développe de plus en plus, est cultivée avec succès par M. *Saint-Acheule*, rue des Carmes, n° 117, à Rouen, qui s'étudie à la perfectionner et à l'embellir. Il exposait des gants, des bas et une robe d'enfant en fil d'Ecosse, à jour, au point, brodés à la main de diverses manières: S. M. la Reine a fait acheter la robe d'enfant. M. Saint-Acheule sera cité avec éloge dans le rapport du jury. Il avait reçu, le 6 juin de l'année dernière, une médaille de bronze de la Société d'émulation de Rouen, pour sa fabrication de bonneterie.

480 (1877). Quoique M. Victor *Vautier*, bonnetier à Caen, se livre aussi à l'exploitation de la bonneterie de la même espèce; quoiqu'il ait successivement perfectionné pendant quatre ans les gants et les bas de fil d'Ecosse, en les faisant établir en blanc, ce qui donne plus de relief au grain de la maille, et rend le tissu plus clair que s'il était reblanchi; et quoiqu'il n'ait formé qu'avec beaucoup de peine des ouvriers à l'emploi de ces fils blancs, son industrie embrasse tous les autres genres de bonneterie en laine, soie, coton, bourre de soie, cachemire, fil de lin, etc., dans toutes les qualités et dans tous les degrés de finesse. Les

bas de fil d'Ecosse, en quatre fils, qui faisaient partie de son exhibition, étaient notamment remarquables. La médaille de bronze lui a été accordée.

481 (1421). Une médaille de bronze a également récompensé la bonne exécution des tricots divers et des bonnets envoyés par M. *Vigry*, à Vouneil-sous-Biard, près Poitiers, département de la Vienne.

2e SECTION.

Bonneterie orientale ou *Casquets façon de Tunis.*

C'était uniquement pour les Orientaux, que nous commençâmes à fabriquer cette bonneterie qui a tiré sa double dénomination des lieux où elle s'exportait. Quoique Marseille se fût livrée des premières à son exploitation, la ville d'Orléans en était le siége principal : feu M. Michel, qui y en fonda une importante fabrique, parvint à donner à ses produits une telle réputation en Orient, qu'on les y achetait en balle et sous corde, sans vérification préalable. La fabrication des casquets s'étendit, en 1817, d'Orléans à Paris. Ce qui était propre à la favoriser en France, c'est que nos casquets qui ne servaient d'abord qu'aux Orientaux, ont eu postérieurement des débouchés dans l'intérieur ; il y a aujourd'hui plus d'un Français qui porte le bonnet grec.

Malheureusement, les fabriques qui s'étaient élevées à Marseille sont toutes tombées, par l'effet du droit de 33 p. o/o dont fut frappée l'introduction des laines. C'est la Chambre de Commerce de cette ville qui nous l'a appris. Les deux belles manufactures d'Orléans, qui occupaient des milliers d'ouvriers, auraient-elles éprouvé le même sort? nous ne le pensons pas. Il est néanmoins fâcheux que ni l'une ni l'autre ne se soit présentée à l'Exposition de 1834.

On n'y a vu, en fait de bonneterie orientale, que deux fabricans de Paris : le premier a en quelque sorte transformé cette industrie en feutrant la laine; le second a su en varier l'application, et y introduire des améliorations nouvelles.

482 (600). M. *Audin* n'a élevé que depuis six ans sa fabrique, rue du faubourg Saint-Denis, n° 24, dans un local vaste qui renferme une pompe à feu à haute pression, de la force de six chevaux, carderie, foule et foulon, atelier de teinture, dégraissage, atelier pour les impressions, et fournit du travail à 150 ouvriers. — Ainsi que nous venons de le dire, la bonneterie orientale s'est transformée sous ses mains : au lieu de fouler simplement la laine, il la feutre; il en compose un véritable cuir-laine extrêmement solide, et bien préférable au tricot, car il ne montre pas la corde, à l'user, comme le tricot et le drap. La différence de prix est au moins de 60 pour 0/0. Quels avantages pour cette industrie nouvelle sous beaucoup de rapports, pour la bonneterie en feutre, qui se plie avec la plus grande facilité à toutes les formes que l'on désire! M. Audin en fait des bonnets grecs, des bonnets à côtes de melon, des bonnets plats; des bérets, képis, russes, imprimés en relief; des

cabas, des ceintures pour hommes et pour enfans, etc., dans les prix de 12 à 33 fr. la douzaine. Le rapport du jury en contiendra la mention la plus honorable.

483 (79). Plus ancien dans la fabrication de la bonneterie orientale, M. *Trotry-Latouche*, rue Notre-Dame de Nazareth, n° 20, reçut la médaille de bronze en 1823, et celle d'argent en 1827. Le jury a déclaré, en 1834, qu'il continue de mériter cette dernière distinction. — C'est un fabricant doué de beaucoup d'intelligence, et qui a des connaissances manufacturières très étendues. Il fait avec le Levant, où il jouit de la plus excellente réputation, un grand commerce de casquets, qui serait encore plus considérable sans les pertes à supporter dans le change des monnaies de ces pays. — Déjà inventeur de ceintures qu'il a appelées *anti-rhumatismales*, parce qu'une partie de la laine y est laissée en suint, et qu'on trouve chez tous les bonnetiers de Paris, M. Trotry-Latouche avait joint à ses articles de bonneterie orientale, des draps qu'il imprime en relief, et un article nouveau qui attirait l'attention de beaucoup de visiteurs. C'était des chaussons en laine foulée, produits par les mêmes procédés et moyens que les casquets, et tellement solides, qu'ils semblent avoir la force d'un cuir de buffle. Ils ont la forme du soulier le mieux fait, et ils portent avec eux leur fourrure, étant tirés à poil dans l'intérieur : le dessus est apprêté comme le drap ; il y en a dont l'extérieur est imprimé, et d'autres qui sont unis,

Ce produit remarquable offre au consommateur l'avantage d'être bien et solidement chaussé, et de lui tenir les pieds chauds. Nous ne doutons pas qu'à raison de son prix, qui est seulement de 15 à 30 fr. la douzaine, et des qualités qui y sont réunies, il ne s'en fasse un grand débit.

NEUVIÈME CHAPITRE.

DENTELLES ET BLONDES, GAZES, BRODERIES.

Pour justifier l'ordre assigné au présent chapitre, et la place que ce chapitre occupe dans notre ouvrage, nous nous bornons à faire observer que les branches industrielles qui y sont comprises, emploient les mêmes matières que nos grandes industries du lin et du chanvre, de la soie et du coton que nous avons passées en revue avant de parler des couvertures et de la bonneterie.

La dentelle est formée avec du fil de lin, la blonde, avec du fil de soie; la gaze est un tissu léger, très clair, ou tout fil ou tout soie, ou fil et soie. Les broderies qui s'exécutent avec du lin, du coton, de la soie, etc., ne sont que des ornemens ajoutés à des tissus.

1re SECTION.

Dentelles et Blondes.

484 (1744). La fabrique de dentelles de Mirecourt (1), était représentée à l'Exposition par

(1) Chef-lieu d'un arrondissement où l'on trouve un assez grand nombre de fabriques de dentelles, de serviettes, et où l'on confectionne beaucoup de bois de sellerie et d'ouvrages de lutherie. — 5,600 habitans.

M. *Aubry-Febvrel*, de la même ville, qui en avait envoyé quarante pièces. Elle embrasse tous les genres; elle rivalise pour les qualités, avec toutes nos autres fabrications de dentelles, et l'emporte souvent par la modération des prix. C'est ce qu'a prouvé l'exhibition de M. Aubry-Febvrel, composée d'articles courans qui n'avaient pas été faits pour la circonstance : leur prix variait de 120 à 12 fr. la pièce; mais celui qui les présentait, est en mesure d'en fournir depuis 20 c. jusquà 15 c. l'aune. La médaille de bronze lui a été décernée par le jury central. Il avait déjà reçu du jury particulier de son département, une distinction analogue.

485 (2280). A l'exposition de 1819, MM. *Bonnaire* et Ce, de Caen, ayant maison à Paris, obtinrent la médaille d'argent, qui fut rappelée à leur avantage en 1823, et qui l'a été encore par le jury du dernier concours. Ce sont des fabricans distingués du département du Calvados, qui compte, à lui seul, plus de 60,000 individus occupés à produire des dentelles et des blondes. Ils avaient exposé des blondes blanches à liséré d'argent, un voile noir, un châle blanc carré de 6/4, une mantille blanche, etc., articles remarquables par le fini de l'exécution.

486 (386). On trouvait les mêmes qualités et beaucoup de délicatesse dans les blondes de M. *Charliat*, dont la fabrique, placée à Valdampierre (1), occupe 1,400 ouvriers dans le départe-

(1) A 16 kil. de Beauvais, chef-lieu du département de l'Oise.

ment de l'Oise, et a ses magasins à Paris, rue Vivienne, n° 12. Il est fournisseur breveté de la cour de Portugal. Son commerce est très étendu : ses blondes sont achetées par les premières maisons de Paris, Londres, Naples, Bruxelles, etc. Le jury l'a jugé digne de recevoir la médaille de bronze.

487 (102). La même distinction a été accordée, et par les mêmes considérations, à M. *Conville* (Laurent), à Paris, rue de Grammont, n° 3. Ses blondes noires et blanches n'étaient pas moins remarquables.

488 (2353). Un cadre contenant 19 pièces de dentelles, dans les prix de 22 sous à 22 fr. l'aune, était offert par l'établissement qui s'est formé à Dieppe (1), en 1826, au moyen de souscriptions volontaires, que la ville et le département de la Seine-Inférieure ont postérieurement encouragé, et que dirige avec beaucoup d'intelligence M. *Lecanu.* Outre qu'il fournit du travail à 400 ouvrières qui gagnent de 50 cent. à 1 fr. par jour, il a relevé à Dieppe, la fabrication des dentelles de fil, qui y était languissante. Ses produits sont actuellement recherchés dans tout le royaume pour leurs bonnes qualités, et à cause de leurs dessins qui s'améliorent de plus en plus. Le jury central les mentionnera honorablement dans son rapport.

(1) Un des ports de France pouvant contenir dans son bassin 40 ou 50 navires. — Son industrie s'applique principalement à la fabrication des dentelles, aux raffineries de sucre, à la corderie. — C'est le centre d'un entrepôt de sel et de denrées coloniales. — Il y a un établissement fort bien tenu pour prendre les bains de mer. — A 55 kilom. de Rouen ; 16,000 habitans.

489 (127). MM. *D'Ocagne* et fils, à Paris, rue Neuve-des-Petits-Champs, n° 35, ayant leur fabrique à Alençon, ne laissent passer aucune exposition des produits de l'industrie sans y prendre part, et sans ajouter à la réputation dont ils jouissent. Aussi, la médaille d'argent qu'ils reçurent en 1819, a été rappelée en 1823 et 1827; elle ne pouvait manquer de l'être de nouveau par le jury de 1834, qui a déclaré qu'ils méritent de plus en plus cette distinction honorable. Ils avaient exposé des dentelles point d'Alençon, dont une robe du prix de 8000 fr., article riche, anciennement recherché par l'opulence, et que la mode a presqu'entièrement abandonné. Des tissus plus usuels y avaient été joints; c'était des mousselines brodées à l'instar des mousselines suisses, branche industrielle que MM. D'Ocagne et fils ont créée à Alençon, et qui, par leurs soins et leurs efforts, s'y est élevée à une perfection telle que, pour la beauté et pour la modération des prix, elle ne craint pas la concurrence suisse.

490 (2194). L'industrie qui nous occupe, est depuis long-temps cultivée avec succès, et sur une assez grande échelle, dans le département de la Haute-Loire. M. Théodore *Falcon*, au Puy (1), est un des fabricans qui contribuent le plus à l'y développer, en la perfectionnant. Voici le témoi-

(1) Cette ville est le centre d'un grand nombre d'industries diverses, telles que papeteries renommées, colle forte, produits chimiques, faïencerie, tissus de fil et de laine, de camelots, etc. — A 505 kil. de Paris; 14,930 habitans.

gnage qu'en a rendu le jury d'admission de son département : « il est parvenu par les soins assi- » dus qu'il a donnés à sa fabrication, tant par les » dessins qu'il invente que par leur exécution qu'il » dirige en élevant lui-même les ouvrières, se » rendant dans les villages qu'elles habitent pour » les faire travailler sous ses yeux, à rivaliser avec » les fabriques de Suisse, pour les dessins et la » qualité, et à les surpasser au moins de 25 pour » 100 pour la modicité des prix. » M. Théodore Falcon n'exposait que des échantillons de dentelles blanches en fil. Le rapport du jury en fera mention honorable.

491 (1093). Avec des dentelles de la même espèce, M. *James-Dubois* en exposait de soie noire, et des blondes qui, dans ce qu'on appelle petites blondes, font une redoutable concurrence à celles de Caen et de Chantilly. Il a sa fabrique dans la Haute-Loire, et son dépôt à Paris, rue des Deux-Portes-St.-Sauveur, n° 16. Quoique récemment établi, M. James-Dubois fait déjà un commerce étendu en France et à l'extérieur ; ce qui y a imprimé un développement rapide, c'est la bonne qualité des produits, jointe à des prix peu élevés. Il a été jugé digne de la médaille de bronze.

492 (521). Celle d'argent a été accordée à MM. *Leblond* et *Lange*, ayant leur fabrique à Caen, et leurs magasins à Paris, place des Victoires, n° 4 ; ils avaient reçu du département du Calvados, en 1819, une médaille d'or. Ces messieurs offraient à l'examen du jury, et à l'appréciation des dames, des blondes et des tulles, à dessins agréa-

bles et légers, pour voiles, écharpes, robes, manteaux de cour, etc. Leurs tulles-blondes pour application et en bandes, noirs et blancs, attiraient surtout les regards, par leur parfaite exécution : elle est due aux métiers de grandes dimensions qu'ils ont construits, et qui sont de 10 à 12/4 de large.

493 (444). Non loin d'eux viennent se placer MM. *Lefebure* et sœurs, ayant leur fabrique à Bayeux (1), et le siége de leurs opérations commerciales à Paris, rue de Cléry, n° 42. Ils avaient exposé des dentelles de fil, et des blondes de soie, d'effets extrêmement agréables. La médaille de bronze leur a été décernée.

494 (555). M. *Marie-Holtot*, à Paris, place de la Bourse, n° 12, n'avait fait admettre dans le 3e pavillon de la place de la Concorde, qu'une robe et une écharpe de blonde blanche, et une autre robe de blonde en soie de couleur. Les deux premiers articles offraient des applications de blonde dont la solidité était garantie, applications qui les rendaient de 50 p. 100 moins chers que s'ils avaient été tout en blonde, sans solution de continuité. Quant à la seconde robe parsemée de fleurs en soie imitant les fleurs naturelles, et dont le travail était parfait, elle avait le mérite de difficultés vaincues qu'on n'avait encore pu surmonter complétement, les nuances qui se diversifiaient en

(1) Citée pour ses fabriques de dentelles, de tulle de fil, de blondes, de toiles, de linge de table, de serges, etc. — Elle fait un commerce considérable de beurre, d'oignons de fleurs, de chanvre, de chevaux et poulains estimés. — A 28 kil. de Caen ; 10,300 habitans.

si grand nombre étant composées, chacune, de chaîne et trame semblables qui n'avaient pas été coupées. Comme MM. Lefebure et sœurs, M. Marie-Holtot a obtenu la médaille de bronze.

495 (1807). Le département du Pas-de-Calais est encore un de ceux où il se fabrique beaucoup de dentelles de fil, principalement dans le genre commun, dont quelques unes ne se vendent que 20 cent. l'aune : elles se consomment en France et, par l'exportation, en Angleterre et aux États-Unis. Il avait pour représentant au concours, M. *Maurice-Collin*, fabricant à Arras (1), qui sera mentionné honorablement dans le rapport du jury. Ses ouvrières sont au nombre de 500, et il les fait travailler sur plus de 800 dessins.

496 (2195). Des échantillons de dentelles noires ont été présentés par M. *Rogues-Rousset*, fabricant au Puy. La fabrication en était si bonne, et les prix si modérés, qu'une médaille de bronze en a récompensé l'auteur.

497 (184). MM. *Videcoq* et *Courtois* reçurent, en 1827, sous la raison Videcoq-Tessier, une médaille de bronze. Le jury de 1834 a reconnu qu'ils en sont toujours dignes. Leur fabrique de blondes est dans le département de l'Oise : elle travaille beaucoup pour l'exportation, et surtout pour l'Angleterre qui consomme la plus grande partie de

(1) Chef-lieu de préfecture; située sur la Scarpe. — Ses fabriques de bas, de dentelles, de sucre de betteraves, de savon, sont renommées. — Elle fait un commerce considérable de grains, de farine, d'huile de colza. — 193 kil. de Paris; 23,400 habitans.

ses produits. Ceux qu'elle avait exposés, en blondes blanches et noires, et en bandes larges, en bandes étroites, se distinguaient par une bonne exécution, et quelques unes par leur finesse.

498 (1980). Encore un fabricant de la Haute-Loire, qui sera mentionné honorablement dans le rapport du jury central. C'est M. *Vinay-Faure*, du Puy, qui présentait des dentelles blanches de fil, des blondes et des dentelles de coton, le tout d'une fabrication soignée et de prix raisonnables.

499 (270). M. *Violard*, à Paris, rue de Choiseul, n° 2, où il vend en gros, tenant un magasin de détail, rue Castiglione, n° 2, est un manufacturier à qui la fabrication des tissus doit plus d'une heureuse innovation. Il est breveté de S. M. la reine, comme son fournisseur de blondes, et breveté d'invention et de perfectionnement pour des procédés et moyens propres à exécuter des dentelles en laine et en duvet de cachemire. — Les articles en blonde qu'il avait exposés, étaient extrêmement nombreux : on y voyait des robes, des écharpes, des voiles, mantilles, cols, cravates, mitaines, etc.; il y avait un col en laine, un en duvet de cachemire, et une dentelle en laine. Outre que ce dernier objet a l'avantage de ne pas se froisser, il offre aux dames le moyen de ne pas être privées de dentelles, lorsqu'elles portent le deuil. — Le jury a accordé la médaille de bronze, à M. Violard.

2e SECTION.

Gazes.

Les gaziers de Paris, autrefois si nombreux, s'attachent à maintenir ce qui nous reste d'une industrie dont les produits sont si légers et si transparens. Trois d'entre eux se sont présentés avantageusement au concours de 1834.

500 (333). MM. *Delbarre* et *Vatin jeune*, à Paris, rue St.-Denis, n° 186, reçurent une médaille d'argent, en 1827, sous la raison Delbarre. Leur maison n'avait alors que 130 à 150 métiers battans. Elle exploite aujourd'hui trois manufactures, à Bohain, à Fresnay-le-Grand, département de l'Oise, et à Bapaume, département du Pas-de-Calais, fait battre de 5 à 600 métiers, emploie 20,000 livres de soie brute, par an, occupe 1200 travailleurs, et porte à 900,000 fr., ses ventes annuelles, sans pouvoir suffire à toutes les commandes qui lui sont adressées. Ce qui a si bien développé son industrie, c'est qu'elle l'a perfectionnée progressivement par la finesse des matières qu'elle met en œuvre, par la réduction des tissus qui en ont acquis plus de solidité et dont le broché est devenu plus brillant, et par l'application du métier Jacquart à la fabrication de ses gazes qui, outre la consommation partielle qu'on en fait en France, trouvent des débouchés en Allemagne, en Espagne et dans l'Amérique du nord. — Parmi celles qui étaient dans son exhibition, nous en avons remarqué une découpée à l'envers, opéra-

tion qui n'avait pas encore été pratiquée, la gaze se découpant à l'endroit, ce qui la rend pelucheuse. —Le jury a déclaré que la maison Delbarre et Vatin jeune est toujours digne de la distinction qu'elle obtint en 1827. — C'est elle qui avait, au milieu de sa case et sous un grand cabinet de verre, une poupée de femme, de grandeur naturelle, artistement coiffée en cheveux, et revêtue d'une superbe robe de gaze où l'on remarquait cependant un peu de raideur.

501 (373). Près de cette maison se place celle de M. *Delbarre* (Jean-Denis), rue Mauconseil, n° 5. Elle a reçu la médaille de bronze. Ses gazes de soie, tant unies que brochées, se distinguaient, celles-ci par l'élégance et la pureté des dessins, celles-là par la régularité, la finesse et la légèreté du tissu, toutes par une bonne exécution et par la modération des prix.

502 (914). Il nous est agréable d'accorder le même éloge à M. *Hennecart*, rue Thévenot, n° 14, qui a aussi reçu la médaille de bronze. Les gazes de soie, suivant son expression, sont les blondes de la petite propriété, et il s'attache à les en rapprocher le plus qu'il est possible, soit par le brillant des mats, soit par l'effet des jours. Depuis le commencement de l'année 1834, il a substitué le métier Jacquart aux métiers à la tire. Ses produits se recommandent par le fini du découpage et du broché. C'est à Paris qu'il fait découper ses gazes qui sont tissées en Picardie. Il occupe de 4 à 500 ouvriers.

3e SECTION.

Broderies.

Les broderies n'étant, comme nous en avons fait la remarque, que des ornemens ajoutés à certains tissus pour les embellir, le lecteur doit se dire que, parmi ceux des tissus admis au concours que le Musée industriel a déjà passés en revue, il y en avait plusieurs, surtout en coton, qui étaient brodés. Nous l'invitons à revoir à ce sujet, le sixième chapitre, section 2e, sur les tulles, et 3e section, § 1er, sur les mousselines, jaconats, etc., et même, la section 1re du présent chapitre, sur les dentelles et les blondes. Mais dans ces tissus que nous rappelons, la broderie n'est qu'un accessoire à l'industrie des fabricans qui les produisent. Quant à ceux dont il nous reste à parler, la broderie est l'industrie principale du fabricant qui les met dans le commerce : le tissu n'est pour lui qu'une matière première qu'il emploie, les ornemens l'emportant de beaucoup sur l'objet orné.

503 (1842). M. *Balbatre* aîné, à Nancy, obtint en 1832, une médaille de bronze : il reçut une médaille d'argent en 1827. Cette seconde distinction, plus honorable que la première, a été rappelée à son avantage, par le jury du dernier concours. Il avait exposé des broderies et de la lingerie, bien exécutées et de bon goût dans le choix des dessins. Parmi les fabricans du département de la Meurthe, qui y ont mis en honneur cette industrie et lui ont fait prendre beaucoup de développement,

il en est peu qui occupent autant d'ouvriers que M. Balbatre.

504 (789). En appréciant les objets exposés en 1827, par M. *Biais*, à Paris, rue du Pot-de-Fer-St.-Sulpice, n° 14, le jury disait : « Ses broderies » pour ornemens d'église, sont faites avec goût; » sa chasublerie est brillante et recherchée, ainsi » que ses dentelles et ses broderies pour aubes et » nappes d'autel. » Ce fut par ces considérations, que la médaille de bronze lui fut décernée. Elles ont porté le jury central de 1834, à reconnaître et déclarer qu'il s'en montre toujours digne : les mêmes qualités que l'on distingua à son avant-dernière exhibition, s'étaient reproduites dans la dernière.

505 (1838). C'est pour la première fois qu'on voyait au concours, les broderies et des articles de lingerie de M. *Bonjean*, fabricant à Nancy. Dire que le jury les mentionnera honorablement dans son rapport, c'est en faire un assez bel éloge.

506 (365). Les broderies sur canevas, de M. *Bucher* (Louis-Antoine), à Paris, boulevart Montmartre, n° 16, n'étaient pas dépourvues de mérite; toutefois, elles laissaient à désirer, sous plus d'un rapport.

507 (562). Une nouvelle broderie qui produit un charmant effet sur le tulle, est celle dite *tulaine*; elle se forme avec la laine passée dans le tulle. On l'exécute comme la tapisserie, et elle est ombrée comme la peinture. Le tissu ainsi orné, n'a pas d'envers; il est léger et souple, se lave sans que l'on ait à craindre aucune altération, et peut s'em-

ployer pour robes, chapeaux, bonnets, écharpes, rideaux, etc. — Madame *Campestri*, rue Bourtibourg, n° 9, à Paris, en avait exposé de fort jolis échantillons, devant lesquels les dames ne passaient pas sans s'arrêter. Nous regrettons que le jury ne les cite pas dans son rapport; nous le regrettons d'autant plus que madame Campestri qui, la première, en a conçu l'idée, s'était déjà fait remarquer antérieurement par la production des tapis de lampe, des boas en laine, des fleurs de laine en relief, etc.

508 (633). M. *Cardin-Meauzé*, à Paris, rue Mauconseil, n° 12, exposait des broderies sur tulle pour robes, voiles, écharpes, etc., bien exécutées. Il reçut une médaille de bronze, en 1827. Le jury de 1834 a reconnu qu'il continue d'en être digne.

509 (2198). Voici une de nos plus importantes maisons de broderie, fondée à Metz, il y a plus de 30 ans, par feu M. Chedeaux qui était si avantageusement connu dans le monde commercial, qu'elle en a conservé le nom : sa raison sociale actuelle, est encore *Chedeaux* et compagnie. Dans le seul établissement qu'elle exploite à Metz, ses ouvriers sont au nombre de 1,500; les succursales qu'elle a établies à Nancy, Lunéville, Pont-à-Mousson, Toul, etc., en comptent 2000. Ses relations commerciales s'étendent dans toute l'Europe, en Afrique, en Egypte, et jusque dans les nouvelles Républiques de l'Amérique du Sud. Les lieux où elle tient des dépôts, sont Bordeaux, Lyon, le Hâvre, et Paris, rue du Mail, n° 13. Son exhibition se composait de cols en tulle-bobin, dentelles, mous-

selines, jaconats, mouchoirs brodés, voiles brodés à la neige, robes à volans à la neige, châles mérinos brodés, etc., le tout d'une belle exécution. —Une médaille de bronze lui fut accordée en 1823, et celle d'argent en 1827. Il est inutile de dire que, d'après la décision du jury de 1834, cette dernière distinction lui reste justement acquise.

510 (2218). Madame *Corbassière*, à Metz, n'avait envoyé à l'Exposition, qu'une robe et un mouchoir brodés. Quoique l'exécution en fût bonne, le jury central ne les a pas sans doute jugés suffisans pour apprécier l'ensemble de la fabrique d'où ils provenaient.

511 (182). M. *Delalande*, à Paris, rue Valois-Batave, n° 2, brodeur du Roi, sera cité avec éloge, dans le rapport du jury central. Il avait exposé deux cornes d'abondance avec le chiffre de Sa Majesté au milieu, et au-dessus une couronne royale, diverses autres couronnes de duc, marquis, comte, etc., brodées en ronde bosse et relief, or, argent, etc. C'est dans les ateliers de cette maison, qu'ont été exécutées les broderies des trônes de Napoléon et de Louis XVIII, et celles des voitures du sacre de Charles X.

512 (1119). La même distinction est accordée à M. *Delepine*, rue Montmartre, n° 34, à Paris. Ses broderies sont en tresses figurant divers dessins cousus à l'aiguille, avec beaucoup de netteté. C'est ce que nous avons remarqué dans les gilets, garnitures de pantalon, etc., qu'il offrait aux regards du public et à l'appréciation du jury.

513 (2120). Une autre citation sera faite dans

le rapport du même jury, à l'avantage de M. *Dupont*, de Lille, qui exposait des dentelles agréablement brodées en coton.

514 (274). Des broderies de bon goût et bien exécutées, formaient l'exhibition de M. *Doderet* (François), à Paris, rue des Fossés-St.-Germain-l'Auxerrois, n° 14. Le jury les mentionnera honorablement dans son rapport.

515 (480). Ainsi que les broderies sur canevas, de M. Bucher à qui a été assigné le n° 506 du Musée industriel, celles de mademoiselle Fichtemberg, rue des Bernardins, n° 34, à Paris, laissaient quelque chose à désirer. C'est une observation qui a été généralement faite sur ce genre de broderie, lequel n'est pas encore arrivé au point où nous ne désespérons pas de le voir parvenir.

516 (288). MM. *Hulot-Larminat* et *Prat*, rue St.-Sauveur, n° 12, à Paris, ont exposé en 1834, comme ils avaient fait en 1827 et 1823, des tulles fort bien brodés. En 1823, ils obtinrent la médaille de bronze, qui a été rappelée en 1827. Pourquoi n'a-t-elle pas été rappelée de nouveau en 1834? C'est sans doute, dans la liste imprimée que nous avons sous les yeux, une omission que réparera le rapport officiel du jury central.

517 (1841). Les demoiselles *Husson* et *Miston*, à Nancy, avaient envoyé des articles de broderie et de lingerie, exécutés avec soin et avec goût. Sous ces deux rapports, ils méritaient des éloges que le jury ne leur a pas refusés, et qu'il consignera dans son rapport.

518 (1876). Mesdemoiselles Beauguillot, de

Caen, obtinrent la médaille de bronze en 1827, pour des broderies sur tulle. — Une maison de la même ville, qui s'annonce sous la raison de *Lebaudy-Beauguillot*, a exposé en 1834, une robe de tulle bien brodée et que le rapport du jury citera avec éloge.

519 (1170). M. *Magnier*, à Paris, rue des Lombards, n° 51, était le troisième exposant de broderie sur canevas. Pour son exhibition et pour ce genre de broderie, nous ne pouvons que renvoyer aux observations que nous avons faites dans nos deux articles précédens sous les n°s 506 et 515.

520 (929). Une mention honorable fut accordée à M. Mouton, en 1827. Il s'est associé postérieurement à M. Josseaume, et ces deux messieurs se sont présentés, sous leur raison sociale actuelle *Mouton* et *Josseaume*, au concours de 1834. Les broderies qu'ils y ont offertes, ont été remarquées par les connaisseurs. Il y avait notamment une robe à tablier d'un dessin nouveau et gracieux, et un peignoir qui a été acheté par ordre de la Reine. MM. Mouton et Josseaume occupent 400 ouvriers des deux sexes, et exportent une partie de leurs produits. Le jury central les a jugés dignes de recevoir la médaille de bronze.

521 (824). Le quatrième exposant des broderies sur canevas, était M. *Perillieux-Michelez*, à Paris, rue des Lombards, n° 41. Pour ses broderies, nous ferons ce que nous avons déjà fait à l'art. 519: nous renvoyons, en conséquence, à cet article, et à ceux qui l'ont précédé sous les n°s 515 et 506. Mais M. Perillieux-Michelez n'est pas seulement

brodeur sur canevas ; c'est le canevas même qu'il fabrique en coton et en fil d'Ecosse : sous ce dernier rapport, il mérite que nous nous arrêtions un peu à ce qu'il avait exposé. Ainsi, nous dirons qu'on trouve son canevas préférable à celui de fil. Il est, effectivement, d'un tissu plus régulier, recevant un apprêt qui fait disparaître le duvet de coton, ce qui en espace bien les carreaux, et donne plus de fermeté à cette sorte de chaîne où le travail devient plus facile. Nous ne sommes pas étonnés que M. Perillieux-Michelez en ait un débit considérable. Au commerce qu'il en fait, il réunit ceux des laines, soies, et cotons teints et écrus, pour la passementerie, la broderie, le tricot, etc.

522 (2278). Mademoiselle *Portelle* (Léonide), à Ekoville, département du Calvados, avait fait admettre à l'Exposition, un couvre-pied de soie noire, de 5/4 de large et de la même longueur, où étaient brodés à l'aiguille les portraits de tous les membres de la famille royale. Ouvrage de longue haleine et d'admirable patience, que son auteur n'estime pas moins de deux mille francs, et qu'il ne se chargerait pas de recommencer pour le même prix.

523 (2269). Les demoiselles *Rouillet*, rue St.-André-des-Arts, n° 59, à Paris. C'est par elles qu'a été faite une cinquième exhibition de broderies sur canevas, exhibition sur laquelle nous engageons à revoir nos précédens articles, nos 521, 519, 515 et 506.

524 (893). Mesdames *Roux* et ***Fequeux***, rue Vivienne, n° 7, à Paris, furent citées avec éloge, en

1827, pour des robes de bal élégamment brodées. La première de ces deux dames qui s'est présentée seule en 1834, sera mentionnée honorablement dans le rapport du jury.

525 (1833). Une plus haute distinction a été obtenue par la maison *Ruffi-Jussel*, de Nancy. Une médaille de bronze lui a été accordée. Elle en était digne par la beauté de ses broderies, et par celle de ses articles de lingerie.

526 (418). Les broderies au plumetis, de madame *Wisnick-Doumerc*, rue Neuve-des-Bons-Enfans, n° 5, à Paris, méritaient presqu'autant d'attention, dans une espèce différente. Le jury en récompensera l'auteur, par une mention honorable.

DIXIÈME CHAPITRE.

CHAPELLERIE.

Les matières employées par les industries qui s'exercent sur la laine et sur la soie, forment, seules ou mélangées, les deux principaux produits qui sont l'objet de ce chapitre, les chapeaux de feutre, d'une part, et les chapeaux de soie, de l'autre. Nous y réunissons par analogie et à raison de leur usage, les chapeaux composés de matières différentes.

Ire SECTION.

Chapeaux en feutre, et chapeaux en soie.

La chapellerie consistait toute anciennement dans ces premiers chapeaux; on n'en connaissait et l'on n'en portait que de feutre en laine, ou de feutre en laine et poil.

Combien, sous ce rapport, elle est déchue, et comme sa fabrication s'est réduite!

Partout, les chapeaux fabriqués avec la peluche de soie, se substituent aux feutres de nos ancêtres; on rejette ceux-ci, et ceux-là obtiennent la préférence parce qu'ils sont plus légers, plus brillans et d'un plus bas prix. Cette substitution a détruit ou ébranlé la plupart de nos fortes maisons de chapellerie, celles qui avaient les plus vastes ateliers pour la foule et l'appropriage. Cependant, les revers qu'elles ont eu à subir, sont-ils irréparables? Si les chapeaux de soie ont plus de légèreté et de brillant que ceux de feutre, les ouvriers qui les produisent sont-ils tous parvenus à les maintenir dans un état constant d'imperméabilité? A la vérité, le prix est inférieur, mais aussi l'usage est moins long. Et peut-on savoir si la mode qui les fait rechercher, ne passera pas, comme a passé celle des chapeaux de bois et de tant d'autres matières!

En attendant que l'avenir prononce, il nous reste des chapeliers qui entretiennent la fabrication beaucoup trop restreinte des chapeaux de feutre.

Nous ne les séparons point de ceux qui font le chapeau de soie. La séparation serait d'autant plus difficile que, le plus souvent, les chapeaux de soie et les chapeaux de feutre proviennent des mêmes fabriques et se trouvent souvent dans les mêmes magasins.

Du reste, il est à remarquer qu'à l'exception d'un chapelier de Toulouse, toute la chapellerie de l'un et de l'autre genre que l'on a vue à l'Exposition, sortait des ateliers de la capitale.

527 (815). M. *Alan-Migout*, à Paris, avenue des Champs-Élysées, n° 15, se flatte de donner aux chapeaux de soie un apprêt constamment imperméable. Sur leur prix, il fait la remise de 60 c. pour deux courses dans les omnibus qui conduisent à ses magasins, à l'entrée de la grande rue de Chaillot. Le jury a apprécié les bonnes qualités de sa chapellerie, et la citera avec éloge dans son rapport.

528(114). Celle de M. *Ambroix* (Joseph-Alexandre), à Paris, rue de la Chaussée-d'Antin, n° 22, lui a mérité une distinction immédiatement au-dessus de la précédente. Il en avait exposé douze échantillons que le jury mentionnera honorablement.

529 (754). Une médaille de bronze a été accordée à MM. *Chenard* frères, qui exploitent deux fabriques de chapellerie, une à Lyon, et l'autre à Paris, rue Ste.-Avoye, n° 41. Ce qui distingue leurs produits de feutre, c'est qu'ils sont parvenus à en raser parfaitement le poil, en le rendant aussi court que du velours, et pour remédier aux inconvéniens qu'on reprochait à ces chapeaux, ils substituent une toile imperméable à l'apprêt qui y était donné : par là, le feutre ne contenant point de matière résineuse, se conserve long-temps sans se ronger, et s'use comme une bonne draperie sans blanchir dans les endroits où quelqu'accident viendrait à enlever le poil. — Il y avait certainement de grandes difficultés à vaincre pour obtenir, en se passant de l'apprêt, des chapeaux feutrés, aussi fins, d'un poil dont la longueur est si réduite, et qui, par le noir et le brillant, ne cèdent en aucune manière aux chapeaux de soie.

530 (969). M. *Destrem-Prinot*, rue du Bac, n° 13, à Paris, ne produit pas, à beaucoup près, autant que MM. Chenard; mais ses chapeaux de soie et ses chapeaux de feutre ne laissent pas que d'être de bonne qualité, et d'une bonne fabrication. Le rapport du jury les citera avec éloge.

531 (351). La même distinction a été accordée

à ceux de M. *Gardien*, à Paris, place de l'Ecole, n° 6.

532 (109). Un peu au-dessus de M. Gardien et de M. Destrem-Prinot, a été placé M. *Gibus*, place des Victoires, n° 3, à Paris. Sa chapellerie, tant en feutre qu'en soie, sera mentionnée honorablement par le jury.

533 (264). M. *Huault* jeune, à Paris, rue des Menestriers, n° 6, est à la tête d'une maison qui subsiste depuis cinquante ans, de père en fils. Elle a toujours été renommée par la bonne teinture de ses chapeaux de feutre. Depuis l'apparition de ceux de soie, M. Huault jeune n'a rien négligé pour la rendre encore plus parfaite. Le succès a couronné ses efforts : il conserve aujourd'hui à ses chapeaux de feutre leur élasticité, et empêche que l'apprêt ne soit altéré par la chaleur, et par l'effet des acides qui entrent dans la teinture noire. La médaille de bronze lui a été décernée par le jury central. Il avait reçu, en 1830, de la Société d'encouragement, une médaille d'or de première classe.

534 (332). M. *Jay* (Amable), successeur de MM. Cognet, à Paris, rue des Fossés-Montmartre, n° 5, avait exposé un chapeau de maréchal de France, ne pesant que trois onces sans la garniture, fait de poil de lièvre si bien travaillé qu'il paraissait aussi beau que du castor, et apprêté à la gomme élastique; deux chapeaux ronds pour soirées et pour voyages, revêtus d'une légère couche de la même gomme qui les soutenait suffisamment, et leur laissait néanmoins tant de souplesse

qu'on pouvait les plier et les mettre dans sa poche sans les froisser : ils reprenaient ensuite leur forme naturelle; un chapeau sans apprêt à double bord, aussi en poil de lièvre; un chapeau de soie très léger, monté sur feutre, apprêté à la gomme élastique ; enfin d'autres chapeaux de formes ordinaires, de qualités supérieures. — Le jury a décerné une médaille d'argent à M. Jay. C'est la plus haute distinction que la chapellerie française ait obtenue, au concours de 1834. — M. Jay en était digne et par l'ensemble et l'excellence de ses produits, et par les perfectionnemens qu'il a déjà introduits et qu'il s'efforce constamment d'introduire dans les procédés de son art. Il est inventeur breveté des moyens d'application du caoutchouc ou gomme élastique, à la préparation du feutre employé dans la fabrication des chapeaux imperméables. M. Mérimée en fit un rapport très favorable à la Société d'encouragement, le 5 février de l'année dernière.

535 (1368). M. *Lefebvre*, rue de Richelieu, n° 46, à Paris, est aussi breveté d'invention pour des moyens qui s'appliquent à la fabrication des chapeaux de soie imperméables. Il en étalait, sous le 3e pavillon de la place de la Concorde, qui ne pesaient que trois onces, et étaient solides et souples en même temps. Le rapport du jury en fera une mention honorable.

536 (356). C'était aussi des chapeaux de soie qu'avait fait admettre à l'Exposition M. *Mayrand*, rue Ste.-Croix, n° 12, à Paris. Ils nous ont paru réunir d'assez bonnes qualités.

537 (1048). Un chapeau de soie monté sur feu-

tre et toile imperméable, ne pesant que deux onces, dit *néoplastique;* un *idem*, sur toile forte, non moins imperméable, du poids de deux onces, six gros; un chapeau de feutre imperméable, encore plus léger; trois chapeaux de feutre imperméable, poids ordinaire et de mêmes qualités, quoique différens par la préparation des poils; un *idem*, sortant de la foule; un autre gris argenté sans apprêt : voilà ce qui composait l'exhibition de MM. *Ray* frères, rue du Plâtre-St.-Avoye, n° 12, à Paris. Une médaille de bronze leur a été accordée.

538 (1940). MM. *Rollin* et compagnie, à Toulouse, seront mentionnés honorablement, dans le rapport du jury. Ils avaient envoyé divers chapeaux de leur fabrique, les uns en feutre et les autres en soie, tous de bonne fabrication.

539 (349). Seront cités avec éloge, dans le même rapport, M. *Sansot*, rue Monsieur-le-Prince, n° 1, pour ses chapeaux de soie, et

540 (1069). M. *Trianon*, rue Dauphine, n° 62, pour ses chapeaux de soie et pour ses chapeaux de feutre.

541 (1064). On trouve dans le rapport du jury de 1827, une citation qui y fut faite des chapeaux imperméables de M. *Wansbrough*, à Paris, rue Castiglione, n° 2. Ceux qu'il a exposés en 1834, en feutre et en soie, ont prouvé que depuis lors il a marché dans la voie du progrès. La mention honorable lui a été accordée.

2e SECTION.

Chapeaux composés d'autres matières.

542 (1606). M. *Bouchet* (Jacques), à Montendre (1), département de la Charente-Inférieure, avait envoyé au concours deux chapeaux en feuilles de latanier; l'un était du prix de 7 fr., et l'autre de 3 fr. Ancien marin, il avait vu au Mexique et à la Havane, employer les feuilles du latanier à faire des chapeaux, et il a entrepris d'implanter cette industrie en France. Ses premiers succès en promettent de plus grands; en effet, il a déjà 25 ouvriers, et il ne peut suffire aux commandes qui lui sont faites, même des pays où l'on récolte la matière première qu'il met en œuvre. Combien n'est-il pas à désirer que des capitalistes lui fournissent les moyens d'étendre ses utiles travaux, dont les résultats seront mentionnés honorablement par le jury!

543 (616). A force de recherches, M. *Desmonts* fils, rue Neuve-de-la-Fidélité, nº 7, à Paris, est parvenu à fabriquer avec des matières végétales indigènes et exotiques, des étoffes qui servent aux marchandes de modes à faire des chapeaux de dames, solides, légers et grâcieux. Il en entre dans un chapeau pour la valeur de 4 à 12 fr., suivant le degré de finesse. Dejà les plus célèbres

---

(1) Petite ville à 20 kilom. de Jonsac, chef-lieu d'arrondissement et de 2,430 habitans.

modistes de la capitale en font usage, et n'ont eu jusqu'à présent qu'à s'en applaudir. Aussi, M. Desmonts fils sera mentionné honorablement dans le rapport du jury central.

544 (1586). M. *Hamel*, à Brest (1), a obtenu la même distinction pour un chapeau verni.

545 (1815). Beaucoup de tentatives ont été faites dans le but de naturaliser en France la fabrication des chapeaux de paille d'Italie, et la culture de la variété de froment dite *marzolo*, qui produit la paille avec laquelle ils sont tressés. Aux concours de 1823 et de 1827, on en vit des échantillons qui provenaient des départemens de l'Orne, de l'Ain, de l'Isère, etc. Celui de l'Orne a seul pris part au concours de 1834 : il y était représenté par la demoiselle Letard, d'Alençon, nièce de feu M. Bouillon, et qui lui a succédé dans l'exploitation de la fabrique dont il était le créateur. Cette demoiselle a des dépôts dans plusieurs villes, et notamment à Paris, chez M. Baillet, rue Sainte-Croix de la Bretonnerie, n° 30. Les bonnes qualités de ses produits ont été appréciées par le jury central, qui a arrêté que son rapport en contiendra une mention honorable.

---

(1) Un des beaux ports de France, et offrant une rade de 8 lieues de circuit, où les plus grandes flottes peuvent mouiller. — Ses fabriques de toiles à voiles sont renommées; on y fait un commerce assez considérable de sardines et autres poissons de mer, et chaque année un certain nombre de bâtimens entreprennent la pêche de la morue. — A 150 lieues de Paris; 29,860 habitans.

On trouvera au trente-unième chapitre, l'article de MM. Laudoin, de Vaugirard, qui, dans l'exhibition de divers ouvrages de leur industrie, avaient des tresses pour chapeaux de femme, qu'ils nomment *agrémens*.

ONZIEME CHAPITRE.

CUIRS ET PEAUX.

Le travail des cuirs et peaux constitue la cinquième de nos grandes industries; elle est territoriale, comme celles de la laine, de la soie, et des lin et chanvre.

Nous ne la plaçons que dans le chapitre onzième du *Musée industriel :* il convenait qu'elle y fût précédée par celles qui ont été la matière des dixième, neuvième, huitième et septième chapitres, et où nous avons compris la chapellerie, les dentelles, blondes, gazes, broderies, la bonneterie et les couvertures, parce que ces dernières branches sont connexes, si l'on peut parler ainsi, aux quatre grandes industries du lin et du chanvre, de la laine, de la soie et du coton, qui commencent notre ouvrage.

Quoique le travail qui s'applique chez nous aux cuirs et peaux, tire ses élémens de la dépouille des bêtes nourries par notre sol, ces élémens ne lui suffisent pas. Nous importons pour le tannage, le corroyage, la mégisserie, etc., beaucoup plus de cuirs frais ou secs, que nous n'en exportons après les avoir apprêtés. Ce qui compense l'infériorité qui est à notre désavantage dans cette partie de la balance commerciale, c'est que l'étranger reçoit de nous une quantité assez considérable ou de peaux qui ont subi diverses préparations dans nos ateliers, ou des produits fabriqués avec ces peaux. En 1832, nous lui avons envoyé pour 532,984 fr. en pelleteries; pour 1,941,603 fr. en peaux mégissées ou chamoisées, maroquinées ou vernissées, et en parchemin; pour 7,359,360 fr. en gants de peau; et pour 7,920,360 fr. en peaux ouvrées, autres que gants : en tout, dix-sept millions cinq cent cinquante-quatre mille trois cent sept francs.

1re SECTION.

Tannage.

Les départemens de la Seine, de Seine-et-Oise, de Seine-et-Marne, de l'Oise, de l'Aube, de l'Yonne, des Ardennes, de l'Hérault, du Loiret, de Loir-et-Cher, de l'Aude, de la Haute-Garonne, de la Vienne, et les départemens formés de l'ancienne province de Bretagne, sont ceux qui fournissent le plus de cuirs tannés. Le tannage y est fait généralement, par des procédés et moyens en harmonie avec l'avancement de nos connaissances chimiques.

Avant de parler de ceux de nos tanneurs qui ont été admis à l'Exposition générale de 1834, nous rappelons qu'il y avait un cuir tanné parmi les objets formant l'exhibition particulière de M. Chapelon, de Toulouse, à qui a été assigné le n° 452 du *Musée industriel;* nous prévenons, en outre, le lecteur, qu'il trouvera à la 1re section du chapitre vingt-quatrième, M. *Ligniers* fils aîné, de la même ville, qui exposait, avec des farines de maïs et de froment et du sucre de betteraves, un cuir tanné pour lequel il doit être mentionné honorablement au rapport du jury central.

546 (2062). MM. *Bouscaren* et Ce, à Nantes, y ont un établissement monté sur une très grande échelle, où ils ont introduit la pratique si salutaire du principe de la division du travail, convaincus par l'expérience qu'un homme employé toujours aux mêmes ouvrages, fait mieux et plus vite. Aussi, leurs cuirs sont préparés avec le fini d'une parfaite exécution, et avec beaucoup d'économie de main-d'œuvre. Ils font le cuir baudrier, le cuir noir pour sellerie, les veaux parés ordinaires, les veaux blancs façon bazas, les veaux blancs parés à fin, les tiges de bottes, etc., à des prix très modérés, comme nous avons pu en juger par ceux qu'ils présentaient au concours. Les marchés qu'ils fréquentent le plus, sont ceux du Portugal, de l'Espagne, de l'Italie, des Antilles, du Brésil, de Buenos-Ayres, et des autres pays baignés par les mers du Sud. Déjà MM. Bouscaren et Ce avaient reçu deux médailles dans les Expositions locales qui ont eu lieu à Nantes. Le jury central leur a décerné celle de bronze.

547 (2090). Une autre tannerie importante est exploitée à Rennes, par M. *Brizou*, fils aîné. Ses produits sont très remarquables. Ceux qui avaient pris place au concours, consistaient en cuirs forts, cuirs mâles lissés, cuirs de génisse lissés et veaux cirés. Ils ont été jugés dignes de la médaille d'argent.

548 (1420). M. *Cherbonnier*, tanneur à Chauvigny (1), département de la Vienne, se présentait pour la première fois aux Expositions générales des produits de l'industrie. Ses cuirs méritaient l'honneur d'être admis à celle de 1834.

549 (1638). Il n'en avait été envoyé qu'un seul par M. *Chevalier-Rouet*, tanneur à Saint-Aignan (2), département de Loir-et-Cher, et maire de la même ville. C'était un cuir à la jusée, de très bonne préparation. M. Chevalier-Rouet fait aussi le baudrier, les cuirs lissés et les veaux secs d'huile. Le rapport du jury central, le mentionnera honorablement.

550 (2402). La même distinction est accordée à M. *Corniquel*, tanneur à Vannes, département du Morbihan, qui porte le nom d'une famille depuis long-temps connue dans la tannerie française, sous des rapports avantageux.

551 (1422). Parmi ceux de nos tanneurs jaloux d'améliorer les produits de leur fabrication, nous n'en connaissons point qui soient à comparer à M. *Delbut*, établi depuis plus de quinze ans à Saint-Germain-en-Laye, où il exploite une forte tannerie. Pour la préparation des cuirs forts de Buenos-Ayres, Gïvet et Pont-Audemer ont

(1) Petite ville à 25 kilom. de Montmorillon, chef-lieu d'arrondissement du département de la Vienne. — Renommée pour ses tanneries et où l'on fabrique des serges, du droguet, etc.; — 1,600 habitans

(2) Petit port sur la rivière du Cher, à 38 kil. de Blois, où se fait un commerce de bois, de vin; où il se fabrique des cuirs et des draps blancs, et où se trouve une exploitation assez étendue de pierres à fusils; — 2,700 habitans.

long-temps joui d'une supériorité universellement reconnue. C'est à les égaler que s'est étudié spécialement M. Delbut, et il y est parvenu après beaucoup d'efforts, de recherches et de sacrifices. Actuellement il sort de ses fosses, chaque année, 4000 pièces de cuir tanné parfaitement, dont 5/8 achetés à la boucherie de Paris, et 3/8 de Buenos-Ayres, qui ont consommé, en 1833, 600,000 kilog. de tan, le tout représentant 500,000 fr. de capital. M. Delbut n'avait exposé que deux échantillons de cuir, l'un de Buenos-Ayres et l'autre indigène. Le jury central a arrêté que leur industrieux producteur recevrait une médaille de bronze.

552 (1415). Mention honorable sera faite, dans le rapport du même jury, des cuirs de vache tannés, provenant de M. *Demelun*, à Landiviziau, département du Finistère.

553 (1641). MM. *Dufay* et Ce, à Blois (1), département de Loir-et-Cher, qui exposaient des cuirs à la jusée, n'ont remporté du concours que l'honneur d'y avoir été admis.

554 (2401). La distinction de l'ordre le moins relevé, la simple citation, a été obtenue par M. *Gurice* jeune, à Vannes, qui avait envoyé à l'Exposition, des cuirs forts de sa tannerie.

555 (2400). M. *Harel*, à Pontivy (2), département du Morbihan, a vu décerner à ses cuirs mâles,

---

(1) Ville située sur le Loire, à 181 kil. de Paris : citée pour ses fabriques de gants, ses qualités supérieures de vinaigre et le centre d'un commerce des eaux-de-vie dites d'Orléans; — 13,118 habitans.

(2) Chef-lieu d'arrondissement, département du Morbihan, où sont

la distinction immédiatement supérieure : ils seront mentionnés honorablement dans le rapport du jury.

556 (1968). Deux médailles de bronze ont été accordées pour des peaux et cuirs passés en buffle, la première à M. *Hutin* (Ambroise-Stanislas), à Trie-Chateau, département de l'Oise, et la seconde à

557 (1076). M. *Hutin-Delatouche*, à la Chapelle Saint-Denis (1), n° 52, département de la Seine.

558 (2029). L'excellent cuir fort, adressé par M. *Laloyaux-Lacot*, tanneur à Charleville (2), département des Ardennes, sera mentionné honorablement au rapport du jury.

559 (1659). Une distinction semblable a été obtenue par M. *Largueze*, fils aîné, à Montpellier, département de l'Hérault, qui exposait des peaux et cuirs tannés avec l'écorce de la racine du petit chêne vert, ce qui s'appelle vulgairement tannage à la garouille.

560 (2038). M. *Largueze* cadet (Antoine), à Montpellier, reçut la médaille de bronze, en 1827, pour une peau de veau et pour une pièce de cuir fort à semelle ainsi tannées. C'était des articles de

---

établies plusieurs fabriques de toiles dites de Bretagne. A 46 kilom. de Vannes; — 7,772 habitans.

(1) A 4 kil. de Paris; — 2,472 habitans.

(2) Ville où il se fait un commerce très actif. Dès que le canal des Ardennes sera terminé, les communications avec Paris seront très communes au moyen de la Seine, de l'Oise et de l'Aisne; — 8,429 habitans.

la même nature et des mêmes qualités qu'il présentait en 1834. Le jury a reconnu et déclaré que M. Largueze cadet mérite toujours la distinction qui lui a été accordée précédemment.

561 (1407). Les trois exposans dont les noms suivent, ont eu seulement les honneurs du concours, savoir : M. *Lavallée* neveu, à Brest, département du Finistère, qui avait envoyé des cuirs divers.

562 (1954). M. *Lefevre*, à Provins (1), département de Seine-et-Marne, dont l'exhibition consistait en un cuir fort de bœuf, façon jusée, obtenu par le procédé ordinaire, M. Lefevre n'ayant pas eu le temps d'en opérer le tannage par un moyen qu'il annonce être plus économique.

563 (1406). Et M. *Lejeune* père, à Brest, qui avait fourni à l'Exposition, un fort bon cuir baudrier.

564 (1621). En 1827, M. *Lemarchand*, tanneur à Guingamp, département des Côtes-du-Nord, fut honorablement mentionné pour des cuirs de bœuf, de vache et de veau, les uns tannés et les autres corroyés avec soin. De ceux qu'il a exposés en 1834 résultait évidemment la preuve que sa fabrication n'était pas restée stationnaire, et que ses produits l'emportaient sur les précédens. Le jury lui a décerné la médaille de bronze. M. Lemarchand a bien voulu nous faire connaître ses prix, qui sont généralement modérés.

---

(1) Il s'y fait un grand commerce de laines, et il y existe des fabriques de cuirs et de grosses étoffes. A 48 kil. de Melun ; — 5,665 habitans.

565 (1408). Des cuirs de divers genres avaient été envoyés par M. *Maritte*, à Brest, département du Finistère. Ils n'étaient pas sans mérite, mais sans doute le jury n'y en a pas trouvé assez pour lui accorder une distinction.

566 (1027). M. *Masse*, à la Maison-Blanche, barrière de Fontainebleau (Seine), excelle à tanner les peaux de veau pour les filatures, les fabriques de cardes, et pour les nombreux usages de la sellerie. Quoique ses prix soient plus élevés que ceux de beaucoup d'autres tanneurs, la perfection de ses produits les fait rechercher partout. Aussi, M. Masse a obtenu la médaille d'argent.

567 (2398). Il y a à Portscroff, arrondissement de Lorient, une tannerie qui est des plus importantes parmi celles exploitées dans l'ancienne province de Bretagne. C'est M. *Michau* qui en est le créateur. Par des travaux continués sans interruption depuis près de trente ans, il en a successivement perfectionné les produits. A en juger par ceux qu'il présentait au concours, ses cuirs sont lians, souples et néanmoins serrés. L'arsenal de Lorient les emploie, et ils trouvent d'ailleurs un placement assuré, tant dans le pays que sur les grands marchés de Bordeaux, Toulouse et marseille. Nous regrettons vivement que leur estimable producteur n'ait point reçu de distinction de la part du jury central.

568 (1661). Deux pièces de cuir fort pour semelles, bien tannées, feront mentionner honorablement dans le rapport du jury M. *Niquel* aîné,

tanneur à Béziers (1), département de l'Hérault.

569 (1660). Des peaux de mouton tannées en cuve parfaitement, valurent en 1827 une mention honorable à MM. *Roques* frères et compagnie, à Clermont-l'Hérault (2). Ils en ont présenté au dernier concours qui n'étaient pas de moindres qualités. Pourquoi donc n'ont-ils pas été compris dans la liste imprimée des distinctions décernées par le jury central? C'est vraisemblablement une omission.

570 (1640). MM. *Rouet* et Ce, à Saint-Aignan, département de Loir-et-Cher, furent mentionnés honorablement en 1819, sous la raison Rouet-Trincart. Une distinction semblable leur a été accordée, sous la raison qu'ils portent actuellement. Leurs tanneries sont toujours parfaitement dirigées, et les produits qu'ils en obtiennent continuent de satisfaire les acheteurs pour les qualités et pour les prix.

571 (1645). M. Aug. *Salviat*, à Bazas (3), département de la Gironde, vit son nom cité avec éloge, dans le rapport du jury de 1819, pour des peaux de veau tannées et corroyées avec soin.

---

(1) Située sur le canal du Midi et sur l'Orbe, où il se fait un grand commerce d'eau-de-vie et de produits chimiques. A 60 kil. de Montpellier; — 16,769 habitans.

(2) On y fabrique beaucoup de draps pour les troupes et pour les Echelles du Levant. Il s'y fait aussi un grand commerce de vert-de-gris. A 15 kil. de Lodève; — 6,200 habitans.

(3) Chef-lieu d'arrondissement, département de la Gironde, où il se fait un commerce de bétail, tan, etc. — A 68 kilom. de Bordeaux; — 4,255 habitans.

Celles qu'il avait envoyées au concours de 1834 ne méritaient-elles pas une distinction un peu plus haute? Elles étaient supérieures aux précédentes; elles sont aussi plus recherchées, surtout pour les tiges de bottes, M. Salviat ayant étendu ses relations à Bordeaux, Toulouse, Rouen, Orléans, Paris, etc. Cependant le jury de 1834 ne fera, à son égard, que ce qui a été fait par celui de 1819: il lui donnera, dans son rapport, de nouveaux éloges.

572 (1409). Dans le même rapport, les cuirs à l'huile et corroyés de la tannerie de M. *Seval*, à Kerinou en Lambezellec (Finistère), seront passés sous silence; le jury, sans les dépriser aucunement, ne leur a point accordé de distinction.

En terminant cette section du tannage, et au moment de passer à la suivante où le corroyage est compris, nous devons faire observer que, dans les arts du tanneur et du corroyeur, il y a des procédés qui sont communs à l'un et à l'autre; c'est ce qui a été cause que, parmi les tanneurs admis à l'Exposition, vous en avez vu qui exposaient aussi des peaux ou cuirs corroyés: la même remarque sera faite en sens inverse, pour ce qui concerne les exposans corroyeurs.

2e SECTION.

Corroyage.

Le corroyage des cuirs est bien exécuté dans le département de la Seine et dans la plupart de ceux qu'indique la précédente section; il forme, pour chacun d'eux, une branche d'industrie assez importante.

Parmi les corroyeurs qui ont pris part à l'Exposition, au nombre de cinq, trois ont été distingués par le jury, et les deux autres n'en ont point reçu de distinction.

573 (2107). M. *Delacre-Snaude*, à Dunkerque (1), exposait des tiges de bottes en cuir de cheval corroyé, inattaquable par l'eau de la mer, dont les marins font un grand usage; il y avait joint deux vases contenant un caustique qui remplace ceux d'Angleterre et de Hollande pour la préparation des cuirs. Le jury central a déclaré que M. Delacre-Snaude mérite de plus en plus la médaille de bronze qui fut décernée, en 1827, à ses tiges de bottes imperméables.

574 (1410). Un veau, sec d'huile, composait seul l'exhibition de M. *Felep-Gilbert*, à Landernau, département du Finistère.

575 (1529). Diverses pièces de cuir assez bien corroyées avaient été fournies par MM. *Mandet* et *Metairie* à Montfort (2), département d'Ille-et-Vilaine.

576 (2037). MM. *Mestre* et *Durand*, à Clermont, département de l'Hérault, honorablement

---

(1) Beau port de mer, à 78 kil. de Lille. — Entrepôt de marchandises prohibées; armement pour les colonies; pêche de la morue aux côtes de l'Islande, à Terre-Neuve, etc.; — 24,937 habitans.

(2) Il y a des filatures de lin pour toiles fines, des tanneries, et il s'y fait un commerce assez considérable de lin, chanvre, suif, bestiaux. — A 28 kil. de Rennes; — 1,715 habitans.

mentionnés à l'Exposition de 1827, sous la raison Durand (Pierre), ont obtenu une nouvelle mention honorable en 1834 : elle était due à la bonne préparation de leurs peaux de mouton tannées, et à celle de leurs basanes apprêtées au sumac.

577 (1414). Les veaux parés de M. *Montfort* père, à Landivisiau, département du Finistère, seront cités avec éloge dans le rapport du jury.

3e SECTION.

Peausserie.

C'est à Paris, à la Villette, près Paris, et à Poitiers, que l'on apprête les peaux avec le plus de soin. Elles sont aussi teintes en diverses couleurs, principalement à Paris et à la Villette, et souvent embellies par des dessins de bon goût.

578 (1943). M. *Grimaud-Maury*, rue des Flageolles, à Poitiers (1), prépare bien en pelleterie les peaux d'oies, de lièvres et de lapins, et en mégie, celles de moutons, d'agneaux et de chevreaux ; sa fabrique comprend aussi la fabrication des plumes à écrire, dont il a un débit considérable. A ces produits qui s'élaborent dans ses ateliers, il réunit le commerce des crins, laines à matelas, plumes, édredons, etc.—Son exhibition comprenait deux peaux d'oie, une peau de mouton passée en mégie et préparée en ferme, une

(1) Chef-lieu d'une préfecture ; on y fait des peaux d'oie renommées, et un commerce important de céréales. A 343 kil. de Paris ; — 23,128 habitans.

idem en doux, une peau d'agneau et une peau de chèvreau mégissées et préparées en doux pour la ganterie. — Le tout sera cité avec éloge dans le rapport du jury central.

579 (667). La même distinction a été accordée à M. *Micoud*, à Paris, rue Saint-Martin, n° 291, ayant sa fabrique barrière du Combat, rue de Meaux, n° 12. C'est un homme très industrieux, qui s'est fait breveter d'invention pour des moyens de rendre le cuir imperméable et tout-à-la-fois d'une extrême souplesse. De l'état où il l'amène par ses préparations, résultent de grands avantages, et notamment celui de ne point exhaler d'odeur désagréable, celui de résister à l'action de la chaleur, et celui de ne communiquer aucun goût aux boissons qui y sont contenues. M. Micoud en fait 1° des bouteilles qu'il appelle *outres françaises* pour le transport des vins, eaux-de-vie, vinaigres, et généralement de toute espèce de liquides, même de l'alcool pur du plus haut degré ; 2° des chauffe-pieds de voyage et d'appartement, d'autant plus commodes par leur légèreté, leur élasticité et leur mince volume, qu'on peut, lorsqu'ils sont vides, les rouler ou les plier de manière à les mettre à la poche; des clysoirs à siége portatif, dont on se sert assis et les bras croisés ; 4° des corsets de natation. L'inventeur déclare que, soutenu sur l'eau par ce dernier appareil, l'homme ne court point de danger au milieu des flots, parce qu'il y a dans l'intérieur une quantité d'air plus que suffisante pour maintenir le corps à la surface, quand il serait complètement immobile, et sans gêner la moindre

articulation. — De nouvelles applications de ses cuirs sont projetées par M. Micoud, et il peut en faire de nombreuses pour chaussures, guêtres de chasse, fourreaux de fusils, cache-batteries, tuyaux de pompe à incendie et autres, coussins à air, etc., etc. — Les soins qu'il y donne ne l'empêchent pas de se livrer à sa fabrication habituelle de cuirs vernis, qu'il a perfectionnés au point d'égaler le brillant des vernis anglais et de les surpasser en qualité.

580 (767). Mentionnés honorablement en 1827, pour des peaux fines teintes en couleurs solides, MM. *Mourot* et *Gierkens*, à Paris, rue Saint-Martin, n° 228, nous paraissaient mériter la distinction immédiatement supérieure à celle qu'ils avaient déjà obtenue. Nos motifs étaient que, depuis lors, ils ont perfectionné leurs moyens dont l'un d'eux, M. Mourot, a été le premier inventeur; nous nous fondions aussi sur le rang honorable que tient leur maison dans ce genre de teinture. L'événement a démenti ces prévisions; nos désirs n'ont pas été satisfaits, et nous avons à regretter que le rapport du jury central ne doive contenir qu'une nouvelle mention honorable de l'industrie de MM. Mourot et Gierkens.

581 (359). M. *Spiegelhatter*, place Vendôme, n° 26, au coin de la rue Neuve-des-Petits-Champs, à Paris, fit paraître, il y a quinze ans, le pantalon de daim large. En 1834, il offrait aux regards des amateurs ce même pantalon habilement confectionné, des culottes de daim blanc pour la chasse, des guêtres de daim, des gants de peau de renne,

des gants et bretelles de daim, et des cols portés à la dernière perfection. Ses progrès dans la fabrication de ces articles, ont déterminé le jury central à ajouter la médaille de bronze à la mention honorable que M. Spicgelhetter avait reçue en 1827.

582 (899). Une mention honorable fut décernée, à la même Exposition, à M. *Trempé* jeune, fabricant à la Villette, rue de Flandres, n° 46, pour des peaux de chevreau teintes en couleurs fines. Celles qu'il a présentées au dernier concours, étaient supérieures à celles qui lui avaient valu cette première distinction. Il en a été récompensé par la médaille de bronze.

583 (613). MM. *Trempé* fils et *Cruel*, grande rue de la Villette, n° 98, sont à la tête de la fabrique qu'y fonda, en 1820, M. Trempé aîné, père de l'un d'eux. C'est lui qui avait découvert les moyens de teindre solidement les peaux fines, et qui en prit le brevet d'invention. L'établissement n'a pas dégénéré entre les mains de ses successeurs; il a, au contraire, beaucoup acquis en perfection et en développement. Ses peaux de couleur bronze doré, jouissent d'une grande réputation; on recherche aussi le rose, l'olive, le dahlia, etc., et même le noir, qui de mat est devenu brillant. Non seulement les peaux qui en sortent pour souliers de dame, sont revêtues de teintes plus éclatantes et plus fixes; elles ont encore plus de douceur, d'élasticité et de souplesse. MM. Trempé fils et Cruel en font un commerce considérable, en France et à l'étranger. Le jury central a reconnu qu'ils continuent de mériter

la médaille de bronze, qui leur fut décernée en 1827.

4e SECTION.

Parcheminerie.

Si nous inscrivons ici cette section, c'est uniquement parce que nous l'avons annoncée dans le plan de notre ouvrage. Nous avions lieu de présumer, en l'annonçant, qu'il y aurait quelques parchemins à l'Exposition, et il n'y en a point eu. Ce qui est, au surplus, à remarquer, c'est que dans les concours antérieurs, on n'avait vu d'autre parcheminerie que celle envoyée par la ville de Coutances.

5e SECTION.

Chamoiserie, Mégisserie et Ganterie ; Buffleterie.

On n'apprécie pas assez l'étendue de ces trois premières subdivisions du travail des peaux, que nous réunissons à cause des rapports qui les lient, et parce que souvent elles appartiennent aux mêmes établissemens. Nous avons déjà fait observer qu'en 1832, la seule exportation des gants de peau s'éleva à plus de sept millions.

Depuis long-temps, la ville de Niort tient en France le premier rang par sa chamoiserie. Ses chamoiseurs se livrent aussi à la mégisserie qui est également pratiquée avec succès dans les départemens de l'Ardèche, de la Meurthe, de la Vienne, du Gard; c'est de Niort, Paris, Grenoble que sont tirés les gants de peau, et de Lunéville, Chaumont, Blois, etc.

584 (1760). Un des plus anciens et des plus considérables fabricans de ganterie de Chaumont (1), (Haute-Marne), est M. *Baudard* aîné. Les gants de peau de chevreau, qu'il avait fait admettre dans le second pavillon de la place de la Concorde, ne démentaient pas sa réputation. Le jury central lui a accordé la médaille de bronze.

585 (1262). Sur la même ligne que lui nous avions placé M. *Chouillou*, fabricant à Paris, rue Saint-Honoré, nº 75. Sa ganterie nous paraissait aussi remarquable, et mériter la même distinction. Elle l'a obtenue, en effet, la décision du jury ayant été conforme à l'appréciation que nous avions faite.

586 (766). Une troisième médaille de bronze a été accordée à M. *Ducastel*, rue du Hazard, nº 8, à Paris. Sa fabrication de gants est très étendue; il y emploie la population de 40 villages ou hameaux où il a porté cette branche d'industrie, et leurs habitans qui traînaient autrefois une vie misérable, y sont actuellement dans l'aisance. Ce qui distingue, en outre, la ganterie de M. Ducastel, c'est que, par une coupe particulière, elle s'adapte exactement à la main. De là résulte aussi une économie sensible dans l'emploi des peaux.

587 (180). MM. Guillaume *Durand* fils et Cᵉ, rue Marie-Stuart, nº 8, à Paris, exploitent deux fabriques de cuir pour la buffleterie, l'une à St.-Germain-Lescouilly, département de Seine-et-Marne, et l'autre à Beausserré, près Gisors, dé-

(1) Chef-lieu de préfecture; on y fabrique des gants et peaux, bonnets de laine, etc. — A 247 kil. de Paris; — 6,318 habitans.

partement de l'Eure. Ils ont obtenu la médaille d'argent, et elle leur était due sous plus d'un rapport. La nature spéciale de leurs établissemens, était d'abord à considérer pour la récompense qu'ils méritaient; secondement, l'extension qu'ils y avaient donnée sous le régime impérial, époque où leurs produits étaient d'un grand emploi dans les équipemens militaires; enfin, les perfectionnemens qu'a reçus par leurs soins, leurs recherches et leurs nombreux essais, la fabrication des cuirs secs en poil d'Amérique et des Indes, appropriés à la buffleterie. De creux, mous, lâches et spongieux qu'étaient les buffles, ils les ont rendus forts, serrés et fermes; ils les dégraissent parfaitement, et y font paraître un beau velouté et une frise fine. C'est au point que, ni en France ni à l'étranger, rien n'égale ce qu'ils produisent aujourd'hui dans ce genre; et quand on veut avoir de superbes buffleteries en Espagne, en Italie, en Suisse, en Belgique, en Danemarck, c'est à eux qu'il faut avoir recours.

588 (1575). Deux mégissiers d'Annonay (Ardèche), seront mentionnés honorablement dans le rapport du jury, pour des peaux de chevreau bien apprêtées en mégie, qu'ils avaient envoyées à l'Exposition. Le premier est M. *Jommard;* le second,

589 (1577). M. *Lesty,* fils aîné.

590 (1834). Croirait-on qu'un seul établissement formé pour la mégisserie et la ganterie, occupe plus de 2,500 personnes, obtient des produits dont la valeur annuelle est de onze cent mille francs, et que les 15/16e d'une si forte pro-

duction passent à l'étranger? telle est, cependant, la manufacture qu'exploitent à Lunéville (1), messieurs *Nathan Beer* et *Trefousse*. Ils ont des ouvriers mégissiers, ouvreurs, pareurs, ponceurs, coupeurs, coloristes, des brodeuses, 550 couturières à la mécanique et 1,850 à la main. Leur exhibition particulière était, dans son genre, une des plus remarquables : l'apprêt des peaux en blanc, l'éclat de celles qui étaient teintes, la perfection du travail et la fraîcheur des gants ne laissaient rien à désirer. Ces messieurs obtinrent, en 1827, la médaille de bronze : une médaille d'argent leur a été décernée par le jury de 1834.

591 (1822). MM. *Nathan* frères ont aussi à Lunéville, un établissement à l'instar de celui dont nous venons de parler. La mégisserie en blanc, la teinture des peaux mégissées et la ganterie en sont également les trois produits principaux destinés presqu'entièrement à l'exportation. Sans fournir du travail à autant d'ouvriers que MM. Nathan, Beer et Trefousse, ils n'en occupent pas moins de 13 à 14 cents. Comme eux, ils ont reçu la médaille d'argent en 1834, après avoir été mentionnés honorablement en 1827. — MM. Nathan frères ont calculé qu'à la valeur des matières premières qu'ils tirent de l'étranger en grande partie, la main-d'œuvre ajoute 45 p. o/o sur les peaux de chevreau, 55 p. o/o sur celles d'agneau, et 140

---

(1) Chef-lieu d'un arrondissement du département de la Meurthe. — On y fait de la broderie, ganterie, etc. — A 30 kil. de Nancy; — 12,341 habitans.

p. 0/0 sur celles de mouton. Suivant un autre calcul dont les élémens sont tirés de leurs registres, le prix des peaux de chevreau en poil a haussé progressivement, de 1815 à 1834, dans des proportions qui ont fini par le doubler. — Ils avaient à l'Exposition 56 douzaines de gants, et 2 douzaines de peaux passées en mégie. Parmi les gants, tous parfaitement exécutés, nous en avons remarqué quatre douzaines qui, par un procédé nouveau, étaient glacées en dedans et à l'extérieur. Cette circonstance, digne de fixer l'attention, n'a pas échappé aux gantiers parisiens.

592 (1806). M. *Noirot*, à Niort (Deux-Sèvres), qui liquide et continue la maison Noirot et Ferret, successeurs de Main frères et J. Main, représentait dignement la chamoiserie, la ganterie et la mégisserie de cette ville si renommée dans le travail des peaux. Il a joint cette dernière branche aux deux autres, qui déjà s'exploitaient dans l'établissement à la tête duquel il est seul placé aujourd'hui. Son exhibition comprenait 29 articles en peaux d'agneau et de chevreau mégissées, en peaux de daim pour pantalons, en veaux pour tablier de sapeur et pour selle, en mouton à divers usages, en gants de daim, de chamois, de castor, etc., de toutes espèces et qualités, et le tout de la plus belle et de la plus solide exécution. Ces préparations occupent plus de 300 ouvriers des deux sexes. En 1825, M. Noirot obtint avec M. Ferret, qui était alors son associé, la médaille d'argent, qui a été rappelée à leur avantage en 1827. Son établissement n'ayant pas dégénéré, et

s'étant agrandi par l'exploitation de la mégisserie, on ne voit pas pourquoi il n'a pas été fait, en 1834, un nouveau rappel de cette distinction honorable. Ce n'a pu être qu'une omission, qui sera réparée dans le rapport officiel du jury central.

593 (1098). Une machine à coudre et à broder les gants, était exposée sous le second pavillon de la place de la Concorde, par M. *Vauquelin*, rue des Trois-Bornes, n° 13 bis, à Paris. Elle nous a paru d'une structure simple; elle est d'ailleurs peu volumineuse, et son prix, qui ne s'élève qu'à 30 fr., est propre à attirer les acheteurs.

Nous renvoyons au Chapitre trente-unième, l'article de M. *Walker*, qui, dans son exhibition de bretelles, jarretières et cols, avait plusieurs paires de gants.

6e SECTION.

Maroquinerie.

Si pendant la seconde moitié du dernier siècle, il avait été fabriqué des maroquins dans quelques parties du midi de la France, on n'y avait pas porté le maroquinage à une grande perfection; les produits en étaient restés constamment au-dessous de ceux de Maroc et des contrées du Levant.

Ce fut à l'Exposition de l'an IX (1801), que parurent les premiers maroquins français dignes d'y être comparés. Ils avaient été préparés à Choisy-le-Roi, par MM. *Fauler-Kempff* et Ce. La médaille d'or leur fut décernée. Depuis lors, le maroquinage est devenu parfait chez nous, et s'est propagé à Paris, Strasbourg, Toulouse, Carcassonne, etc. Non seulement il fournit à la consommation intérieure; mais déjà en 1832, notre exportation de cuirs maroquinés ou vernis, a été de plus de treize cent mille francs. N'en soyons pas surpris : le prix de nos maroquins est inférieur à celui des maroquins étrangers.

594 (1549). MM. *Emmerich* et *J.-B. Georger* fils, à Strasbourg (1), avaient envoyé des maroquins de leur fabrique qui est importante. Ils ont un dépôt à Paris, rue du Renard-Saint-Sauveur, chez M. Verillon, n° 11. Leur fabrication s'élève par an à environ 60,000 pièces de maroquin, dont le principal débouché est en France, tant pour la consommation intérieure, que pour l'exportation qui est faite par des négocians expéditeurs. C'est d'Allemagne que sont tirées en partie les peaux brutes de chèvre qu'ils tannent eux-mêmes avant de les soumettre aux opérations du maroquinage; ils en tirent aussi de la Suisse, de nos départemens méridionaux et des départemens qui avoisinent celui du Bas-Rhin. MM. Emmerich et J.-B. Georger fils, font le maroquin de toutes couleurs et de toutes nuances : ils excellent surtout dans le bronze doré, qui se distingue par le moelleux de la peau et la vivacité de la teinture; et dans le noir qui, à un beau lustre, réunit beaucoup de finesse et une

---

(1) Chef-lieu d'un beau département de la France, et centre important de commerce avec l'Italie, l'Allemagne et la Suisse. Ses produits industriels consistent principalement en cuirs, fer-blanc, étoffes de toutes sortes; orfévrerie et vermeil très estimés; instrumens de musique, chapellerie. — A 464 kil. de Paris; — 49,712 habitans.

souplesse extrême. — Leur maison, fondée par M. Georger père, dont ils sont les successeurs, obtint, en 1823, sous la raison Embser et Georger, une médaille d'argent, qui a été rappelée sous la raison Georger, en 1827. Le jury de 1834 n'a pas hésité à en faire un nouveau rappel à l'avantage des fabricans actuels, MM. Emmerich et J.-B. Georger fils.

595 (1113). Comme nous l'avons dit dans le préambule de cette section, la première fabrique de maroquins perfectionnés fut établie à Choisy-le-Roi, par la Compagnie dont M. Fauler était un des principaux membres. Ses enfans, MM. *Fauler* frères, exercent quelques parties de cette industrie, à Paris, rue Mauconseil, nº 31, où ils ont leurs magasins. Elle n'a pas décliné entre leurs mains. Ils ont maintenu soigneusement la supériorité du beau maroquin rouge teint à la cochenille, qui porte encore le nom de rouge de Choisy; c'est de leurs ateliers que sont sortis les premiers maroquins dits du Levant, à gros grains, qui sont si estimés pour la reliure, et leur établissement qui s'est beaucoup développé depuis 1827, offrait à l'Exposition des nuances de couleurs variées à l'infini, qu'ils avaient empreintes sur la peau comme on les imprime sur la soie et sur les autres tissus. — M. Fauler père avait été un des douze fabricans qui, au concours de l'an IX, obtinrent la médaille d'or. A raison d'une distinction si haute et d'autant plus honorable qu'elle n'avait été accordée qu'avec beaucoup de réserve, il reçut une invitation à dîner aux Tuileries, à la

table du premier consul. Cette nouvelle marque de considération le transporta d'un tel enthousiasme, qu'il s'écriait au sortir du château : *Arrive maintenant ce qui pourra, jamais on ne m'ôtera l'honneur d'avoir dîné avec Bonaparte* (1). — La médaille d'or décernée à sa maison en 1801, a été successivement rappelée en 1802, 1806, 1819, 1823 et 1827. Elle ne pouvait pas manquer de l'être de nouveau, et de la manière la plus éclatante, par le jury de 1834.

596 (907). Une fabrique de maroquins qui rivalise avec la précédente, est celle de M. *Mattler* fils, rue Censier, n° 13, à Paris. La médaille d'argent lui fut décernée en 1806. A l'Exposition de 1819, elle reçut la médaille d'or, qui lui a été confirmée en 1823. Il en a été fait un nouveau rappel à l'avantage de M. Mattler fils, par le jury de 1834.

7e SECTION.

Cuirs vernis.

Le vernissage des cuirs ne remonte, comme le perfectionnement du maroquinage, qu'au commencement du XIXe siècle. C'est à l'Exposition de l'an X (1802), qu'on remarqua les premiers cuirs vernis, dont les producteurs furent récompensés par la médaille d'argent : à partir de cette époque,

---

(1) Cette anecdote est tirée d'un petit ouvrage devenu extrêmement rare, imprimé en 1801, et intitulé *Vues et Projets d'économie politique*, par le citoyen Brillat-Savarin, ex-constituant, membre du tribunal de cassation et de plusieurs Sociétés savantes. Voir les pages 37 et 38.

le nouvel art a progressivement amélioré et multiplié ses produits.

597 (185). MM. *Couteaux* et Ce, rue Thévenot, n° 6, à Paris, ayant leur manufacture à Joinville-le-Pont (Saint-Maur), ont exposé des cuirs revêtus d'un vernis noir et brillant. Ils en avaient fait faire un harnais complet, qu'ils exposaient également, afin de démontrer qu'on peut s'en servir dans les applications qui paraissent s'y prêter le moins. — C'est à eux qu'on doit l'importation des vaches vernies à grain, pour capotes de voiture, qu'ils établissent de manière à satisfaire à toutes les exigences. En effet, leurs capotes se plient comme un mouchoir, sans éprouver la moindre altération; elles reçoivent le même éclat que les autres cuirs, et peuvent être revernies sur place, très promptement et à un prix modique. Leur emploi est d'autant plus avantageux, qu'elles demandent peu d'entretien, sont plus légères que les capotes ordinaires, et en même temps plus solides, ne contractant point d'humidité, et ajoutant beaucoup à la propreté et à l'élégance des équipages. — A la fabrication des cuirs vernis, MM. Couteaux et Ce joignent celle de la toile et de la percale vernie en noir; celle des toiles cirées et imprimées pour tout usage, qui se distinguent par la fraîcheur et la solidité des couleurs et des fonds; et celle des tapis d'été, imitant les plus riches tapis de laine, et exécutés d'une seule pièce sur les dimensions données. — Tous les produits de cette maison peuvent être expédiés sans détérioration aucune, et au besoin, elle les garan-

tit pour les expéditions d'outre-mer : ils ont été jugés dignes par le jury central, savoir : les cuirs vernis, de la médaille d'argent; et les tissus cirés, de la mention honorable.

598 (735). En 1823, une médaille de bronze fut décernée, pour des cuirs vernis, à M. *Lauzin*. Son fils, qui lui a succédé, a sa fabrique à Belleville, passage Renard, n° 3 bis, près la barrière, et un dépôt à Paris, rue Saint-Martin, n° 231. Il avait fait admettre sous le second pavillon de la place de la Concorde, des veaux noirs et d'autres couleurs, pour selliers, cordonniers, etc.; une peau de génisse pour ceinturonnerie, un demi-cuir pour patelettes de giberne; des ceintures en peaux entières, découpées à rosaces imprimées; des cols, des peaux d'agneaux vernies d'un côté, et restant de l'autre garnies de leur laine, ce qui les rend propres à garantir de l'humidité et à tenir les pieds chauds, soit qu'elles servent comme doubles semelles, soit qu'on les fasse servir de chaussons. Le tout était exécuté avec soin, et de prix modérés. Aussi le jury central a rappelé à l'avantage de M. Lauzin fils, la médaille reçue par son père.

599 (525). Voici pour l'industrie que comprend cette section, une fabrique des plus importantes et des plus avantageusement connues. M. Laloge la fonda à Belleville, et elle fut distinguée d'abord par une mention honorable en 1819, puis en 1823, par une médaille de bronze, qui a été rappelée en 1827. Ses successeurs, MM. *Nys* et *Longagne*, brevetés et fournisseurs de la maison du Roi, ont leurs ateliers à Paris, rue de Lorillon, n° 27, et leur dé-

pôt, rue Basse-Saint-Denis, n° 14. C'est à juste titre qu'ils ont pris sa place, car entre leurs mains l'établissement s'est développé, et ses produits se sont élevés à une haute perfection. Ils sont parvenus à concilier, dans la préparation des cuirs vernis, ce qui ne se trouve presque jamais ensemble, la solidité, la souplesse et l'éclat : ils le prouvent d'une manière incontestable, en en faisant des siéges de sellette; on sait que dans cet emploi il faut que, sur l'arçon de la sellette, le cuir soit tendu à la force de deux pinces, tension qu'il ne pourrait acquérir s'il n'était pas aussi souple que solide. — Ces qualités sont communiquées par eux aux cuirs et peaux vernis de diverses couleurs, et à toute espèce de cuirs noirs et jaunes pour sellerie. Ils vernissent même les bottes, et le long des parois du deuxième pavillon, ils en avaient suspendu dont le brillant attirait les regards; elles font, quant à l'usage, le même service que celles en cuir ordinaire. Enfin, les capotes de cabriolet à grain, dont nous avons parlé à l'article de MM. Couteaux et Ce, n° 597, ne restent pas étrangères aux travaux de MM. Nys et Longagne. — Leurs relations de commerce s'étendent jusqu'en Angleterre, dans cette contrée qui nous surpassait pour la préparation du cuir verni, et ils en reçoivent beaucoup de commandes. — Le jury central n'a pas hésité à les juger dignes de la médaille d'argent.

600 (1451). Nous avons retrouvé les capotes de voiture, à grain, dans l'exhibition de MM. *Plummer* père et fils, et *Clouet*, fabricans à Pont-Aude-

mer (1), département de l'Eure. C'est une maison qui fait beaucoup d'affaires avec les selliers et les carrossiers; elle a un dépôt à Paris, chez M. Legrand, rue du Mont-Thabor, n° 38. La préparation de ses cuirs vernis, qui sont, en outre, recherchés pour l'équipement militaire, ont été portés à une telle perfection, qu'elle a reçu du jury la même distinction que MM. Nys et Longagne, et MM. Couteaux et Ce. Trois médailles d'argent ont, ainsi, été accordées en 1834, à la fabrication des cuirs vernis.

8e SECTION.

Chaussure, ou Bottes et Embouchoirs, Souliers et Formes, Brodequins, Claques, Soques, Sabots, etc.

Appliqué à la chaussure, le travail des cuirs et peaux est une de nos plus humbles industries. Il a toutefois une grande étendue, et il occupe beaucoup de bras, étant destiné à satisfaire aux besoins généraux de tous les âges et de tous les sexes.

601 (1206). M. *Barlet*, fabricant de formes et embouchoirs, rue de la Jussienne, n° 12, à Paris, avait exposé des embouchoirs pour bottes à l'écuyère, et des formes plaquées en cuivre pour bottes. Ces produits étaient bien exécutés.

602 (1296). M. *Baudrand*, à Paris, rue Beaurepaire, n° 9, est un élégant cordonnier pour

(1) Située sur la rivière navigable de Pont-Audemer. Renommée pour ses tanneries, corroieries et mégisseries. — A 88 kilom. d'Evreux; — 5,305 habitans.

dames; il leur fournit des souliers élastiques, et des souliers qui ne s'éculent pas, dont il s'est déclaré inventeur. Le jury les mentionnera honorablement dans son rapport.

603 (366). Une distinction moins relevée, la citation avec éloge, est accordée aux claques et souliers de M. *Bevalet*, à Paris, rue du Chevalier-du-Guet, nº 4. L'empeigne des souliers est d'une seule pièce tenant à la semelle par double couture : les claques sont brisées, flexibles, ne gênent pas le mouvement du pied, se mettent et se quittent facilement.

604 (513). Mention honorable dans le rapport du jury, pour les socques de M. *Bobillon*, rue Michel-le-Comte, nº 18, à Paris.

605 (190). Des formes et quelques objets tendant à faciliter et accélérer le travail de la cordonnerie, se faisaient remarquer dans l'exhibition de M. *Charlot*, à Paris, place Baudoyer, nº 5; on y remarquait aussi des sabots auxquels il a donné son nom.

606 (784). M. *Charière*, bottier, passage Saint-Roch, nº 41, à Paris, fait des claques à ressorts qu'il appelle claques mécaniques, et que le jury citera avec éloge: on y trouve l'avantage de pouvoir les mettre sans se baisser. Les personnes qui les portent, ne paraissent pas avoir une double chaussure.

607 (329). Nous ne pouvons rien dire à l'avantage des bottes et des claques corioclaves de M. *Collmann* (Jean-Pierre), bottier, rue Saint-Honoré, nº 278, à Paris, si ce n'est que l'exécution en était

très soignée; c'est en faire un assez bel éloge qu'il lui eût été plus honorable de recevoir du jury.

608 (2030). M. Louis *Dauphin*, place du Château, à Sedan, est un homme ingénieux, qui s'étudie constamment à perfectionner l'art du cordonnier. Il avait envoyé à l'Exposition, des souliers et des brodequins pour hommes et pour femmes, en cuir imperméable et sans couture; la cambrure qui y avait été donnée, était très remarquable. Aussi, nous regrettons qu'une citation avec éloge, dans le rapport du jury, n'ait pas encouragé les efforts de M. Dauphin.

609 (344). D'autres souliers sans couture, ont été présentés par M. *Deboulle* (Antoine), rue Blomet, n° 31, à Vaugirard, département de la Seine. Leur prix est de 10 fr. en qualité supérieure; il descend par gradation jusqu'aux plus basses qualités.

610 (894). M. *Dehaule*, à Paris, nouvelle galerie des Panoramas, n° 6, est depuis long-temps connu par la perfection de ses embouchoirs. Ceux qu'il avait exposés, recevront une mention honorable dans le rapport du jury central.

611 (377). Un brevet confère temporairement et exclusivement à M. *Delangre*, quai d'Anjou, n° 7, à Paris, la jouissance des moyens de fabriquer la chaussure nouvelle dont il est inventeur, et qu'il a dénommée *anti-crotte*. Il en a été fait un rapport favorable à l'Athénée des Arts. Le nom que M. Delangre a donné à cette chaussure, indique assez clairement son but et ses effets : elle est disposée de manière à tenir le pied ferme, ce

qui n'expose pas à glisser; sa monture, plus légère que celle des socques, est élevée et garantie de la boue, même par les plus mauvais temps et par les chemins les plus mauvais.

612 (427). Une mention honorable était bien due à M. *Devaux*, marchand fabricant de socques, à Paris, boulevart des Italiens, n° 7, à l'entresol, vis-à-vis le passage de l'Opéra. Il est breveté de la Reine des Français, et fournisseur des princesses Marie, Clémentine et de leur sœur la Reine des Belges. M. Devaux a, d'ailleurs, perfectionné les socques en liége, en cuir et en bois: pour ces perfectionnemens, trois brevets lui ont été successivement délivrés. Il entreprend aussi la confection de toutes autres espèces de chaussure.

613 (1203). Nous avons examiné la nouvelle chaussure de chasse de M. *Evrat*, bottier, rue Saint-Jacques-la-Boucherie, n° 15, à Paris. Elle nous a paru bien préférable aux guêtres qu'elle remplace. C'est un soulier que M. Evrat dénomme *anti-guêtre*, qui se met très promptement, et dont le sous-pied est inaltérable.

614 (1295). On s'arrêtait dans le deuxième pavillon de la place de la Concorde, devant un soulier nageant à la surface de l'eau qui remplissait un petit vase de bois. Il sortait de l'atelier de M. *Gudin*, rue Cotte, n° 2 bis, faubourg Saint-Antoine, à Paris. Ce cordonnier-bottier fait des bottes et des souliers tellement imperméables qu'ils peuvent être placés sur l'eau, pendant huit jours consécutifs, sans que l'intérieur se mouille. Par le plus mauvais temps, cette chaussure qui est à

l'usage des femmes comme à celui des hommes, devient un excellent préservatif contre l'humidité. Elle sera citée avec éloge dans le rapport du jury.

615 (1639). M. *Guillou*, sabotier à Vendôme (1), département de Loir-et-Cher, exposait des sabots d'un nouveau genre, que le rapport du jury central citera aussi avec éloge. Ils ressemblent parfaitement aux souliers en cuir. Le dessus du pied, les côtés et le talon sont entièrement en bois : une tige de cuir les couvre, étant ajustée sur un fut de sabot en noyer. Leur solidité nous a paru complétement garantie par une semelle de tôle placée en dessous et superposée à une autre semelle en cuir fort. — Si une personne sûre et bien solvable voulait se charger, à Paris, du dépôt de la nouvelle chaussure de M. Guillou, il traiterait volontie avec elle.

616 (466). Des bottes, des claques et des socques ont été présentés par M. *Holzicher*, rue Neuve-des-Petits-Champs, n° 101, à Paris.

617 (760). Il a été parlé, sous le numéro 602, d'un élégant cordonnier pour dames, M. Baudrand. En voici un second qui le rivalise et dont les produits sont recherchés par les femmes opulentes que l'Angleterre envoie dans notre capitale : c'est M. *Jacobs*, rue de la Paix, n° 28. Il avait étalé sous le deuxième pavillon de la place de la Concorde, des souliers, brodequins, sandales, etc.,

(1) Située sur le Loir, à 33 kil. de Blois. — Fabriques de ganterie, de cotonnades, commerce de peaux; — 7,771 habitans.

qui fixaient l'attention du beau sexe. Le jury les mentionnera honorablement dans son rapport.

618 (646). Une distinction semblable a été accordée à M. *Kettenhoven*, fabricant de *sur-chaussures*, rue Montmartre, n° 34, à Paris. Il est breveté d'invention et de perfectionnement, pour beaucoup d'améliorations qu'il a introduites dans la fabrication des socques que ses ateliers exécutent par des moyens mécaniques, ce qui en diminue le prix. Ceux qui en sortent, sont souples, gracieux et légers autant que solides, et font un long usage; ils s'alongent et se raccourcissent à volonté : on les met et on les ôte si facilement que les doigts n'en sont jamais salis. M. Kettenhoven fabrique des *sur-chaussures* de toute espèce dont il a un grand débit, et notamment des socques militaires recouvrant le pied, des socques découverts pour homme et pour femme, et des claques pour femme, dont la longueur s'étend ou se réduit comme celle des socques, quand on le désire.

619 (1117). La plus haute distinction décernée par le jury de 1834, à ceux de MM. les Exposans qui travaillent pour la chaussure, a été la médaille de bronze. Nous remarquons que parmi eux, quoiqu'ils fussent en assez grand nombre, deux seulement l'ont obtenue, et le premier des deux qui se présente à nous suivant notre ordre alphabétique, est M. *Labouriau*, rue Christine, n° 10, à Paris : c'est un inventeur breveté qui, ne pouvant exercer par lui-même le genre d'industrie qui lui est redevable de beaucoup de perfectionnemens, céderait volontiers, à prix raisonnable, et en totalité

ou en partie, la jouissance privative des moyens et procédés décrits dans son brevet. — D'après ce que nous avons vu de l'exhibition de M. Labouriau, il fait des bottines de peau pour dames, à tiges sans couture ; des guêtres de peau également sans couture; du veau ciré de toute couleur; des teintes métalliques sur peau, en toutes couleurs et nuances; du cirage de couleur; et une préparation servant à renouveler les teintes métalliques. — Ses bottines pour dames peuvent être confectionnées en toute sorte de peaux, depuis les plus solides jusqu'à celles qu'emploient les gantiers, qui sont si fines et si délicates : lorsqu'on les fait en peaux de cette dernière espèce, elles sont remarquables par la justesse qui les rend collantes sur le pied. — Si les guêtres sont en peaux souples, elles ont les mêmes avantages que les bottines, ne marquant aucun pli, et se distinguant par autant de légèreté et de souplesse que les gants; en peaux fortes, elles sont portées pour la fatigue et pour la chasse : mais tant hautes qu'elles puissent être, elles n'en sont pas moins d'une seule pièce. — C'est une heureuse innovation de la part de M. Labouriau, que d'avoir ciré en toutes couleurs, le veau qui n'était ciré qu'en noir; il remplace ainsi très avantageusement, et d'une manière plus solide, les peaux teintes. — D'autres avantages qu'il n'est pas nécessaire d'expliquer, résultent de la découverte du cirage de couleur, et de celle de la préparation qui renouvelle les teintes métalliques.

620 (790). Un travail d'art et de laborieuse pa-

tience avait fait admettre à l'Exposition, M. *Lafrebeque*, rue Mondétour, n° 8, à Paris. C'était une botte à l'écuyère où étaient figurés par des points innombrables, les portraits d'Henri IV, de Louis XIV et celui de Napoléon; on y voyait, en outre, un écusson et d'autres ornemens. M. Lafrebeque avait placé auprès de la botte, le fer dont il avait fait usage pour marquer cette multitude de points, et quelques uns des outils qu'emploient les bottiers. Il sera cité avec éloge dans le rapport du jury.

621 (1431). Il nous paraît utile de comprendre dans cette section, et que notre Musée classe ici M. *Lébriat*, marchand bottier à Périgueux (1), (Dordogne), qui avait envoyé un emporte-pièce mobile pour tailler, d'un seul coup, les semelles de chausson d'escarpin. C'est un instrument nouveau qui mérite d'autant plus l'examen des cordonniers et des bottiers, qu'il peut devenir important : il semble, en effet, promettre économie de temps et de main-d'œuvre. Nous le recommandons, en conséquence, à l'attention des fabricans de chaussures. Il convient d'autant plus de le leur recommander, que le rapport du jury doit en faire l'éloge. M. Lébriat annonce que son emporte-pièce pour chaussure de femme, s'alonge de cinq points à dix, et celui pour chaussure d'homme, depuis un point jusqu'à neuf.

(1) Il y a des fabriques d'étamine, de cadis, des blanchisseries de cire. On y fait un commerce considérable de pierres à bâtir. C'est le marché pour les *cochons*, le plus considérable de France. — A 472 kil. de Paris; — 8,956 habitans.

622 (2200). La seconde des deux médailles de bronze décernées en 1834, aux produits de l'art du bottier et du cordonnier, a été reçue par M. *Michels-Maire*, bottier du Roi à Metz, département de la Moselle. Pour en faire complètement l'éloge, il suffit de signaler la récompense qui a honoré ses talens. M. Michels-Maire présentait des chaussures corioclaves, dont la semelle, extrêmement simple, se prête au même usage que celle d'une botte forte et solidement ferrée.

623 (1294). Le troisième cordonnier pour dames, qui s'est montré avantageusement à l'Exposition, est M. *Nadal*, breveté de la Reine, à Paris, rue des Vieux-Augustins, n° 61, à l'entresol. Ses chaussures étaient élégantes, et dans les genres les plus nouveaux. Elles seront mentionnées honorablement au rapport du jury. M. Nadal assure qu'on y trouve réunies deux qualités essentielles, celle de laisser entièrement libres les articulations du pied, et celle de ne gêner en aucune façon la marche. Du reste, pour mieux servir les dames qu'il a l'honneur de chausser, il fait construire à chacune sa forme particulière.

624 (579). Des chaussures de toutes sortes, et même des bottes à l'écuyère, sans couture, composaient l'exhibition de M. *Renou*, tanneur, rue Mouffetard, n° 29, à Paris, ayant un dépôt rue de la Paix, n° 9. Il y avait joint des peaux de chat sauvage de Russie, et des peaux de lapin tannées. M. Renou estime que les peaux de ces deux espèces, sont supérieures à toutes les autres, sans excepter celles de veau, qui ont été employées jus-

qu'à présent pour la chaussure; la raison qu'il en donne et qui nous paraît assez plausible, c'est qu'après l'enlèvement du poil, il n'y a dans le tissu cutané aucun pore : ce tissu conserve ainsi sa flexibilité et sa force, à raison de l'âge des animaux d'où il provient, tandis que le veau, par sa jeunesse, n'offre qu'une peau de lait qui n'a pas atteint sa maturité. Le rapport du jury mentionnera honorablement M. Renou.

625 (303). M. *Vaneret* exploite, boulevart Poissonnière, n° 14, une des plus grandes et des plus anciennes fabriques de socques de Paris : il en a en liége, en cuir et en bois, pour hommes, femmes et enfans, qui ne sont pas moins élégans que solides. Ceux qu'il avait présentés à l'Exposition, offraient les nombreuses variétés de cette *sur-chaussure*, et même quelques variétés nouvelles : on y distinguait principalement des socques en bois coupés sous le talon, dits paracrotes; *idem* en cuir à recouvrement pour homme, façon demi-botte; *idem* en liége et cuir extrêmement légers pour dame; *idem* en liége à deux brides, qui tiennent par la simple pression du pied.

626 (303). Ce sont aussi des socques que fabrique et qu'a exposés M. *Varigar*, rue des Saints-Pères, n° 65, à Paris; mais il se borne au genre de ceux appelés corioclaves. L'usage en est très long : étant fermés, ils composent une double chaussure qui remplace avantageusement les claques. Nous en avons trouvé la forme gracieuse, et le prix modéré.

627 (1946). Il y a 15 ans que M. *Violet*, fabri-

cant à Melun (1), département de Seine-et-Marne, s'efforce de donner aux sabots une forme moins repoussante et plus commode que celle qui les a longtemps déparés, et qui en reléguait l'usage parmi les classes peu favorisées des dons de la fortune. Les perfectionnemens qu'il a successivement apportés à leur fabrication, ne tardaient pas à avoir des imitateurs. Enfin, sa persévérance l'a conduit à rendre les sabots semblables aux souliers, en ce qui tient à l'apparence et à leurs formes extérieures; c'est ce qui est cause qu'il appelle *sabots-souliers* ses nouveaux et derniers produits. Bien que M. Violet n'en eut envoyé qu'une paire au concours, elle a fixé l'attention du jury qui la citera avec éloge dans son rapport. On était surpris, en la considérant, que malgré le peu de souplesse et de flexibilité du bois, le fabricant fût parvenu à y imprimer les plis des souliers et des bottes qui ont été portés. Par quels moyens a-t-il obtenu un tel résultat? Nous l'ignorons; mais nous avons vu l'effet, et cela nous suffit. Quoi qu'il en puisse être, M. Violet se flatte, et nous espérons avec lui que les personnes qui jusqu'à présent ont dédaigné de chausser des sabots, parce que leurs formes étaient d'un aspect désagréable et leur poids trop lourd, s'empresseront d'adopter sa chaussure nouvelle qui est à la fois propre, chaude,

(1) Chef-lieu du département de Seine-et-Marne, où se trouvent des manufactures de toiles peintes, des tanneries, verreries, et où il se fait un commerce de céréales. — A 46 kil. de Paris; — 6,622 habitans.

saine et commode, et dont le prix n'est pas d'ailleurs très élevé.

9e SECTION.

Sellerie, Malleterie, Coffreterie.

C'est par les produits de ces trois branches ou subdivisions, que va être terminé notre chapitre onzième. La sellerie s'y rattache évidemment; la malleterie et la coffreterie n'y sont pas non plus étrangères, le plus grand nombre des malles et des coffres étant revêtus de cuirs ou de peaux, soit en totalité soit en partie, quand ils n'en sont pas entièrement composés.

628 (1230). M. *Battandier*, quai Voltaire, n° 5, à Paris, travaille depuis long-temps à perfectionner les moyens et procédés de son art. Il avait pris, en 1826, un brevet d'invention qui est aujourd'hui expiré, pour une malle en cuir à soufflet, avec serrure à pompe, à cuvette ou sans cuvette : la conception était ingénieuse, et la nouvelle malle commença à faire la réputation du breveté. La sellerie et la coffreterie qu'il a présentées sous le 2e pavillon de la place de la Concorde, étaient si remarquables que M. Battandier a reçu du jury central, la médaille de bronze. C'est la plus haute distinction obtenue dans la partie industrielle, dont cette section réunit les Exposans.

629 (1341). Un étui de chapeau à cornes pour général, dont l'intérieur est disposé de manière à recevoir, avec le chapeau, les décorations et les épaulettes, et bien propre à atteindre le but de sa

destination, vaudra à M. *Boutreux*, rue de la Harpe, n° 58, à Paris, l'honneur d'être cité avec éloge, dans le rapport des juges de l'Exposition. Cet ébéniste ingénieux fait toutes sortes d'étuis et de boîtes propres aux usages qui lui sont indiqués.

630 (775). La coffreterie pour voitures, de M. *Dunet*, à Paris, rue des Prêtres-St.-Germain-l'Auxerrois, n° 10, était d'une exécution parfaitement soignée.

631 (104). Le champignon mécanique servant à l'emballage des chapeaux de dames, sera cité avec éloge, dans le rapport du jury. Il était présenté par son inventeur, M. *Fanon*, layetier, coffretier, emballeur, à Paris, rue Montmartre, n° 72. Qu'on n'aille pas dédaigner cette découverte, qui a son mérite, surtout aux yeux des dames. Elle leur procure la satisfaction de recevoir de la capitale, soit dans les départemens, soit à l'étranger, des chapeaux qui ne portent pas la marque des épingles qui les attachaient précédemment, et sans lesquelles le transport ne pouvait en être fait. Le champignon mécanique a de plus l'avantage de servir dans les appartemens, pour y poser des chapeaux. — M. Fanon est abondamment pourvu d'autres boîtes à chapeaux et à robes, dont l'intérieur est distribué de manière que chacun peut facilement les y emballer.

DOUZIÈME CHAPITRE.

TEINTURE, APPRÊTS ET BLANCHIMENT.

Quel motif, dira-t-on, nous porte à placer ici le chapitre de la teinture, des apprêts et du blanchîment? le voici. La teinture, qui est le principal objet de ce chapitre, ne s'applique pas seulement aux fils et tissus provenant du coton, du lin et du chanvre, de la soie et de la laine, dont nous avons parlé au commencement de notre ouvrage; elle est aussi appliquée aux peaux, comme nous venons de le voir, 7ᵉ et 8ᵉ sections du chapitre précédent. Il est, ainsi, dans l'ordre rationel de nos idées, que notre douzième chapitre suive celui des cuirs et peaux, où la cinquième de nos grandes industries se trouve comprise. C'est par une considération analogue qu'il sera suivi lui-même de deux chapitres qui traiteront, le treizième des impressions sur tissus, et le quatorzième des tapis et tapisseries, autres produits industriels qui appellent, de même que les impressions, des applications nombreuses de l'art de la teinture.

1ʳᵉ SECTION.

Teinture.

Il y a long-temps que nous pratiquons avec succès l'art de la teinture, en le tenant toujours à la hauteur de l'avancement des connaissances en chimie. Les habiles teinturiers et apprêteurs de Paris, Lyon, Rouen, des autres parties du département de la Seine-Inférieure et de ceux de la Loire, du Gard, Vaucluse, Haut-Rhin, Nord, Somme, Oise, Calvados, etc., n'ont pas démenti, en 1834, la réputation de leurs devanciers : ce sont en général des hommes qui s'étudient sans cesse à de nouvelles améliorations, et marchent constamment dans la voie des progrès.

A la vérité, il n'y a pas eu postérieurement à l'Exposition de 1827, des découvertes marquantes en teinture; mais diverses parties de cet art qui ajoute tant de prix aux tissus, se sont successivement enrichies de perfectionnemens qui, pris séparément chacun, paraissent légers, et dont cependant la réunion a du mérite et de l'importance, et forme en quelque sorte invention pour le temps qui s'est écoulé depuis lors; on teint surtout beaucoup mieux les foulards et d'autres soieries, la batiste, les étoffes mélangées de laine et de coton, etc.

Il faut ajouter que les tentatives pour substituer à l'indigo le prussiate de fer dans la teinture des lainages, se continuent, sans que l'on soit rebuté par celles qui ont eu lieu précédemment avec une réussite incomplète.

632 (2372). Quoique Rouen soit la ville de France où il se fait le plus de teinture sur coton, elle a été long-temps à suivre les fabriques du Haut-Rhin, dans la préparation des rouges dits d'Andrinople pour meubles. C'est M. *Bance-Tiercelin*, à Saint-Gilles-lès-Rouen, qui, le premier, y a in-

troduit ce précieux accessoire de l'industrie cotonnière. Ses premiers succès ont été encouragés par la Société d'émulation de Rouen, qui lui a d'abord accordé des éloges et ensuite une médaille d'or. Aujourd'hui, il opère en grand, et toujours avec une pleine réussite : ses ateliers ne fournissent pas moins de 600 pièces de rouge et de 4000 livres de coton rouge d'Andrinople par chaque semaine. Il est ainsi devenu commode aux acheteurs qui vont s'approvisionner à Rouen, de s'y assortir dans cette partie qu'ils étaient forcés antérieurement de tirer de Paris ou de Mulhouse. Aussi, les calicots pour meubles, tant tissus que croisés, que M. Bance-Tiercelin avait envoyés au concours, et qui étaient parfaitement teints, seront mentionnés honorablement au rapport du jury central.

633 (531). Un de nos plus célèbres teinturiers, un des plus instruits et des plus zélés pour les progrès et la perfection de son art, est M. *Beauvisage*, rue de Bretonvilliers, n° 2, à Paris. Son exhibition avait une grâce toute particulière : elle entourait et drapait élégamment deux hautes colonnes de la salle de sortie du 3e pavillon de la place de la Concorde, et décorait de la manière la plus agréable l'entre-deux de leurs parties supérieures. — La réputation de M. Beauvisage, est faite depuis longtemps et s'étend très loin. Déjà au concours de 1819, il obtint la médaille d'argent, pour avoir, le premier, employé en France la laque-laque en teinture, et pour avoir teint des draps écarlate avec cette substance dont l'emploi était nouveau. Il a été reconnu, en 1827, mériter toujours cette distinc-

tion, par l'éclat qu'il était parvenu à donner aux tissus de cachemire, et parce qu'il avait su appliquer la vapeur à l'apprêt des tissus mérinos. — Que d'utiles perfectionnemens et combien d'applications ingénieuses ont postérieurement signalé sa carrière industrielle ! Les mousselines-laine, les cachemiriennes, les pondichéris, les alépines, les calmandes, etc., ne doivent qu'à ses procédés de teinture, le développement de leur fabrication. Si les croisés-laine et coton peuvent aujourd'hui s'établir en blanc, et ensuite se revêtir de couleurs solides et d'un apprêt indestructible, si déjà même il s'en fait des envois en Amérique, c'est également à M. Beauvisage que l'industrie et le commerce français en sont redevables : les fabriques de Paris, Lyon, Lille, Tourcoing, Reims, Rouen, etc., en déposeraient au besoin. Il avait long-temps médité une plus importante découverte, pour donner la teinture et les apprêts aux étoffes de pure soie en pièce : les premières épreuves qu'il en a faites, viennent de répondre à son attente ; c'est un nouveau et très grand service rendu à nos manufactures de soierie. — Le jury devait nécessairement déclarer que M. Beauvisage est digne de plus en plus de la médaille d'argent qu'il obtint en 1819. Il lui en a même accordé une seconde aussi d'argent. Pourquoi ne lui a-t-il pas décerné celle d'or ? Elle n'aurait pas trop honoré un homme qui a pris place, nous ne disons pas entre les premiers industriels de la capitale, mais dans les sommités des industriels de France. Cet honneur lui appartenait d'autant plus, qu'il offre dans ses ateliers, un exemple que s'empressent de suivre les manufacturiers d'un haut rang; il y a établi, à ses frais, un cours d'instruction approprié aux connaissances qu'exige la théorie des travaux qu'on y exécute, et qui inspire à ses nombreux ouvriers les plus vifs sentimens de reconnaissance et d'affection.

634 (603). M. *Berger*, rue Saint-Martin, n° 291, à Paris, a été désigné sous le double nom de *Houvenel-Berger*, dans le livret de l'administration. Nous ne lui en consacrons que la dernière partie; ce qui nous y engage, c'est qu'il a ainsi signé la lettre qu'il nous a fait l'honneur de nous écrire. Fabricant de fleurs artificielles en tout genre, que nous rappellerons dans le trente-unième chapitre de cet ouvrage, il teint et apprête les tissus en mousseline, soie et crêpe, qui servent à les former. Ses teintures sont belles, et ses apprêts, produits par un procédé nouveau qu'il ne divulgue pas, ont une grande perfection : il assure que l'action de l'air est impuissante pour altérer les couleurs qui en résultent, et qui retiennent le velouté des couleurs naturelles. L'exactitude de son assertion ne pourrait être constatée que par des épreuves assez longues, que le jury n'a pas eu sans doute le temps de faire. Telle est, vraisemblablement, la cause de son silence sur les teintures et apprêts de M. Berger.

635 (2335). Deux cadres avaient été envoyés par M. *Boucachard*, teinturier à Elbeuf: l'un contenait des échantillons de laine teinte, et l'autre des échantillons de draps en diverses couleurs et nuances. Le rapport du jury les citera avec éloge.

636 (2335). Une mention honorable fut ac-

cordée, en 1819, à M. *Brunel*, teinturier à Avignon, il en obtint une seconde en 1823. Les soies teintes sous châssis, qu'il a présentées en 1834, et dont les couleurs étaient aussi belles que solides, lui ont valu une troisième distinction du même genre.

637 (2367). L'extraction de l'indigo contenu dans les lainages bleus, avait été l'objet de quelques expériences. En les répétant avec soin, et avec l'intelligence d'un homme qui sait bien opérer et se rendre compte de ses opérations, M. *Cellier* (Édouard), teinturier à Rouen, rue du faubourg Martainville, n° 38 bis, est allé beaucoup plus loin que ceux qui l'ont précédé. Il a perfectionné les moyens jusqu'alors suivis; il y en a joint de nouveaux : leur réunion forme actuellement, entre ses mains, un véritable procédé d'atelier qui lui a paru assez important pour le faire breveter d'invention, à son profit. Désirant de l'exploiter en grand d'une manière fructueuse, le breveté cherche partout des chiffons bleus, d'où il retire l'indigo, d'abord en état liquide, puis en pâte, et finalement à l'état concret ou solide, dit en pierre. C'est dans ce dernier état qu'il en avait envoyé trois échantillons au concours, lesquels étaient accompagnés de cotons bleus teints avec la matière colorante qu'il extrait et qui était perdue jusqu'à présent. — Quoique déjà plusieurs villes de fabriques expédient des chiffons bleus à M. Cellier, et quoiqu'il en reçoive même d'Angleterre, il n'en a pas autant qu'il voudrait; cependant, il les paye comptant. Puisse la manifesta-

tion que nous faisons ici des besoins qu'il éprouve, mettre des marchands de chiffons en relations d'affaires avec lui! Ils contribueraient à rendre utile une matière dont on ne songeait pas à tirer parti pour un nouvel emploi en teinture; et les chiffons, après en avoir été dépouillés, ne laisseraient pas d'être livrés à leur destination actuelle en continuant de féconder la terre comme engrais.

638 (417). Parmi les teinturiers-dégraisseurs de Paris, qui savent bien reteindre les châles, M. *Chapée*, rue du Hazard, n° 4, est regardé comme un des plus habiles. C'était des châles reteints qu'il exposait, avec des échantillons d'autres teintures et apprêts.

639 (1166). La capitale a des tailleurs qui restaurent les habits et, en leur imprimant une nouvelle teinture, les remettent à neuf. Nous en avons compté trois à l'Exposition. L'un d'eux, M. *Chauvel*, rue St.-Louis au Marais, n° 22, offrait aux regards des curieux, une redingote qui, d'un côté, se trouvait dans son état de restauration et, de l'autre, dans son état de vétusté.

640 (1635). M. *Curtel*, à Quers par Lure, département de la Haute-Saône, avait exposé des toiles de coton croisé, teintes en noir : il y en avait qui imitaient la soie, et d'autres le mérinos; cette teinture noire est la plus solide que l'on connaisse pour le coton, et le prix n'en est pas élevé, 1 fr. 65 c. l'aune, 5/4 pleins. La fabrique de M. Curtel se fait remarquer par la bonne qualité des tissus, et par la fidélité de leurs largeurs, qui sont toujours telles que le fabricant les annonce,

sans aucune réduction. Elle sera citée avec éloge, dans le rapport du jury.

641 (1182). Le second restaurateur des effets d'habillement en laine, est M. *Dier*, à Paris, rue St.-Honoré, n° 129, entre les rues des Poulies et de l'Arbre-Sec. Son établissement est un des plus anciens dans cette partie. Comme ses deux confrères, il donne l'apparence du neuf aux vêtemens de laine, vieux, tachés, fanés, etc. Le jury le mentionnera honorablement, dans son rapport.

642 (1690). A la 3e section du troisième chapitre, et sous le n° 252 du Musée, nous avons dit que MM. Gamot frères et Eggena, inventeurs de la teinture à réserve sur soie, en avaient indiqué et abandonné l'exploitation à MM. L. *Durand* et compagnie, qui s'y livrent dans deux établissemens, l'un à Lyon, et l'autre à St.-Just-sur-Loire. C'est effectivement des écharpes et des châles de soie, teints à la réserve, qu'exposait cette dernière maison. Les couleurs en ont été trouvées si belles, et si remarquables sous tous les rapports, que le jury lui a accordé la médaille d'argent.

643 (47). M. *Faure*, fils aîné, rue des Orfèvres, n° 2, à Paris, avait dans son exhibition, des laines filées teintes par gradation de nuances, à l'instar de celles qui sont employées par la manufacture des Gobelins. Nous y avons trouvé de l'éclat, la gradation bien ménagée, et leur solidité nous est garantie. Cette maison tient aussi les laines courtes et les laines longues, destinées dans cet état à la filature; le feutrage y est évité

avec soin, ce qui ne réussit pas à tous les teinturiers. C'est la garance qu'elle emploie le plus fréquemment, comme matière colorante, la rendant, au moyen de précipités, rouge ou jaune, suivant les besoins qu'elle a de l'une ou de l'autre. M. Faure avait encore exposé des étoffes en pièce, où la couleur était solide.

644 (334). Une mention honorable sera faite, dans le rapport du jury central, des laines teintes par M. *Féau-Béchard*, cloître Notre-Dame, n° 6, à Paris. Il en offrait deux tableaux de 5 pieds de hauteur, sur 4 de large. Dans chacun d'eux, il avait fixé 320 échantillons de laine fine de mérinos, et 90 de cachemire fin. Le premier ne contenait que des couleurs solides, sans mélange ni avivage en faux teint; il y avait des roses et des cramoisis bon teint, obtenus par l'emploi de la laque-laque substituée à la cochenille. Les couleurs du second tableau, étaient moins solides, mais leur mérite résultait d'une grande vivacité de nuances, et de la modicité des prix.

645 (1815). M. *Gervais*, à Caen, y exploite trois établissemens hydrauliques, sur la rivière d'Orne. Leur destination est de produire le fil de coton qu'il teint, avant la filature, soit en bleu, soit en noir, et qui est rendu, par des mélanges, particulièrement propre à la fabrication de la bonneterie. Ses ateliers de teinture en fournissent, par semaine, environ huit mille livres, du n° 16 au n° 50. A raison de leur importance, le Roi les honora de sa visite, en 1833. Par la même considération, et par celle des bonnes qualités des cotons

filés teints que présentait M. Gervais, le jury lui a décerné la médaille de bronze.

646 (2368). Une connaissance profonde de la théorie de l'art de la teinture; une grande habitude de sa pratique; une série innombrable d'essais destinés à en multiplier et varier les applications; un long voyage entrepris dans le double but de les étendre, d'une part, d'en constater avec précision les résultats, d'y ajouter des perfectionnemens et, de l'autre, de procurer à notre industrie, à force d'études et de recherches, des matières tinctoriales nouvelles et de lui en indiquer l'emploi; un séjour de quatre ans passés à cet effet aux Indes-Orientales: voilà ce qui distingue l'Exposant dont nous allons parler, M. *Gonfreville* fils, manufacturier-chimiste à Déville (1), près Rouen, ancien élève de l'école de teinture des Gobelins, membre de la Société d'Encouragement, et de la Société industrielle de Mulhausen, etc. — Son père lui a ouvert avec talent, la carrière où il marche lui-même avec gloire; une blanchisserie bertholienne, des teintureries pour teindre le coton en rouge d'Andrinople, une usine à moudre la garance et à effiler les bois de teinture, une filature de coton et une manufacture d'indiennes, ont été fondées successivement dans la vallée de Déville, à Darnetal, à Lescure et à Maronne, par M. Gonfreville père, qui a reçu la médaille d'argent, à

(1) Petite ville très industrielle, à 2 kil. de Rouen, et où se trouvent des fabriques d'indiennes, de produits chimiques, des blanchisseries, etc. — 3,183 habitans.

l'Exposition de 1806. — C'est en 1827, que M. Gonfreville fils, s'est rendu dans l'Inde, où il est resté jusqu'à la fin de 1830 : les observations qu'il y a recueillies, les expériences auxquelles il s'y est livré, principalement sur les matières colorantes fournies par ce pays, ont été l'objet de mémoires instructifs adressés par lui au département du Commerce et à celui de la Marine. Antérieurement, et comme il a été prouvé par les Expositions de 1819 et 1823, il avait déjà marqué sa place parmi nos teinturiers les plus habiles. Lors de la première, la médaille d'argent lui fut décernée, pour des cotons teints solidement, d'une manière unie et brillante, en rouge, rose et violet; à la seconde, il obtint la médaille d'or, pour une suite considérable de fils de coton teints dans les couleurs les plus éclatantes, parmi lesquelles on distingue celle approchant de l'écarlate, la couleur olive et la couleur aurore. — M. Gonfreville fils, n'a certainement pas dégénéré depuis lors. On était loin de le penser, en examinant les 423 échantillons de coton qu'il a présentés au concours de 1834, et qui étaient teints avec quinze nouvelles substances colorantes indigènes ou exotiques. Cependant, le jury central ne les a jugés dignes que d'une mention honorable. Rapprochée des distinctions précédentes, la dernière paraît légère et de peu de prix ; mais, dans leur rapport définitif, MM. les membres du jury déclareront sans doute que la mention honorable s'applique uniquement aux nouveaux produits de M. Gonfreville fils, et qu'elle a été accordée sans préjudice à la médaille d'argent et à celle d'or délivrées, en 1819 et 1823, pour des produits différens, médailles qu'il continue de mériter : elles lui restent d'autant mieux acquises qu'en 1832, la Société d'Encouragement l'a honoré de sa médaille d'or de 1re classe.

647 (1436). M. *Hamelin*, à Paris, rue Saint-Denis, n° 264, où il vend en gros des soies en botte pour la passementerie, la mercerie, la broderie, la ganterie, les nouveautés, etc., des boutons, lacets, tresses et ganses de soie, a eu l'heureuse idée de former aux Andelys, une fabrique qui occupe environ cent ouvriers. Il y fait dévider, en peu de temps, des soies qui sont ensuite teintes en diverses couleurs, suivant les commandes qu'il a reçues. La teinture de celles qu'il avait mises au concours, étant très soignée, le jury lui a décerné la médaille de bronze.

648 (1363). Les échantillons de teinture de M. *Jolly*, rue Saint-Martin, n° 238, à Paris, n'avaient rien de remarquable; ils nous ont toutefois paru être d'une bonne exécution.

649 (2135). Cette observation s'applique aux cotons filés teints, envoyés de Lille, par M. Denis *Joly*.

650 ( ). Dans le § 1er de la 2e section du premier chapitre, et sous le n° 57 du Musée, il a été dit que MM. Cunin-Gridaine et J.-B. Bernard, de Sedan, avaient parmi les draperies composant leur exhibition, deux coupes de casimir, bleu clair et bleu foncé, à reflets très riches, teintes sans indigo ; nous avons ajouté qu'elles sortaient des ate-

liers de MM. *Merle* et *Malartic*, qui ont leur teinturerie à Saint-Denis. C'est par le prussiate de fer qu'elles avaient été traitées. Le moyen n'est pas nouveau, et le mode de son emploi peut être susceptible de perfectionnement; mais dans son état actuel, on lui reproche l'inconvénient de ne pas égaliser complétement la couleur, et de ne pas imprimer aux tissus une teinte partout la même et d'une seule et unique nuance. Cependant, le jury central voulant encourager les efforts de MM. Merle et Malartic, a arrêté qu'il les mentionnera honorablement.

651 (2366). Le 31 mai 1833, il a été délivré un brevet d'invention de cinq ans, à M. *Philippe*, teinturier à St.-Quentin, ayant un autre atelier de teinture à Darnetal (Seine-Inférieure), pour des moyens et procédés propres à désoxigéner l'indigo. Ces procédés et moyens nous sont connus, l'inventeur ayant bien voulu nous les communiquer. Sans en donner ici la description, qui serait un peu longue, il suffira d'en indiquer les effets : ils consistent essentiellement, l'indigo étant dépouillé, par leur emploi, de son oxigène, à prévenir tout dépôt dans la cuve qui n'est plus sujette à se troubler. Les fils et tissus de coton que l'on y met en teinture, reçoivent, en conséquence, une teinte plus belle, plus unie, plus solide, résistant mieux à l'action de l'air et au lavage; lorsque la cuve vieillit, cette teinte reste la même, et ne va pas en s'affaiblissant comme par l'ancienne méthode. A l'aide de quelques modifications légères, les procédés de l'invention de M. Philippe s'appli-

quent à la teinture de la soie, et la rendent plus sûre, avec économie de temps, et avec une plus grande perfection. Il les a aussi employés à teindre la laine, et ses essais qui n'ont eu lieu que sur une petite échelle, ont réussi. Nous désirons qu'il ait autant de succès en grand. Quoi qu'il en puisse être, le paquet de coton filé teint en nuance bleu pâle qu'il avait envoyé à l'Exposition, couleur qui porte le nom de *bleu Philippe*, était d'une teinte argentée, très unie et agréable à l'œil. M. Philippe sera cité avec éloge dans le rapport du jury.

652 (1930). MM. *Poulain-Dubois* et Ce, ont formé à Pondichéry (1), un établissement pour la fabrication des étoffes de coton, en l'appropriant aux usages des habitans de ces contrées lointaines. Ils ont voulu que ses produits figurassent parmi ceux qui, de toutes les parties du territoire continental de la métropole, avaient été réunies sur la place de la Concorde; c'était des toiles de coton bleues dites guinées, qu'ils y présentaient, et qui attiraient d'autant plus l'attention, qu'elles avaient été fabriquées et teintes à une énorme distance de Paris. Le jury a arrêté que MM. Poulain-Dubois et Ce seront mentionnés honorablement dans son rapport.

653 (320). Encore un exposant restaurateur de vieux habits; c'est le troisième et dernier de ceux

---

(1) Ville maritime à 35 lieues de Madras, chef-lieu des établissemens français dans les Indes. — On y trouve des fabriques de toiles peintes, de mouchoirs communs, de basin, organdis. — Les eaux y sont excellentes pour les teintures.

que nous avons annoncés. M. *Schlinder*, rue de Seine-St.-Germain, n° 23, à Paris, s'est fait, dans cette subdivision ou spécialité de l'art de la teinture, une réputation qui s'accroît de jour en jour. Avec des vêtemens remis à neuf, il exposait des draps teints en pièce. Le jury le citera avec éloge, dans son rapport.

654 (1029). Parmi tous les chimistes et fabricans qui se sont occupés du perfectionnement des moyens de teindre les lainages avec le prussiate de fer, il n'y en a point qui ait montré autant d'ardeur et de persévérance que M. *Souchon*, rue Bleue, n° 19, à Paris. MM. Merle et Malartic, dont nous avons parlé sous le n° 650, ne sont venus que long-temps après lui. C'est en 1821, que M. Souchon commença ses recherches et ses expériences. Déjà en 1823, il les avait portées assez loin pour obtenir la médaille de bronze. Celle d'argent lui fut accordée en 1827, et le jury déclara, en la lui accordant, que si le procédé eût subi l'épreuve du travail en grand dans les fabriques de drap, il aurait décerné, sans hésitation, la médaille d'or. — Aujourd'hui, M. Souchon se représente avec sa teinture perfectionnée, qu'il appelle teinture métallique au prussiate de fer, et que depuis quelque temps, le ministre de la guerre fait essayer pour l'habillement des troupes, comparativement au drap teint à l'indigo. Il y joint des échantillons de teinture de laine au chromate de plomb; c'est un jaune superbe et du plus vif éclat, du prix de celui de la gonde qu'il surpasse de beaucoup, et d'une solidité au moins tri-

ple de celle de cette couleur végétale. M. Souchon nous annonce que son jaune est aussi en service d'essai à l'armée. — En attendant que des épreuves soutenues, long-temps répétées et de résultats incontestables, ne laissent plus de doute sur le mérite de cette couleur et de celle au prussiate de fer, le jury de 1834 a pensé que leur auteur est toujours digne des distinctions qu'il a obtenues en 1823 et 1827. — Nous retrouverons cet habile manufacturier-chimiste dans notre chapitre vingt-cinquième, qui traitera des produits des arts chimiques.

655 (1452). M. *Vallery* (Charles), à St.-Paul-sur-Risle (1), département de l'Eure, avait envoyé des bois de teinture préparés pour être mis en cuve. Cette préparation lui a fait obtenir la médaille d'argent.

656 (2234). S'il nous a été agréable de placer presqu'au commencement de cette section, un des plus habiles teinturiers de la capitale, M. Beauvisage, nous n'avons pas moins de plaisir à la terminer par un de ceux qui tiennent, à Lyon, le premier rang. M. *Vidalin* a prouvé, au concours de 1834, que dans cette dernière ville, l'art de la teinture est maintenu à une haute supériorité. Ses ateliers sont vastes; ils occupent habituellement, environ 150 personnes de tout âge et de tout sexe. On y trouve réuni ce qui est souvent séparé ailleurs : la pièce que le tisserand remet, est teinte, tondue, flambée ou grillée, épincetée,

(1) On y fait le commerce de bois de teinture. — 444 habitans.

en un mot apprêtée complètement, et ne sort qu'en état d'être immédiatement versée dans le commerce. C'est un grand avantage pour la prompte exécution des commandes; il y a, en outre, économie de temps. — La teinture des soies en botte, et celle des fils de laine, de coton, et de thibet en flottes ou écheveaux, font partie des travaux de M. Vidalin; mais il se livre principalement à la teinture des tissus en matière pure ou mélangée. Pour ceux en matière pure, les procédés sont bien connus, et il n'est pas difficile d'en faire l'application : on opère avec un peu plus de difficulté sur les mélanges, lorsque, par exemple, la chaîne est en soie et la trame en laine, la teinture de ces matières exigeant des substances tinctoriales, des mordans et des températures qui ne sont pas les mêmes. Ce qui était extrêmement difficile, c'était de teindre en nuances uniformes et parfaitement harmonisées, des matières diverses filées ensemble, comme dans le thibet la laine et la soie. M. Vidalin y est parvenu, avec un bonheur qui n'a été que le produit de son talent; c'est à son habileté et à ses soins que la ville de Lyon est redevable, en grande partie, de l'extension de son commerce en étoffes mélangées : il y imprime aujourd'hui des couleurs tellement homogènes, que leur beauté rivalise avec celle des plus belles teintures des soies et des laines pures. Ses prix sont, d'ailleurs très modérés, et on en conçoit facilement la modération d'après tout ce que nous venons de dire. — Il allait nous échapper que, durant le cours de l'Exposition, il a réuni à ses précédens envois, des échantillons de tissu pour manteaux, qui étaient joliment teints en deux couleurs opposées. — Le jury n'a pas hésité à décerner la médaille d'argent, à M. Vidalin.

Revoyez quelques articles qui se rapportent à la teinture, dans les parties accessoires aux exhibitions de MM. Gamot frères et Eggena, n° 252 du Musée; Thomas frères, n° 275; Bonpart-Laruelle et Olry, n° 426; et Teyssier père et fils et Zetter, n° 437.

2e SECTION.

Apprêts et Blanchîment.

Il y a beaucoup de teinturiers qui sont, en même temps, apprêteurs.

Le blanchîment qui, en général, est appliqué aux tissus, s'y réunit souvent à l'apprêt, avec lequel il s'étend aussi à des objets différens. Pour y soumettre les toiles de chanvre ou de lin, la grande variété des étoffes de coton, etc., on a créé des établissemens dont plusieurs ont une grande importance. Nous rappelons à ce sujet ce que nous avons dit, chap. 6, sous le n° 387, de la blanchisserie ajoutée par MM. Seillière Provensal et fils, à leur filature de coton située à Senones, appelée filature de Saint-Maurice, département des Vosges; et sous le n° 401, de l'atelier de blanchîment de tulle que M. Lefort a fondé dans sa fabrique du Grand-Couronne, près Rouen.

Rappelons encore que nous avons placé au 1er § de la 3e section du sixième chapitre, MM. Macculoch frères, habiles apprêteurs de mousseline à Tarare.

657 (1043). MM. *Achart* et Ce, exploitent à Paris, rue du Renard-Saint-Sauveur, n° 12, un établissement d'épuration et d'assainissement des laines, plumes, édredons, duvets, etc.; ils sont brevetés fournisseurs pour la literie et l'intérieur des siéges du mobilier de la couronne, des châteaux royaux, et de l'infirmerie de la maison du Roi. L'effet de leurs épurations dépend d'un mécanisme et de procédés éprouvés depuis long-temps, qui ont le double avantage de ne laisser aucune odeur désagréable à la plume, et de rendre à la plus vieille, par le blanchîment et l'apprêt, l'éclat et le moelleux de la neuve; entre leurs mains, la vieille laine reprend également son élasticité, et la neuve entièrement dégagée de corps gras, d'odeur et de poussière, fait un plus long usage. Les crins, le duvet, l'édredon, etc., sont aussi traités et préparés ou restaurés par ces moyens, et avec autant de succès. — Dans cette partie de l'Exposition, les récompenses et distinctions accordées par le jury, ont été rares et légères. Nous ne voyons pas cependant pourquoi MM. Achart et Ce n'en ont point obtenu, pas même une citation comme M. Tassin, leur concurrent, dont nous parlons plus bas.

658 (1729). Des duvets bien épurés et bien apprêtés, avaient été fournis par madame veuve *Laurent* et fils, de Montauban. Ceux dits extra-superfins, paraissaient propres à remplacer l'édredon; cependant ils provenaient, comme les autres, des

oies qu'on élève dans le Midi. La maison veuve Laurent et fils a deux moulins à voiles et à cylindres pour préparer ses duvets : ils y acquièrent toutes les qualités désirables, moelleux, souplesse, élasticité, légèreté, propreté. Le rapport du jury les citera avec éloge.

659 (1162). Nous ne connaissons pas le procédé de blanchîment et d'apprêt des dentelles, blondes et tulles, qu'emploie madame *Lepaige*, rue Regratière, n° 12, à Paris. A le juger par ses résultats, il doit être excellent : en effet, son auteur ne faisant usage ni de soufre ni d'épingles, conserve le réseau, le dessin et le picot des dentelles et des tulles, dans leur état primitif; les blondes qui y sont soumises, gardent aussi plus long-temps leur blancheur. Ce procédé est applicable à l'apprêt des blondes neuves, et à la restauration des vieilles. Un immense avantage qu'il offre d'ailleurs, est celui de l'économie : elle est de 50 pour o/o. Ne soyons donc pas surpris si madame Lepaige ne peut suffire aux demandes qui lui sont adressées, et s'il lui en vient même du Brésil. Elle se charge de toute espèce de réparations en fait de blondes, dentelles et tulles.

660 (1173). C'est le même genre d'industrie qu'exerce la demoiselle *Ravinet*, rue du Paradis-Poissonnière, n° 15, à Paris. Toutefois, ses moyens sont différens : elle fait servir la vapeur au blanchissage et à l'apprêt des dentelles, blondes et broderies, en conservant, suivant les expressions de son prospectus, leur beauté primitive et sans altérer la qualité.

661 (1367). Madame *Rey*, à Paris, rue de la Paix, n° 8, n'apprête et ne blanchit que les blondes de soie noires ou blanches. Elle a succédé à madame Choffin qui, admise à l'Exposition de 1823, y fut citée avec éloge. C'est encore par un procédé spécial qu'opère madame Rey qui, ne le divulgant pas, s'en réserve l'emploi exclusif : elle assure qu'il n'y entre ni soufre ni vapeur, et garantit qu'il n'altère aucunement le satin ni les fleurs du tissu.

662. (534). Nous avons dit, sous le n° 657, concernant MM. Achart et Ce, qu'une industrie semblable à la leur est exploitée par M. *Taffin*, qui a son établissement à Paris, rue St.-Denis, n° 303; il y a été dit également, que ce dernier sera cité avec éloge, dans le rapport du jury. Comme MM. Achart et Ce, M. Taffin épure les laines, les plumes, crins, duvets, édredons, etc., et vraisemblablement par des moyens identiques ou au moins analogues.

663 (867). Il est impossible de s'expliquer ni en bien ni en mal, sur la machine à plisser le linge, de M. *Trintzius*, rue du faubourg Montmartre, n° 11, à Paris. C'est en vain que nous lui avons demandé, à diverses reprises, des renseignemens sur les effets qu'elle produit, et sur les avantages dont l'expérience lui aurait prouvé qu'elle est susceptible. A nos invitations réitérées, il a constamment opposé le plus profond silence. Néanmoins, nous avons cru devoir rechercher si elle est brevetée d'invention? Recherches inutiles : les catalogues publiés par l'Administration sur les bre-

vets, ne nous en ont rien appris. Force nous est donc de nous borner à mentionner ici, et en quelque sorte à enregistrer purement et simplement, la machine à plisser le linge de M. Trintzius, dont il ne sera pas question dans le rapport du jury.

664 (437). Déjà parmi les Exposans de 1834, nous avons signalé sous les nos 659, 660 et 661, trois dames ou demoiselles qui blanchissent et apprêtent les dentelles, blondes, tulles, etc. En voici une quatrième : c'est madame *Victor*, rue du Caire, n° 9, à Paris, qui se livre d'une manière spéciale au blanchissage et à l'apprêt des blondes et des crêpes. Elle emploie à cet effet la vapeur, procédé que rejettent et même décrient deux de ses concurrentes. Il ne nous appartient pas de prendre parti entre ces dames : les personnes qui ont recours à leurs talens, peuvent seules prononcer.

665 (1171). Une machine à laver le linge, que son inventeur, M. *Winter*, rue de Vanvres, chaussée du Maine, à Montrouge, a fait breveter pour 15 ans, le 7 octobre 1833, et qu'il a postérieurement rendue applicable à d'autres usages, notamment au lavage des étoffes, de quelque nature et de quelques dimensions qu'elles puissent être, nous a paru propre à atteindre le double but qu'il avait en vue. Le breveté garantit qu'elle opère avec une rapidité étonnante et avec une facilité extrême, sur de grandes masses de linge ou de tissus, sans fatiguer les personnes qui la font mouvoir ; et qu'elle procure beaucoup d'économie sur les matières qui servent à savonner ou à

blanchir. En y apportant de légères modifications, M. Winter l'applique au battage des grains, et au teillage ou au broiement du chanvre. Son prix est de 400 fr. et au-dessous, selon sa force et sa grandeur. — Le jury n'ayant pu l'apprécier parce qu'il n'a pas été témoin de ses effets, nous renvoyons ceux qui désireraient de s'en approprier l'usage, à l'inventeur qui leur en donnera une plus ample connaissance, et leur en expliquera la structure, le jeu et les produits.

TREIZIÈME CHAPITRE.

IMPRESSIONS SUR TISSUS.

Les impressions sur étoffes de laine qui ont été admises à l'Exposition, et notamment celles en relief, étaient exécutées avec beaucoup de soin. D'autres applications de l'art d'imprimer les tissus, ont fixé l'attention publique : nous citerons les foulards de soie vaporisés, enluminés, garancés, et les mouchoirs de batiste à bords imprimés et à fond blanc. Mais les impressions sur tissus de coton, ont fait des progrès encore plus notables. Les toiles peintes de Mulhouse, enlevaient tous les suffrages; rien ne peut y être comparé, pour la grâce, l'originalité et la légèreté des dessins, ni pour le bel assortiment des couleurs. Est-ce à l'exemple de leurs producteurs ingénieux, que nos autres fabriques du même genre, et les manufactures de Vizille, Bourgoin, Chantilly, Bièvre, Puteaux, Clayes, etc., se sont aussi avancées vers la perfection? Chacun en a fait la remarque avec plaisir.

Quoique nous divisions ce chapitre qui se lie étroitement au douzième, en autant de sections qu'il y a de tissus susceptibles d'être imprimés, savoir ceux de laine, de soie, de coton, et de fil de lin, ces diverses sortes d'impression ne sont pas tellement séparées qu'un imprimeur ne les réunisse dans l'ensemble de ses travaux, et ne se livre à leur exercice simultané ou habituellement, ou parfois d'une manière accidentelle. On ne sera donc pas surpris de trouver dans nos articles, de semblables réunions. Après cette observation qu'il ne faut pas perdre de vue, nous entrons dans le détail des tissus imprimés qui figuraient sous le troisième pavillon de la place de la Concorde.

1re SECTION.

Impressions sur étoffes de laine.

666 (823). M. *Gobert*, rue Servandoni, n° 13, à Paris, fut cité avec éloge dans les rapports des jurys de 1823 et 1827. Sa fabrication s'est beaucoup améliorée depuis cette dernière époque : l'huile qu'il emploie, est surtout devenue plus incolore, et parfaitement siccative, ce qui produit un coloris plus beau, et permet de l'appliquer aux tissus les plus minces, sans en altérer la souplesse. Ainsi que le démontrait son exhibition, il imprime sur draps, velours, etc., pour meubles, dais, chasubles et autres ornemens d'église, costumes de théâtre, et pour une multitude d'articles de mode et de fantaisie. Les avantages qu'offrent ses impressions, consistent dans la solidité des couleurs que n'attaquent ni l'action de l'air, de la lumière et du soleil, ni celle de l'humidité ; dans les dessins qu'il varie à l'infini, sans augmentation sensible de frais ; dans la promptitude d'exécution, la modération des prix, la perfection, la délica-

tesse du travail, etc. Le rapport du jury de 1834, mentionnera honorablement M. Gobert.

667 (1045). Les impressions sur étoffes de laine, de M. *Lhotel*, rue des Forges, n° 3, à Paris, étaient remarquables ; à leur aspect, on était frappé de la saillie des reliefs, et de la netteté des couleurs. Elles ont obtenu la médaille de bronze.

668 (1085). Celles de M. *Lucian*, rue Coq-Héron, n° 8, à Paris, produisaient le même effet sur les spectateurs ; les qualités n'en étaient pas différentes. Leur producteur a reçu la médaille de bronze, comme M. Lhotel, son rival.

669 (759). Sans s'élever à une perfection aussi haute, les impressions sur étoffes de laine, de M. *Meyer*, rue du Sentier, n° 1, à Paris, avaient tout le mérite d'une bonne exécution. Le jury les citera avec éloge, dans son rapport.

670 (952). Même distinction à MM. *Morand* et *Socquet*, rue St.-Honoré, n° 97, à Paris. Leurs impressions en relief, imitant la broderie, s'appliquent à tout ce qui concerne l'ameublement, aux tapis de table quelles qu'en soient les dimensions, aux tables de jeu, aux tapis de pianos, aux canapés, divans, dormeuses, méridiennes, fauteuils, etc.; elles servent encore pour les châles, manteaux et les objets de fantaisie. MM. Morand et Socquet font rechercher leurs produits, parce qu'ils réunissent toujours ce qu'il y a de plus nouveau dans ce genre d'industrie.

On a déjà vu, 3e section du 5e chapitre, et 2e section du 8e, des impressions en relief sur draps ou tapis, dans les exhibitions de MM. Caron-Langlois, Audin, et Trotry-Latouche, sous les numéros 318, 482 et 483 du Musée; il y en aura aussi au 14e chapitre, notamment à l'article de M. Polle-Deviermes, de Beauvais.

2e SECTION.

Impressions sur tissus de soie.

671 (1481). M. *Augan*, à Sèvres, département de Seine-et-Oise, exposait des tissus de soie imprimés avec goût; il y avait joint des impressions sur châles, et sur tissus de coton. Le tout sera cité avec éloge, dans le rapport du jury central.

672 (148). A Beaugrenelle, près Paris, il existe une fabrique d'impression sur tissus de soie et sur tissus de laine. Elle a été fondée par MM. *Herbelot* fils et *Genet-Dufay*, qui la dirigent avec beaucoup d'intelligence, employant pour leurs dessins, M. Couder, M. Braun et autres habiles dessinateurs. Ils avaient fait admettre à l'Exposition, des robes et des foulards sur soie. On y remarquait la bonne disposition et l'éclat des couleurs dites *vaporisées*, la beauté et la solidité des nuances des foulards *garancés*, et la parfaite exécution de ceux qu'on appelle *mandarinés*, dont les couleurs sont tellement solides qu'elles résistent à toutes les lessives, même à celle de la potasse : ce dernier article était nouveau, et livré pour la première fois au commerce. Le rapport du jury mentionnera honorablement MM. Herbelot fils et Genet-Dufay.

673 (150). En 1823, M. *Kurtz*, qui était alors établi à Rouen et associé de M. Néron jeune, obtint

avec lui la médaille d'argent, pour des foulards très beaux et très solides.—Ayant fondé à Beaugrenelle, un établissement qu'il y exploite seul, il a exposé, en 1834, des impressions sur soie et des impressions sur coton; on y remarquait des roses, des gris, des rouges-garance et des carmélites, couleurs qui, sur le coton, ne sont fixées solidement qu'avec beaucoup de difficultés. — Sa dernière exhibition n'était certainement pas inférieure à celle de 1823 : le jury a dû, en conséquence, rappeler la médaille d'argent par lui reçue, en société avec M. Néron jeune. Cependant, il n'en aurait pas fait mention dans le rappel de ces médailles, si la liste qui en a été publiée est exacte et fidèle. Nous avons lieu de croire que c'est une omission qui sera réparée par le rapport définitif du jury.

674 (1920). Des madras et des cravates composaient la plus grande partie de l'exhibition de M. *Risler-Reber*, à Ste.-Marie-aux-Mines (Haut-Rhin). On y voyait, en outre, des guingamps, des mousselines imprimées, etc. Cette maison, que le jury citera avec éloge dans son rapport, travaille surtout pour l'étranger où elle fait des envois considérables.

Avant de passer à la 3e section de ce chapitre, nous renvoyons à la 3e section du chapitre troisième, où, parmi les soieries de Lyon et de Nîmes, on a dû remarquer diverses impressions sur soie.

3e SECTION.

Impressions sur tissus de coton.

Nos deux centres principaux de fabrication pour les toiles peintes et les indiennes, sont Mulhausen et Rouen. C'est ce qui nous fait placer au commencement de la présente section, d'abord la première de ces deux villes, et ensuite la seconde : l'une et l'autre seront suivies des établissemens du même genre situés ailleurs, qui ont pris part à l'Exposition, et qui ne sont pas non plus sans importance.

MULHAUSEN ET LE HAUT-RHIN.

En abordant la fabrication des toiles peintes de Mulhausen, nous ne laisserons pas échapper l'occasion qui se présente de donner quelques détails sur les travaux industriels de cette ville si connue dans les deux mondes, foyer toujours ardent de l'industrie alsacienne ; il nous paraît convenable d'y joindre sur ceux des autres parties du département du Haut-Rhin, qu'elle contribue puissamment à vivifier, des détails pleins d'intérêt que nous devons à l'obligeance des membres distingués du jury d'admission du même département.

Déjà, à la 1re section du premier chapitre, nous avons mentionné les draperies qui sont faites, à Mulhausen, par la maison Mathieu Mieg et fils, et à Bülh, par MM. Thyss Stephan et Ce. A ce que nous avons dit de cette branche, il faut ajouter que Mulhausen produit une sorte de lainages d'autant plus précieuse qu'elle alimente les fabriques de toiles peintes et d'indiennes non-seulement du Haut-Rhin, mais encore des diverses parties de la France, de la Suisse, de l'Allemagne et de la Russie ; ce sont les draps servant à l'impression au rouleau, qui ont toutes les qualités désirables pour cet emploi. Les manufactures qui les fournissent, toutes établies à Mulhausen, sont au nombre de cinq et, chaque année, il en sort mille pièces environ, de 35 à 40 aunes la pièce, d'une valeur de huit cent mille francs, résultat du travail de 350 ouvriers.

Nous avons aussi parlé au 1er § de la 1re section du cinquième chapitre, de la conquête que le département du Haut-Rhin a faite de la filature mécanique du lin et du chanvre, que M. J.-B. Leclaire, secondé par l'intelligence et le courage de M. Vetter (Jean), de trop regrettable mémoire, a introduite à Kaisersberg.

La filature du coton nous a encore occupés dans le sixième chapitre, 1re section, tant pour Mulhausen, que pour le département du Haut-Rhin, et pour les parties adjacentes des départemens limitrophes. Cinq des principaux filateurs de ce premier département, MM. Bourcard (Camille), Hartman (Jacques), Heilmann frères, Herzog (Antoine) et Nicolas Schlumberger et Ce y sont inscrits sous les nos 377, 378, 379, 380 et 381. Leurs établissemens, réunis à ceux qu'embrasse la même circonscription territoriale, s'élèvent, comme nous l'avons dit, au nombre de 56, et renferment près de 700,000 broches : ils consomment annuellement environ 6,500,000 kilogrammes de coton d'Egypte ou d'Amérique, produisant 6 millions de kilogrammes de filés, et occupent 18 mille individus des deux sexes. La matière brute pouvant être évaluée à 18 millions, et les filés à 35, il en résulte une différence en plus ou bénéfice de 17 millions, dont une grande partie solde le prix de la main-d'œuvre. Quoique depuis 1827, les circonstances n'aient pas toujours été favorables aux filateurs de coton d'Alsace, notamment en 1828, et en 1830-1831, ils ne sont pas restés stationnaires; elles les ont même portés à faire mieux et plus économiquement : c'est un double avantage qu'ils doivent à la perfection des machines à filer qui s'exécutent dans les ateliers de construction du Haut-Rhin, à des simplifications dans les procédés de préparation du coton, et au remplacement des lanternes et des métiers en gros, par l'usage des bancs à broches.

Dans notre même sixième chapitre, 3e section, il a été question, sous les nos 413, 414, 415, 416, 417, 418, 419 et 420, de huit maisons alsaciennes qui fabriquent les tissus de coton tels que calicots, percales, mousselines, etc., et dont trois font aussi les toiles peintes, savoir MM. Dolfus Mieg et Ce, no 414, Gros Odier Roman et Ce, no 415, et Hausmann frères et Ce, no 417. Cette fabrication de tissus en blanc, est également devenue plus parfaite par la multiplication des mécaniques à tisser qui excèdent trois mille, et par celle des machines à parer qui dépassent deux cents : elle fait vivre 55,000 ouvriers, et verse annuellement dans le commerce 920,000 pièces qui, au prix moyen de 28 fr., s'élèvent à 25,760,000 fr., sur lesquels 9,650,000 sont le prix de la main-d'œuvre ou acquittent les frais généraux de fabrication. Un produit nouveau est venu augmenter cette masse de richesses créées par le tissage; c'est le chalys qui s'exécute actuellement dans la ville de Mulhausen, avec beaucoup de perfection et de succès.

Arrivant à ce qui est l'objet spécial de la section où nous sommes entrés, à l'impression des tissus de coton, il nous est impossible de décrire les innombrables variétés des produits de cette branche étendue de l'industrie alsacienne. Si, à l'exemple du jury d'admission du département du Haut-Rhin, nous les distribuons en six classes, les qualités qu'ils réunissent nous forcent à reconnaître que les impressions au rouleau, à une couleur, surtout dans le genre appelé miniature, offrent une extrême délicatesse de dessin et une netteté parfaite d'impression, effets dûs aux perfectionnemens qui ont été apportés à la gravure des rouleaux; que les impressions au rouleau, à deux couleurs, pourraient y être comparées, si elles ne s'appliquaient pas en général aux tissus communs, et souvent en faux teint; que le genre fantaisie riche sur calicot et percale, a fait d'immenses progrès, sous le triple rapport de la solidité des couleurs, de leur éclat, et de la netteté de la gravure et de l'impression; que le genre meuble n'a pas acquis moins de perfection par la pureté du dessin, la vivacité et le brillant des couleurs, et par des nuances à larges effets; que les mouchoirs et châles imprimés, quoique la fabrication en soit restreinte, ont participé à la marche progressive; enfin, que l'impression des mousselines rassemble toutes ces perfections au degré le plus haut, ce qui, joint à l'amélioration qu'elles ont reçue par les bandes satinées, les fait rechercher généralement et même en Angleterre. Le nombre des pièces imprimées en 1834, dans le Haut-Rhin, sur calicot, percale et mousseline, a été évalué à 720,000, représentant une valeur de quarante-trois millions, desquels déduisant vingt millions, prix des tissus, il est resté vingt-trois millions pour frais généraux de fabrication et pour main-d'œuvre. Dix-huit mille ouvriers des deux sexes, sont employés à ces impressions, et à celles des tissus de soie, de laine, de soie et laine, etc., tels que foulards, chalys, mousselines de soie, thibets, etc., que des fabricans de toiles peintes ont introduites dans leurs ateliers.

Il y en a vingt mille autres occupés par les fabriques où l'on met en couleur les tissus de coton, et notamment les mouchoirs madras, les robes pour les Indes, diverses cotonnades, et les guingams, marchandises qui sont toutes remarquables par la modération des prix. Les madras servent à la consommation d'une grande partie de la France, et remplacent avantageusement, pour l'exportation, les mouchoirs des Indes. Un fond rouge, et des bordures aux deux bouts, distinguent les robes qui sont envoyées aux Indes : elles ne se vendent que 6 à 7 fr. la robe. Les cotonnades diverses en couleurs de fantaisie, sont d'une bonne qualité de tissu : leur solidité, leur bon teint, les font préférer à celles du même genre que d'autres pays fournissent; par leur bas prix, elles sont accessibles à toutes les fortunes. En ce qui concerne les guingams, nous renvoyons au 3e § de la 2e section du sixième chapitre, où nous avons désigné, sous les nos 441, 442, 443 et 444, quatre des premières maisons de Sainte-Marie-aux-Mines, qui en exploitent la fabrication; c'est dans cette ville qu'elle a pris beaucoup d'accroissement, et qu'elle s'est élevée à une perfection qui sera difficilement surpassée. — Les quatre variétés de tissus de coton de couleur, que nous venons de citer, rendent quatre millions en main-d'œuvre par an, absorbent pour deux millions de matières tinctoriales, et pour quatre millions de coton filés. Depuis l'Exposition de 1827, ils se sont enrichis de l'impression sur chaîne avant le tissage.

Pour compléter le tableau que nous mettons sous les yeux de nos lecteurs, ajoutons que le département qui en est le sujet, fabrique des papiers blancs et peints, des pièces d'horlogerie, de la quincaillerie, de la serrurerie fine, etc.; qu'il possède cinq hauts fourneaux, des forges, fonderies, tréfileries, etc., et de précieux ateliers tant pour la construction des machines, que pour la gravure des cylindres qui servent à imprimer, au rouleau, les toiles peintes.

Ses douze papeteries ont 24 cuves, produisent annuellement 50,000 rames de papier, d'une valeur moyenne de 380,000 fr., qui alimentent la consommation locale et emploient 400 ouvriers. Dans ce nombre, nous ne comptons pas celle de

MM. Zuber et Ce, qui ont singulièrement perfectionné la fabrication du papier continu, et tiennent en activité, à Rixheim, une de nos plus anciennes manufactures de papier peint; il en sera plus amplement question dans le chapitre suivant.

La quincaillerie, l'horlogerie, etc. consomment pour 600,000 fr. de matières par année, et leurs produits s'élèvent à deux millions, d'où il résulte un prix de main-d'œuvre de 1,400,000 fr. Ces branches sont principalement concentrées entre les mains de MM. Japy frères, à Beaucourt, qui peuvent avoir des rivaux en Europe, mais point de supérieurs, et dont on trouvera dans notre chapitre dix-septième, l'article spécial que nous devons leur consacrer.

Il n'y a rien à remarquer sur la fabrication du fer dans le Haut-Rhin, si ce n'est que ses produits bruts annuels sont de 300,000 kilog. de fonte qui fournit de très bons fers, parmi lesquels celui de Belfort est éminemment propre à la fabrication des armes.

Ce qui mérite surtout l'attention dans cet industrieux département, c'est la construction des machines, et la gravure des cylindres d'impression : l'une et l'autre s'y sont beaucoup étendues et perfectionnées, depuis 1827. Leur extension et leur perfectionnement doivent être attribués au développement des diverses branches de l'industrie cotonnière; le laminage du cuivre, qui s'exécute très bien à Niederbonn, y a aussi concouru. De là, la facilité qu'ont aujourd'hui les fabricans du Haut-Rhin, de faire construire près d'eux, et à des prix raisonnables, des moteurs hydrauliques sur la plus grande échelle, des machines à vapeur de divers genres, et tout ce que la mécanique peut offrir d'utile à leurs travaux. Ils obtiennent également ces avantages, des ateliers de gravure établis à Mulhausen pour les rouleaux d'impression, ateliers en tête desquels marche celui de M. Kœclin-Ziegler, qui trouvera ci-après sa place, sous le n° 676; et ils ne sont pas seuls à y avoir recours : la France presqu'entière et diverses parties de l'Europe y font graver la plupart de leurs dessins.

A ces causes qui ont imprimé une marche progressive à l'industrie dans le département du Haut-Rhin, s'est réunie, d'une part, celle produite par l'instruction devenue plus générale parmi les ouvriers, et, de l'autre, la salutaire influence exercée par la Société industrielle de Mulhausen. C'est le jury d'admission, qui en a fait judicieusement la remarque. « Le rôle d'ouvrier, dit-il, ne se trouve » plus borné à celui de simple machine; beau- » coup font preuve d'une grande intelligence. Il » en est qui ont inventé des appareils fort ingé- » nieux. Les contre-maîtres sont en général des » hommes de mérite. Enfin, les chefs d'établisse- » mens n'ont rien négligé de ce qui pouvait non- » seulement accroître leurs propres connaissances, » mais encore répandre autour d'eux une instruc- » tion large et solide. »

« C'est ici le lieu, ajoute le jury d'admission, » de rendre hommage à la Société industrielle de » Mulhausen, qui est pour l'industrie de notre » département, un centre d'action, un point de

» ralliement. Dans son sein s'élèvent et se développent d'utiles discussions : on y examine les » découvertes nouvelles ; on appelle l'attention sur » celles qui restent encore à faire ; on distribue, on » propose des prix, des encouragemens ; on réalise » enfin...., tout le bien qu'on peut attendre de l'esprit d'association appliqué à des choses utiles. »

Voilà ce qu'il nous a paru intéressant de faire connaître à nos lecteurs sur l'industrie de Mulhausen en particulier, et sur celle du département du Haut-Rhin en général.

675 (92). MM. *Dolfus-Huguenin* et Ce, ayant leurs magasins à Paris, rue des Jeûneurs, n° 1er *bis*, ne se bornent pas à l'impression des toiles peintes d'un genre courant, qui leur ont fait obtenir les succès les plus honorables et les plus solides. Ils impriment sur soie, sur laine, sur batiste et, dans ces diverses espèces, ils s'attachent à produire des nouveautés qui déposent de leur esprit inventif et de leur bon goût. — Le petit pavillon intérieur et isolé qu'ils occupaient à l'angle sud-est du 3e pavillon de la place de la Concorde, qui était décoré avec grâce, attirait constamment les regards des dames, et plus d'une fois les préposés au maintien de l'ordre ont été contraints de prier un grand nombre d'entre elles, de ne pas s'y arrêter trop long-temps. Ce qu'elles admiraient le plus, était 1° un magnifique écran en satin, si parfaitement exécuté qu'on l'aurait pris pour l'œuvre d'un peintre ; 2° une gaze de soie, étoffe de bal, d'une légèreté véritablement aérienne. Tout ce que renfermait le joli petit pavillon, était

ensuite parcouru avec curiosité et intérêt, étoffes de soie gros grains dites pekins, mousselines soie rayée, écharpes de satin fond noir, nuancées de teintes rouges et de teintes roses, foulards imprimés, etc.—MM. Dolfus-Huguenin et Ce avaient reçu une médaille d'argent, en 1823 : le jury de 1834 a déclaré qu'ils continuent à s'en montrer dignes de plus en plus.

676 (1921). C'était des cotonnades de diverses couleurs que présentait M. *Franck* (Alexandre), à Mulhouse; il y en avait de damassées, faites sur le métier Jacquard. Les prix étaient modérés, et l'exécution bonne pour des articles de cette nature. M. Franck a reçu la médaille de bronze.

677 (1908). M. *Gros-Jean Kœclin*, à Mulhausen, a réuni dans sa personne, les deux plus hautes distinctions accordées à la suite de l'Exposition de 1834, la médaille d'or, et la croix de la Légion-d'Honneur. Il suffit de le dire, sans y ajouter aucun autre éloge. Sa maison ne fait que des articles de grande nouveauté sur mousselines, percales et jaconats tissus à cent portées : les couleurs sont toutes solides, et lui assurent des ventes suivies à Paris, et à l'extérieur.

678 (1909). MM. *Hartman* et fils, à Munster. Leur vaste établissement, dont la création remonte à 1776, s'occupe uniquement du tissage et de l'impression des mousselines et des toiles de coton : les unes et les autres y sont tissées sur mille métiers à bras, et par un tissage mécanique comprenant 300 métiers qu'une roue hydraulique met en mouvement; il y a, en outre, des machines à

parer, etc. C'est un total de 1,300 métiers qui produisent annuellement, environ 48,000 pièces, de 32 aunes chaque. — L'impression des tissus est faite de deux manières : à la main, par 200 tables; et mécaniquement, au moyen de trois machines à imprimer avec des cylindres en cuivre. Des graveurs attachés à l'établissement, gravent les cylindres de métal, et les planches de bois. — Outre les teintureries sur l'ancien système, il y en existe une chauffée à la vapeur. — Les ouvriers sont au nombre d'environ 3,000. Le taux moyen de leur salaire, est de 1 fr. 50 c. par jour. — Les plus forts débouchés de MM. Hartman et fils, sont en France; ils expédient aussi en Belgique, en Allemagne, en Italie et aux États-Unis. — La vente de leurs produits a lieu principalement dans les dépôts qu'ils ont formés à Paris et à Lyon. Leurs prix varient depuis 1 fr. 80 c. l'aune pour les genres ordinaires, jusqu'à 4 fr. 75 c. pour les mousselines riches. — Ces messieurs ont obtenu la médaille d'or.

679 (1915). Déjà dans notre notice sur l'industrie de Mulhausen et du département du Haut-Rhin, nous avons dit que M. *Kœclin-Ziegler* tenait un rang distingué parmi les artistes de cette ville, qui travaillent pour l'impression des toiles peintes. Les empreintes de gravures, et les échantillons d'impression sur coton et soie, qu'il avait envoyés au concours, ont prouvé qu'il est effectivement, dans ce genre, un graveur très habile. Aussi, le jury central lui a-t-il décerné la médaille d'argent.

680 (1910). MM. *Kœchlin* frères, à Mulhausen, reçurent la médaille d'or, en 1819, pour des toiles peintes de tout genre. Cette distinction a été rappelée à leur avantage : leur dernière exhibition a démontré qu'ils sont toujours à la même hauteur dans cette branche de l'industrie cotonnière, dont ils ont constamment suivi les progrès.

681 (1911). L'établissement de MM. *Liebach-Hartmann* et Ce, placé à Thann, sur les belles eaux de la Thur, est susceptible d'entreprendre toutes sortes d'impressions, tant à la main qu'à la machine. Plusieurs roues hydrauliques et une pompe à vapeur de la force de 12 chevaux, y servent à exécuter ce qui n'exige pas indispensablement la force de l'homme : le surplus du travail est confié à 400 personnes des deux sexes. Les impressions sont généralement en bon teint : il n'est dérogé à cette pratique, que dans le cas de commandes spéciales. La totalité des tissus divers qui y sont peints annuellement, s'élève à 20,000 pièces, environ 700,000 aunes. Quoique les mousselines, les foulards, etc. qu'exposaient MM. Liebach Hartmann et Ce, eussent été pris parmi leurs articles de fabrication habituelle et courante, ils offraient une grande perfection. Une médaille d'argent leur a été décernée.

682 (1904). MM. *Schlumberger* (Daniel) et Ce, à Mulhausen et non à Lauterbach, comme il a été dit par erreur dans le livret de l'administration, fondèrent leur établissement en 1807. Il réunit la filature, le tissage et l'impression, occupe 1800 ouvriers, et fabrique de 25 à 30,000

pièces d'indiennes fines, par an. Les pièces que cette maison avait exposées, étaient tirées de celles qu'elle destinait aux ventes du printemps. Ce qui les faisait remarquer, c'était la vivacité des couleurs, surtout dans les nuances roses; elles ne cédaient guère en cette partie, au rose si renommé de MM. Hartmann et fils, de Munster. MM. Daniel Schlumberger et Ce ont aussi fait de grands progrès dans le vert et dans le bleu. C'est sans doute ce qui, joint à la beauté de leurs couleurs roses, leur a fait accorder une nouvelle médaille d'argent, par le jury de 1834 : ils avaient déjà reçu la même distinction, en 1819.

683 (1913). C'est de 1826 seulement que date la création de la fabrique de toiles peintes qu'exploitent à Thann, MM. *Schlumberger* jeune et Ce : M. Schlumberger jeune en est seul propriétaire, chef et gérant, ses associés n'étant que de simples commanditaires. Pour l'établir de manière à lui faire atteindre complétement le but de sa destination, il a mis en usage et à profit tout ce que lui avait enseigné l'expérience, et tout ce qui se pratiquait de mieux et économiquement dans les manufactures d'un genre analogue. Comme elle est placée sur les belles eaux de la Thur, un moteur hydraulique, de la force de 30 chevaux, donne le mouvement aux foulons, cylindres, machines à imprimer à une, deux et trois couleurs, daschwels, machines à émouler, essorer, apprêter, etc. Deux chaudières immenses y fournissent la vapeur nécessaire au blanchîment, teinture, séchage et apprêts des étoffes. Il y a 180 tables

pour imprimer à la main, et trois tours à graver les cylindres, dont un a été construit dans les ateliers de la fabrique. Sur un bras séparé de la rivière, la teinture en bleu s'opère dans 18 cuves, par un autre moteur. — Le nombre des ouvriers des deux sexes, est de 500 environ. — Par une suite de divers perfectionnemens, et par l'effet d'applications nouvelles, MM. Schlumberger jeune et Ce, peuvent livrer, tous les ans, au commerce, 30,000 pièces de toiles et mousselines peintes; ils en impriment beaucoup à façon, outre celles qui sont pour leur compte personnel et qu'ils écoulent, non pas seulement en France, mais en Belgique, en Allemagne, en Italie, en Amérique, et même en Angleterre lorsque les dessins sont riches. — La médaille d'argent leur a été accordée, comme à MM. Daniel Schlumberger et Ce que nous avons compris dans l'article précédent.

684 (1903). Il suffit d'énoncer que MM. *Schlumberger-Kœchlin* et Ce, à Mulhausen, ont reçu la médaille d'or; cette énonciation fait assez connaître le mérite des toiles et mousselines imprimées de tout genre, qui composaient leur exhibition.

685 (1912). M. *Thierry-Mieg*, à Mulhausen, et à Paris, rue du Sentier, n° 3, avait reçu deux médailles d'argent, l'une en 1823, et l'autre en 1827, pour la beauté de ses toiles peintes destinées à l'ameublement, tant en uni, qu'en dessins riches, bordures, etc., et de ses indiennes et mouchoirs réservés à la consommation des habitans de la campagne. Pourquoi, en 1834, une troisième médaille d'argent lui a-t-elle été décernée? Il au-

rait semblé suffisant de rappeler la double distinction qu'il avait précédemment obtenue. Nous ne nous tromperons pas sur les motifs de la décision prise à son égard par le jury central, en disant qu'il a été déterminé par les considérations suivantes. D'abord, M. Thierry-Mieg a persévéré avec courage, malgré la concurrence de l'intérieur, de la Suisse et de l'Angleterre, à perfectionner le genre dit rouge d'Andrinople, de manière à faire préférer ses rouges sur tous les marchés. En second lieu, il est parvenu à faire mieux que les autres établissemens d'impression et avec pleine réussite, les enlevages en blanc qui offrent beaucoup de difficultés. Voilà ce qui lui a fait accorder, au dernier Concours, une troisième médaille d'argent.

ROUEN ET DÉPARTEMENT DE LA SEINE-INFÉRIEURE.

Si la ville de Mulhausen et le département du Haut-Rhin sont, comme il a été dit, un des deux centres de notre industrie cotonnière, l'autre se trouve à Rouen et dans le département de la Seine-Inférieure, ainsi que nous allons l'expliquer, et sauf à indiquer en outre les principales manufactures étrangères au coton, qui existent dans ce dernier département.

Nous avons déjà énoncé, au 1er § de la 1re section du sixième chapitre, que le département de la Seine-Inférieure ne possède pas moins de 240 filatures de coton, qui fournissent 248,000 kilogrammes de filés par semaine. Parmi les entrepreneurs de ces établissemens, le même paragraphe en a signalé deux qui ont pris part à l'Exposition, M. Chevalier, de Rouen, sous le n° 375, et M. Fauquet-Lemaître, de Bolbec, sous le n° 376.

Dans la section suivante, et sous le n° 401, nous avons parlé de M. Lefort, établi au Grand-Couronne, comme de l'un de nos fabricans de tulle les plus habiles et les plus distingués.

En prenant pour guide M. Lelong, adjoint au maire de Rouen, membre du conseil-général de la Seine-Inférieure et président du jury départemental d'examen et d'admission au concours de 1834, nous voyons que les diverses branches de l'industrie rouennaise cotonnière, qui sont ci-après spécifiées, procurent du travail au nombre d'ouvriers qu'il assigne à chacune d'elles, savoir :

Les filatures de coton qui mettent en mouvement à peu près un million de broches, font vivre 21,000 ouvriers ci.	21,000
Les ateliers de construction des machines à filer, de leur réparation, et entretien, en occupent 5,000, menuisiers, tourneurs, forgerons, limeurs, ajusteurs, fondeurs d'engrenages, fondeurs de cuivre, de zinc, d'étain, de plomb, etc. .	5,000
Le tissage emploie 65,000 tisserands, rossiers, lamiers, trameurs, bobineurs, contre-maîtres et porteurs.	65,000
Dans les teintureries de grand et de	
	91,000

Report.	91,000
petit teint, 5,000 travailleurs se livrent aux manipulations qui s'y pratiquent. .	5,000
9,000 autres sont répartis dans les fabriques de toiles peintes.	9,000
Le travail du boutage et de toute la fabrication des cardes, qui naguère employait encore 6,000 femmes et enfans, s'opère aujourd'hui au moyen d'une machine très ingénieuse, et n'occupe pas au-delà de 2,000 ouvriers. . . .	2,000
Total.	107,000

Et si l'on veut énumérer, ajoute M. Lelong, tous ceux qui, dans le département de la Seine-Inférieure, attachent leur existence au commerce du coton, tels que blanchisseurs, apprêteurs, roussisseurs, couvreurs de rouleaux, canneleurs, passementiers, fabricans de bretelles, de rubans, de bonneterie, les négocians, commerçans et marchands de toute espèce avec leurs commis ou employés, on trouve que 150,000 familles, plus de 400,000 individus sont intéressés au succès comme aux revers de l'industrie cotonnière.

Il y a trois autres moyens de juger, par aperçu, de son étendue et de son importance : c'est de considérer ce qui se passe dans les marchés hebdomadaires sous les halles de Rouen, les nouveaux ateliers qui s'établissent dans le département de la Seine-Inférieure, et les auxiliaires qu'il associe à ses travaux dans les départemens voisins, souvent à de grandes distances.

Transportez-vous sous la halle de Rouen, aux jours de marché, quelle affluence de marchandises, principalement en filés et en tissus de coton! Quel immense concours de vendeurs et d'acheteurs! Quel ne doit pas être le montant total des ventes qui s'opère sous cet abri, sans compter celles qui, dans le même temps, se font en ville?

L'accroissement des fabriques sur plusieurs points du département, à Bolbec, Darnetal, etc., et dans cette longue vallée de Deville qui est en quelque sorte devenue un atelier unique dont toutes les parties juxta-posées se lient et s'enchaînent les unes aux autres, ne témoigne pas moins en faveur de la prospérité de l'industrie qui est l'objet de cette notice sommaire.

Faut-il être surpris si les bras des départemens voisins sont mis à contribution par les entrepreneurs des fabriques de coton de la Seine-Inférieure! Le fabricant rouennais ne trouvant pas près de lui tous ceux dont il a besoin, prépare ses matières pour le tissage, et les envoie par ses porteurs, dans l'Eure, l'Oise, la Somme, etc., d'où elles lui reviennent converties en tissus qu'il fait apprêter.

Au milieu de cette immensité d'affaires, remarquons des produits et des établissemens qui annoncent le progrès depuis 1827. Les métiers mécaniques à tisser qu'alors Rouen connaissait à peine, sont déjà au nombre de six cents; il y en a la moitié qui appartient à une fabrique élevée dans l'enceinte de la ville. Les tissus de coton pour toiles à voiles, qu'on appelle tissus nautiques, et dont aucun n'a paru à l'Exposition, se propagent et semblent appelés à jouer un grand rôle dans la navigation de la marine militaire et marchande : celle-ci les a essayés avec des succès qui ont été constatés authentiquement. Il en est de même du métier Jacquard dont on a d'abord voulu appliquer les combinaisons innombrables à la fabrication des étoffes de coton, mais force a été d'y renoncer pour cet objet qui n'aurait pas été assez riche : aujourd'hui il est employé à la confection des étoffes de laine soit peignée, soit cardée, et c'est avec ces matières que l'on forme d'admirables tissus pour manteaux de dame, pour robes, brochés pour rideaux, etc., qui, par le brillant et par la variété de leurs dessins, surpassent peut-être les anciens brocards de l'Inde et de la Perse. 300 Métiers Jacquard sont en activité dans la Seine-Inférieure ; les deux tiers appartiennent à deux établissemens, ou pour mieux dire à un seul établissement placé dans les murs de la ville, et ayant une succursale à huit lieues ; l'autre tiers est à une fabrique de moindre importance, mais qui se distingue par un nouveau tissu pour meubles, mélangé de soie, de coton et de laine longue et brillante. Cette production nouvelle, que ses inventeurs ont fait breveter à leur profit, a une solidité extrême, et le plus grand nombre de ses couleurs reste constamment fixe et inaltérable; aussi elle lutte avec avantage contre les plus belles étoffes de soie pour meubles, et leur est préférée à raison du prix inférieur de 30 p. 0/0.

Par ce que nous venons de dire des étoffes rases de laine pure ou mélangée qui s'exécutent actuellement dans la Seine-Inférieure avec le métier Jacquard, nous sommes conduits à rappeler que le même département compte parmi ceux qui fournissent au commerce, de précieux lainages. A ce sujet, nous renvoyons au 1er § de la section 2e du premier chapitre, qui a fait connaître, dans son ensemble et ses détails, l'importante fabrique d'Elbeuf, dont les produits annuels sont de 60 millions; revoyez aussi le n° 120 concernant M. Thelus, d'Aumale : ajoutons que Darnetal confectionne encore des draperies dont M. Prosper-Pimont, qui aura bientôt son article, sous le n° 697, a montré quelques échantillons au Concours général.

Nous ne finirions pas si nous entreprenions de parcourir les autres industries qui contribuent à féconder la Seine-Inférieure : ses blanchisseries, ses faïences, ses tanneries, ses produits chimiques de tout genre, dont la suite de notre ouvrage mettra en évidence quelques fabricans; ses fines toiles de lin dites de Guibert ou de Fécamp; ses verreries, etc. etc. Il suffit de ces indications sommaires, pour ne laisser aucun doute que c'est un des départemens où l'industrie ne cesse de créer des richesses qui agissant, à leur tour, sur l'agriculture, l'améliorent sous beaucoup de rapports : de là vient que cette intéressante partie du royaume offre aux industriels et aux agriculteurs, tant de modèles à suivre. Et combien s'agrandirait une esquisse déjà si flatteuse, si, sortant de l'industrie proprement dite, nous parlions des miracles qu'enfante le commerce des ports du Hâvre, Rouen et Dieppe! Toutefois, en nous renfermant dans les bornes assignées à notre ouvrage, et pour achever par un retour vers l'industrie cotonnière, le tableau que nous avons esquissé, nous dirons deux mots des fonderies de fonte dont le département de la Seine-Inférieure est redevable à cette industrie. Elles ne datent que de peu d'années, et chaque jour, elles rendent beaucoup de services. Il y en a deux sourtout, situées l'une et l'autre à Rouen, au faubourg St.-Sever, qui se distinguent par leur grande importance et par la nature de leurs produits. Elles fournissent aux constructeurs des machines à filer, tous les objets en fonte dont ils ont besoin, jusqu'aux bâtis des métiers; aux fabricans de tissus de coton, des métiers mécaniques pour le tissage; aux constructeurs de pompes à feu, les diverses pièces en fonte qui entrent dans ces puissans et énergiques moteurs : l'une des deux fonderies les exécute elle-même, et les livre au commerce parfaitement conditionnés.

686 (2375). Parmi les fabriques du département de la Seine-Inférieure qui produisent l'indienne avec le plus de perfection, et sur une grande échelle, se place celle exploitée par M. *Arnaud-Tison*, à Bapaume-lès-Rouen. Elle n'avait point pris de part aux précédens Concours de l'industrie nationale. Les impressions présentées par son habile entrepreneur, ont été appréciées par le jury central qui lui a décerné la médaille d'argent.

687 (2377). MM. Henri *Barbet* et Ce, à Rouen, ont précédé M. Arnaud-Tison dans la fabrication de l'indienne, et leur manufacture est très importante. Déjà en 1819, ils reçurent la médaille d'ar-

gent : elle a été rappelée à leur avantage, en 1827. Si elle ne l'a pas été de nouveau en 1834, ou si une plus haute distinction n'y a pas été substituée, c'est que M. Barbet avait mis sa maison hors de concours, ayant l'honneur d'être membre du jury central.

688 (2362). Divers articles de rouennerie, d'une bonne fabrication et de prix accessibles à tout le monde, ont été envoyés à l'Exposition par M. *Bobée*, de Rouen. Il a obtenu la médaille de bronze.

689 (2360). Nous avons apprécié de la même manière, et sous les mêmes rapports et qualités, ceux de M. *Cagnard*, de la même ville; la médaille de bronze lui a également été accordée par le jury.

690 (2361). Les tissus de coton imprimés pour meubles, par M. *Coltais* aîné, de Rouen, seront cités avec éloge dans le rapport du jury. Ils ne nous avaient paru mériter que cette distinction, parce qu'ils n'égalaient pas ceux compris sous le nº suivant.

691 (2359). Dix-huit pièces d'indiennes, dont la plus grande partie était pour meubles, avaient été adressées par M. *Fauquet-Pouchet*, de Bolbec. Les dessins en étaient agréables, les couleurs bien choisies et parfaitement nuancées, les ornemens de bon goût, etc. M. Fauquet-Pouchet tient une des plus anciennes fabriques de Bolbec et des plus considérables : la médaille d'argent lui a été décernée.

692 (2364). Des colonnades rouges ont été présentées par M. *Gouel-Pellerin*, de Rouen, qui a reçu la médaille de bronze. Nous y avions re-

marqué deux qualités que les consommateurs prisent beaucoup et avec raison : force du tissu, et solidité des couleurs.

693 (2376). Une médaille de bronze fut accordée, en 1819, à MM. *Kettinger* et fils, à Bolbec. Ils ont suivi avec zèle, depuis lors, la marche progressive de leur genre d'industrie qui est l'impression des indiennes : le jury de 1834, leur a décerné la médaille d'argent.

694 (2373). Les siamoises, dont la consommation a été très étendue et qui est aujourd'hui plus restreinte, étaient représentées à l'Exposition de 1834, par M. *Lepicard* aîné, de Rouen. Celles qui composaient son exhibition réunissant toutes les qualités que l'on désire dans ce genre de tissu, il a obtenu la médaille de bronze.

695 (2381). Comme il a été dit sous le n° 673, M. *Néron* jeune, reçut en 1823, conjointement avec M. Kurtz, la médaille d'argent, pour avoir introduit dans le département de la Seine-Inférieure, l'impression des foulards sur soie, façon des Indes; il était alors établi à Rouen, et il a depuis transporté son industrie à Bapaume. En 1827, cette distinction a été rappelée à son avantage.

Sans abandonner l'impression des foulards de soie, M. Néron jeune a eu l'heureuse idée d'imprimer des cravates sur jaconats, en bon teint : ce n'était qu'en faux teint qu'on les produisait antérieurement. Aujourd'hui leur bon marché joint à la perfection du coloris, à la variété des dessins, à la qualité et à la laise des tissus, attire la foule des acheteurs; M. Néron jeune ne peut suffire aux commandes qui lui en sont faites, et il n'en a jamais en magasin. C'est pour cette innovation accompagnée d'un plein succès, qu'il a paru au jury central, être toujours digne des distinctions qui lui ont déjà été accordées.

696 (2370). Des foulards, des châles et des indiennes pour meubles, qui réunissaient une bonne exécution à la modicité des prix, valurent la médaille de bronze en 1827, à M. *Pimont* aîné, de Rouen. Les mouchoirs de deuil, les cravates et les indiennes qu'il a exposés en 1834, avaient encore plus de mérite; c'est ce qui lui a fait obtenir la médaille d'argent.

697 (2334 et 2374). M. Prosper *Pimont*, à Darnetal (1), membre de l'Académie des sciences, arts et belles-lettres de Rouen, et de la Société d'émulation de la même ville. Il y a dans sa fabrique d'indiennes cent dix tables d'imprimeurs : tous les ans, elles impriment à la planche, 15 mille pièces, dont 4 à 5 mille pour robes et meubles, et 10 à 11 mille en cravates et châles, de trois à six couleurs, formant environ cinquante mille douzaines. Parmi les indiennes destinées à l'ameublement, il y en a à colonnes doubles, rouge garancées, d'une belle exécution qu'il était difficile d'atteindre. Les cravates en noir, rouge ou garance, dont la douzaine n'est que de 11 à 13 f., se recommandent par ce bas prix. Il en est de même des châles en tissus croisés et bon teint; le

---

(1) A 4 kil. de Rouen. — Il y a de bonnes fabriques de draps, castorine et flanelles; — 5,800 habitans.

fabricant s'est attaché à y reproduire sur coton et à des prix modiques, les dessins des châles de laine imprimés ou brochés. — Le jury a décerné une médaille d'argent à M. Prosper Pimont, qui en avait eu une de bronze en 1827, et à qui le Roi a fait postérieurement remettre, à son passage à Rouen en 1833, une médaille spéciale, pour les services qu'il a rendus à l'industrie. Il méritait cette nouvelle distinction par les produits nouveaux et variés de sa fabrique d'indienne; il la méritait encore par le parti qu'il a su tirer des déchets et résidus de ses teintures, avec lesquels il compose, annuellement, deux cent mille pains environ d'une matière analogue à la tourbe, de 10 à 12 onces chaque, qui économisent beaucoup le combustible et dont la cendre est, d'ailleurs, utilement employée par l'agriculture. Enfin, nous nous plaisons à dire qu'il la méritait par le nouvel établissement qu'il a ajouté à son indiennerie, et où il a déjà 5 cardes, 8 métiers à filer et 9 à tisser. C'est là qu'il fait fabriquer des draps pour l'impression, ainsi que des castorines, etc.; c'est là qu'il file, sans huile, la laine blanche ou teinte dont il avait exposé de très beaux échantillons, en blanc, rouge et bleu. Nous avons parlé à la fin de notre premier chapitre, de cette méthode dont il est inventeur, des avantages que trouveraient nos fabricans de draperies à se la rendre propre, si elle est réelle comme tout porte à le croire, et nous ne pouvons qu'y renvoyer.

698 (2371). On n'avait vu paraître à aucun des concours qui ont précédé celui de 1834, M. *Ron-*

deaux-Pouchet, fabricant d'indiennes à Bolbec. Il ne peut que s'applaudir d'être entré en lice, une première fois. La médaille d'argent lui a été décernée, et il était bien digne de l'obtenir : sa manufacture est importante, et ses produits ont atteint une grande perfection.

699 (2369). Une mention honorable fut accordée, en 1827, à M. *Stackler*, de Rouen sous la raison Lamy-Stackler. Cette maison verse, chaque année, dans le commerce, 28 à 30,000 pièces d'indiennes communes, tissus qui se recommandent par la solidité des couleurs, par leur bas prix, par la facilité avec laquelle on les vend en France et en Espagne, et par la masse énorme de leur production qui est portée à tel point que, dans le seul département de la Seine-Inférieure, mille barriques de garance (d'environ 800 kilogrammes la barrique) suffisent à peine pour leur teinture. C'est un double avantage, la garance étant récoltée sur notre territoire. Il sera fait dans le rapport du jury, une nouvelle mention honorable de M. Stackler.

Autres fabriques d'Indiennes et de Toiles peintes.

700 (1962). Fondée en 1811 par Richard-Lenoir, la manufacture de toiles peintes de Chantilly (1) a successivement passé en diverses mains, ce qui n'avait pas permis beaucoup de développement dans ses travaux. Ce n'est qu'en 1829, que

(1) Petite ville renommée pour la fabrication de ses blondes et dentelles. On y fabrique aussi des clous d'épingles à la mécanique. A 8 kil. de Senlis; — 2,524 habitans.

ses derniers acquéreurs, MM. *Barbé-Zucher* et Cᵉ, ont commencé à la conduire dans la voie du progrès. Ils se sont attachés spécialement à perfectionner ses produits, et à les faire adopter en concurrence avec ceux de Mulhausen, de préférence quelquefois, par les marchands de nouveautés de la capitale. — Disposant de chûtes d'eau, l'établissement de Chantilly a le moyen le plus économique de tenir ses machines en activité. La tourbe des environs lui sert de combustible. — Ses ouvriers de tout âge et des deux sexes, sont d'environ 400. Il y a parmi eux des jeunes filles employées à l'impression, ce à quoi les entrepreneurs n'ont pu parvenir qu'avec beaucoup de difficulté et de dépense, et après des efforts longtemps soutenus pour vaincre la résistance des imprimeurs. — Le nombre des pièces qu'il imprime chaque année, et qui lui arrivent toutes en écru tant de St.-Quentin que d'Alsace et de Roubaix, s'élève à 25,000, dont le quart est d'un genre qui lui est particulier, et qu'il appelle coutil. Paris en absorbe la plus grande partie. Cependant il y en a un huitième qui passe à l'étranger. — MM. Barbé-Zucher et Cᵉ ont reçu la médaille d'argent.

701 (1478). Une autre manufacture de toiles peintes, existe encore plus près de Paris que la précédente : c'est celle de Bièvre, entrepreneurs MM. *Dolfus-Baumgartner* et Cᵉ. Il a été dit dans le livret de l'administration, que ces messieurs obtinrent une médaille d'argent, en 1823. Nous avons voulu nous en assurer d'une manière positive; à cet effet, nous avons consulté non-seulement

le rapport du jury de 1823, mais encore ceux des jurys de 1819 et de 1827. Nulle part il n'y est question de médaille d'argent délivrée à MM. Dolfus-Baumgartner et Ce. Présumant, d'un autre côté, que le jury de 1834 ne les aurait pas entièrement passés sous silence, nous avons vérifié scrupuleusement les divers états des récompenses qu'il a accordées : leur nom et leur raison sociale n'y figurent pas. Ainsi, nous nous bornons forcément à dire que les produits par eux exposés nous ont paru assez bien, chacun dans son genre, sans néanmoins rien offrir de remarquable. Nous aurions mieux fait connaître leur établissement, s'ils nous avaient fourni les renseignemens que nous leur avons plusieurs fois demandés.

702 (996). Ce que nous avons dit, sous le n° 679, de M. Kœchlin-Ziegler, de Mulhouse, habile graveur de cylindres pour l'impression des toiles peintes et des indiennes, est applicable à M. *Feldtrappe*, également graveur de cylindres à Paris, rue du Regard, n° 30, qui, comme lui, a reçu la médaille d'argent. Ce sont deux artistes distingués qui s'adonnent avec succès au même genre et marchent sur la même ligne.

703 (1947). Le département de Seine-et-Marne possède une belle manufacture de toiles peintes et d'indiennes, fondée en 1770. Elle est établie à Claye (1), et exploitée avec beaucoup d'intelligence et de talent par MM. Ad. et J.-B. *Japuy*. Ceux de

(1) A 16 kil. de Meaux. Ville où se trouve bon nombre de fabriques et d'usines; — 1,976 habitans.

leurs produits qu'ils avaient fait admettre au concours, et consistant en indiennes fines pour meubles, toiles peintes dites perses, mouchoirs divers, etc., soutenaient la comparaison avec ce qu'il y avait de mieux dans les mêmes genres. MM. Japuy ont reçu la médaille d'or. — Leur manufacture occupe 200 personnes. Ce ne sont que des femmes élevées et formées dans l'établissement : les gravures des cylindres ou rouleaux, les impressions, etc., c'est par elles que tout est exécuté.

704 (651). M. *Leclerc*, imprimeur d'indiennes à Puteaux, département de la Seine, sera cité avec éloge dans le rapport du jury. Il se flatte d'imprimer simultanément vingt couleurs, d'un seul coup de planche, en aussi peu de temps qu'on en imprime une seule par l'ancienne méthode.

A ce sujet, nous renvoyons au Recueil industriel (cahier de mai 1835), où l'on a fait connaître une nouvelle machine pour l'impression des indiennes, que l'on n'a pas vue à l'Exposition de 1834, inventée par M. Perrot, de Rouen, du nom duquel elle a pris celui de *Perrotine*, qui remplace avec beaucoup d'avantage et d'économie, le travail à la main, toujours si lent et si coûteux dans les fabriques de toiles peintes.

705 (1572). En 1823, MM. *Perregaux* et Ce, fabricans de toiles peintes à Jailleux, près Bourgoin (1), département de l'Isère, reçurent une

(1) A 16 kil. de la Tour-du-Pin. Il y a des papeteries, des fabriques de toiles peintes ; — 3,559 habitans.

médaille de bronze, sous la raison Perregaux et Robin. On ne les a pas vus au concours de 1827. A celui de 1834, ils ont exposé 18 robes, 10 châles et 6 écharpes, dont les impressions, d'un effet agréable, leur ont valu la médaille d'argent : elles prouvaient que MM. Perregaux et Ce ne se bornent pas à l'indienne et à la toile peinte, mais qu'ils impriment fort bien sur les étoffes de laine, de soie, et de laine et soie mélangées.

706 (1572). C'est ce que pratique aussi, et sur une plus grande échelle, la manufacture si renommée de toiles peintes de Vizille (1), département de l'Isère, appartenant à la maison *Augustin-Perrier*, qui fut mentionnée honorablement en 1806, et reçut, en 1823, la médaille d'argent, tant pour ses cotons filés que pour ses indiennes. On dirait qu'elle s'est transformée en une vaste teinturerie travaillant sur les tissus de coton, de soie, de laine, de cachemire, etc., et ne pouvant suffire aux commandes qu'elle reçoit, principalement de Nîmes et de Lyon. Cependant, elle n'a abandonné ni la filature, ni le tissage, ni le blanchîment, ni l'impression du coton, le nombre des ouvriers dans les divers genres d'industrie qui sont l'objet de ses travaux, n'étant pas inférieur à 1200. — Si la maison Augustin-Perrier n'exposait que des impressions sur étoffes de soie et de laine, c'est qu'elle les destinait à la vente de Paris. Il était impossible que la médaille d'argent qu'elle a

(1) A 15 kil. de Grenoble. Centre de plusieurs industries fort actives; papeteries renommées; — 2,750 habitans.

précédemment obtenue, ne fût pas rappelée à son avantage. Le jury s'est empressé de reconnaître qu'elle la mérite de plus en plus.

4e SECTION.

Impressions sur tissus de fil.

On n'apercevait sous le 3e pavillon de la place de la Concorde, que peu d'impressions de tissus de fil qui, en général, sont difficiles à teindre. Toutefois, s'il n'y a qu'un seul exposant, compris dans cette section, nous devons rappeler que trois de ceux que nous avons déjà passés en revue, n'y sont pas étrangers. Sous les nos 309 et 310, nous avons vu MM. Joly et Godard, et MM. ve Terwangne et Fournier, offrir dans leurs exhibitions de batistes blanches, d'autres batistes élégamment imprimées et de jolis mouchoirs à vignettes; nous avons encore remarqué, sous le no 318, que dans l'exhibition de M. Caron-Langlois, de Beauvais, il se trouvait des foulards de fil imprimés et sans envers, plus des impressions sur toile et sur batiste.

707 (70). C'était également des impressions sur batiste que présentaient MM. *Toussain* père et fils, à Paris, rue du Gros-Chenet, no 2; ils y avaient joint des linons imprimés. Leurs impressions se distinguaient par la pureté, la netteté et l'élégance des dessins : l'effet nous en a paru fort agréable. Ces messieurs seront mentionnés honorablement, dans le rapport du jury.

QUATORZIÈME CHAPITRE.

TAPIS ET TAPISSERIES; STORES; TISSUS VERNIS OU CIRÉS POUR TAPIS ET POUR D'AUTRES USAGES; VELOURS PEINTS; VELOURS IMITANT LA PEINTURE, TENTURES EN PAPIERS PEINTS.

On a pu remarquer dans quelques uns de nos chapitres antérieurs, des Exposans qui, aux produits ordinaires et habituels de leurs fabrications respectives, avaient joint accessoirement des tapis : nous invitons à revoir spécialement ce que, sous les n°s 250, 318, 369, 437 et 597 du *Musée*, nous avons dit de ceux offerts par MM. Didier Petit et Ce, de Lyon, Caron-Langlois, de Beauvais, Pavy (Eugène), de Paris, Teissier père et fils et Zetter, de St.-Dyé, et Couteaux et Ce, de Paris.

C'est une industrie qui s'est développée, notamment depuis 1827, et se développe de plus en plus. Non-seulement il a été présenté au concours de 1834, des tapis qui sortaient de divers ateliers de la capitale ou de sa banlieue; mais il en a été envoyé d'Amiens, Abbeville, Aubusson, Beauvais, Besançon, Tours, etc.

La cause de ce développement doit être attribuée à ce que les tapis s'introduisent chez un plus grand nombre de consommateurs, les fabricans ayant su les varier, les approprier à tous les besoins et les rendre accessibles à toutes les fortunes.

On s'est porté en foule vers ceux de M. Sallandrouze-Lamornaix, qui formait à lui seul, une Exposition complète dans sa partie, et qui en avait étalé un commandé par le Roi, dans les dimensions les plus vastes.

Suivant la déclaration faite par cet honorable manufacturier, lors de la dernière enquête commerciale, la fabrication des tapis, en France, s'élève aujourd'hui à trois millions et demi de valeur par an (1).

1re SECTION.

Tapis et Tapisseries; Stores; Tissus vernis ou cirés pour Tapis et pour d'autres usages.

708 (817). MM. *Atramblé-Briot* et Ce exploitent à Paris, rue de Richelieu, n° 89, l'établissement fondé par M. Chenavard, père, que la mort vient d'enlever à l'industrie qui lui est redevable d'un grand nombre d'améliorations. Déjà en 1827, ils obtinrent la médaille de bronze. Ces messieurs fabriquent des tapis de toutes sortes, et principalement des tapis vernis pour appartement, dessus de meubles, etc.; mais ce en quoi ils excellent, c'est à produire des stores transparens dans les genres paysage, étrusque, égyptien, chinois, persan, arabesque, gothique, etc., d'après la riche collection de dessins qu'ils possèdent, et augmen-

(1) Voir le *Recueil des Documens relatifs au projet de loi sur les Douanes*, par MM. Cochaud et de Moléon, p. 340.

tent chaque jour. Ils en avaient placé de charmans aux vitrages du fond des Pavillons n°s 2 et 3, qui y frappaient tous les regards par l'éclat et la vivacité des couleurs, et par le bon choix et la correction des dessins : l'expérience a prouvé que ces couleurs sont solides, et que les tissus qui les reçoivent, ont une longue durée. Le jury a décerné à MM. Atramblé-Briot et Ce, la médaille d'argent.

709 (1626). En 1827, et sous la raison Bellanger-Pagé, MM. *Bellanger* et Ce, à Tours, obtinrent la médaille de bronze, pour des tapis, et pour des couvertures faites en poil de chevreau. Ils ont donné, depuis lors, beaucoup de développement à ces deux fabrications qu'ils ont en même temps perfectionnées. Le nombre de leurs ouvriers est de 250 : leurs produits s'élèvent, par année, à 10,000 aunes de tapis, 15,000 couvertures, et à 2 à 3,000 descentes de lit. Ce qui fait rechercher et leurs tapis et leurs couvertures, c'est, en outre de la bonne exécution, des prix extrêmement modérés ; ils ont des descentes de lit, de 2 fr. 50 c. la pièce jusqu'à 7 fr. ; ils vendent des couvertures pour chevaux, de 3 fr. 50 cent. à 10 francs chaque. Le jury central a déclaré que MM. Bellanger et Ce restent toujours dignes de la médaille de bronze, qu'ils ont précédemment obtenue.

710 (1390). M. *Cerf*, à Brest, n'avait envoyé que des échantillons de toile vernie. Ils étaient si bien préparés, réunissant d'ailleurs la force à la souplesse, que le jury lui a accordé la médaille de bronze.

711 (196). C'est un homme très intelligent et très actif que M. *Champion*, à Paris, rue du Mail, n° 18. Si nous lui assignons ici sa place, c'est parce qu'il se livre à la fabrication des tissus vernis, et ses vernis qui sont recherchés, c'est lui-même qui les compose; il fabrique surtout des taffetas diaphanes, flexibles, inodores, qu'il a appelés *hygiéniques*, la médecine en faisant un assez fréquent usage. Du reste, nous aurons soin de le rappeler au trentième chapitre, où nous parlerons des instrumens et appareils servant à mesurer ou à peser, et nous l'y rappellerons pour ses mesures linéaires sur rubans recouverts d'un vernis souple et peu hygrométrique. M. Champion produit encore des satins imperméables pour chapeaux et manteaux de dames; des lévantines et taffetas croisés pour manteaux d'officiers; des tabliers pour bonnes et nourrices; des sacs et canevas enduits pour conserver les raisins; des sacs pour conserver les fourrures et vêtemens; enfin, le *clyso-soufflet* ou nouvelle seringue de la forme d'un soufflet. — Il fut mentionné honorablement en 1819 et 1823; à l'Exposition de 1827, il a reçu la médaille de bronze, dont le jury de 1834 s'est plu a reconnaître qu'il se montre toujours digne.

712 (854). Marchant sur les traces de son père, dont il fut l'associé après avoir été son élève, et dont la perte récente excite vivement les regrets de l'un de nous qui a eu l'honneur de le connaître particulièrement, M. *Henri Chenavard*, à Paris, boulevard Saint-Antoine, n° 65, a fait faire à la fabrication des tapis, d'immenses pro-

grès. Déjà en 1823, sa maison fut mentionnée honorablement pour ses tapis-moquettes : elle reçut, en même temps, la médaille d'or, pour des tentures et tapisseries en feutre, avec des ornemens en soie, en laine, etc., imitant les plus riches broderies; des tapis et tapisseries en feutre verni, devenu, par le moyen du bitume, impénétrable à l'humidité; des tapis vernis sur toile, à l'instar de ceux d'Angleterre et se vendant meilleur marché, qui avaient obtenu le prix proposé par la Société d'encouragement; des tapis en velours très serré, très épais, et d'un joli goût; des tapis en poil de vache, de 35 à 60 c. le pied carré, etc. De quelles innovations plus heureuses, M. Henri Chenavard n'a-t-il pas été postérieurement le créateur! Parmi les nombreux visiteurs de son exhibition, il n'en était point qui n'y applaudît, et ne rendît hommage à ses succès. Il a reproduit avec des perfectionnemens, deux des genres qu'il avait exposés en 1823, les tapis de velours à fleurs, et ceux de dessins gothiques; mais il y a réuni quatre genres entièrement nouveaux, savoir : les tapis double tissu de grande largeur; les étoffes en tapisserie pour ameublement; les meubles en ébénisterie; les torses pour toutes sortes de meubles et décorations. Ce qui frappait le plus dans ces produits si variés et de formes si agréables, c'est que leur prix était bien loin d'éloigner les acheteurs. On les voyait, et on les revoyait avec une satisfaction qui ne s'affaiblissait point, et principalement le lit exécuté dans le style de la renaissance des arts, orné d'incrustations en cuivre, de colonnes torses, de bronzes dorés, etc. — Tout ce qui pouvait être l'objet de l'ambition d'un Exposant, a été accordé à M. Chenavard ; la médaille d'or a été rappelée à son avantage par le jury, et le Roi l'a décoré de l'étoile de la Légion-d'Honneur.

713 (1253). La maison *Atramblé-Briot* et Ce, par laquelle nous avons ouvert cette section, fut la seule qui offrît des stores au concours de 1827. On a vu s'augmenter depuis lors la consommation de cet élégant tissu qui décore si bien les croisées, sans nuire au passage de la lumière. C'est ce qui a accru proportionnellement le nombre des fabricans de stores. Il s'en est présenté trois nouveaux en 1834, qui n'égalent pas encore leur devancier, mais qui donnent de grandes espérances, surtout MM. *Darme* frères, à Beau-Grenelle, près Paris, rue du Commerce, n° 37. Ils exposaient des tissus qu'ils appellent *peintures transparentes ;* ce sont des stores où ils renferment dans de jolis cadres, des oiseaux, des fleurs, etc. Le jury central les mentionnera honorablement dans son rapport. Nous placerons ci-après, sous les n°s 716 et 728, les deux autres nouveaux fabricans de stores.

714 (1174). M. *Demi-Doineau*, à Paris, rue Vivienne, n° 10, et rue de Bussy, faubourg Saint-Germain, n°s 8 et 10, sera aussi mentionné honorablement dans le rapport du jury central. Il avait exposé cinq grands tapis à dessins nouveaux, de formes élégantes, d'une grande variété de couleurs, et plusieurs autres petits tapis, façon turque et façon cachemire, dont les couleurs étaient ha-

bilement fondues. — Par les deux établissemens que cette maison possède dans la capitale, elle se livre à des opérations étendues et importantes, embrassant tout ce qui concerne l'art du tapissier, jusqu'à la garde et à la conservation des tapis.

715 (615). Sur la même ligne que M. Demi-Doineau, ont été placés MM. *Faitot* et Cᵉ, rue Taitbout, n° 7, à Paris; le jury central leur a également accordé une mention honorable.

716 (1253). Le second des trois nouveaux Exposans de stores, est M. *Geré-Racine*, à Paris, place de l'Hôtel-de-Ville. Il sera cité avec éloge dans le rapport du jury.

717 (126). Les tapis en fourrure, qui avaient été admis à l'Exposition, n'ont pas obtenu l'approbation du public : la raison en est qu'ils sont menacés par le feu, les puces, les papillons, etc. C'est sans doute ce qui a été cause que le jury n'a rien accordé à M. *Givelet*, fourreur du Roi et du garde-meuble de la Couronne, rue Saint-Honoré, n° 159, à Paris. Il en exposait un de ce genre, qui était très grand, et avait exigé un immense travail.

718 (1066). Un meilleur accueil a été fait aux tapisseries imprimées en relief, par M. *Harnepont*, rue du Gros-Chenet, n° 19, à Paris; le jury central les mentionnera honorablement dans son rapport.

718 *bis* (563). M. *Haueur* (Louis), rue du faubourg Montmartre, n° 11, à Paris, est auteur d'un nouveau moyen de poser les tapis dans les appartemens, qui a son mérite lorsqu'on veut y donner

un bal, ou si d'autres circonstances forcent à les déplacer. Il se sert, à cet effet, de clous-tubes en cuivre, qu'il fabrique lui-même. En les employant, on enlève avec facilité les tapis, et on les remet à leur place, sans dégrader ni les parquets ni les carreaux.

719 (221 et 222). La médaille d'argent fut décernée, en 1827, à M. *Henri* aîné, rue Poissonnière, n° 15, à Paris, pour des tapisseries fond laine broché en soie, très bien exécutées par mécanique avec régulateur, et destinées à servir dans la confection des meubles. Au dernier concours, cette distinction a été rappelée à son avantage.

M. Henri aîné exposait sous le premier pavillon de la place de la Concorde, des tapisseries de la même espèce qu'il a perfectionnées et qui portent son nom; il y avait joint des lits en fer, et des siéges en fer, dits pliants, dont il a vendu un très grand nombre, tant que l'Exposition a duré : leur propreté, leur simplicité, et la variété et l'élégance des formes attiraient auprès de lui la foule des acheteurs. Nous rappellerons ces derniers articles dans notre dix-septième chapitre.

720 (1522). On vit aux Expositions de 1823 et de 1827, M. Henri *Laurent*, d'Amiens (1); il pré-

(1) La notice que nous avons donnée sur cette ville industrieuse, p. 181 et 182 du premier volume du Musée, a paru un peu incomplète; elle contient aussi une erreur, en ce qui concerne la dénomination vulgaire des *Escots*, qui sont appelés du nom du lieu où on les fabrique, mérinos d'Amiens. La faute en est à l'ouvrage de statistique que nous avions consulté, et qui jouit cependant de beaucoup de réputation. Quoi qu'il en soit, nous nous empressons de fournir à nos lecteurs,

senta à l'un et à l'autre concours, des tapis-moquettes à verges rondes, et des velours d'Utrecht, d'une belle exécution, qui lui valurent, en 1823, la médaille de bronze, et le rappel de cette médaille en 1827. Ce ne sont pas des objets de cette nature, qu'il a envoyés en 1834 : des tapis raz, à double tissu, sans envers, fabriqués avec beaucoup de soin, et nouveau produit de son industrie, l'ont

---

des notions plus complètes, plus exactes et plus précises. — Il y a, dans le département de la Somme, 42 filatures de laine, mises en mouvement par l'eau ou par des machines à vapeur, qui produisent 1,100,000 livres de laine filée par an. La fabrication annuelle des alespines, s'y élève à 36,000 pièces, de la valeur de 18,000,000 en écru, dont un tiers s'exporte à l'étranger. On y fabrique 30,000 pièces d'escot, qui représentent un capital d'à-peu-près 4,000,000. A Amiens, il se fait, tous les ans, des tapis raz pour 200,000 fr. et, à Abbeville, des tapis de divers genres pour 250,000. Les tissus de coton, et principalement les velours, sont une autre importante industrie du département de la Somme, qui occupe 18,000 ouvriers tissant 80,000 pièces que l'on évalue à 12,000,000. La bonneterie de laine, dite de Santerre, procure du travail à 45,000 personnes, y compris 10,000 fileuses qui filent encore à la main, porte ses produits à 18,000,000, dont 8,000,000 seulement ont été le prix de la matière première : l'étranger en reçoit la quinzième partie. Ajoutons qu'Amiens possède, en outre, 5 manufactures de velours d'Utrecht, beaucoup d'établissemens de teinturerie et d'apprêts, travaillant pour les fabriques de lainage de Mouy, Tricot, Saint-Lô, etc., et qu'elle achète à Reims, Roubaix, etc., une grande quantité de tissus qu'elle revend, après les avoir fait teindre et imprimer. — Ces renseignemens, qui ont presque tous été mis au jour par la dernière enquête commerciale, se trouvent épars dans le Recueil que nous avons publié récemment, pour servir à l'examen et à la discussion du projet de loi qui doit être présenté aux Chambres sur les Douanes, et qu'on peut se procurer à Paris, place de la Bourse, n° 12. Nous n'avons fait que les réunir dans cette note. — Pour connaître encore plus en détail les industries d'Amiens et du département de la Somme, on peut consulter un petit ouvrage récent où il est rendu compte de l'Exposition des produits des manufactures, des arts industriels, des beaux-arts et de l'horticulture, qui a eu lieu en cette ville, fin de juillet 1835.

trie, l'ont fait déclarer, par le jury central, digne de recevoir la médaille d'argent.

721 (81). Malgré la défaveur jetée par le public sur les tapis en fourrure qui ont paru à l'Exposition, M. *Ledard*, fabricant fourreur, rue Saint-Honoré, n° 357, à Paris, sera cité avec éloge dans le rapport du jury central ; c'est qu'il a été reconnu que ces tapis, tels qu'il les compose en peaux de chats de Suisse et d'Allemagne, résistent longtemps à la fatigue, et que leurs dessins, quoique très variés, se forment de couleurs naturelles qui, par cela même, sont extrêmement solides : d'ailleurs, ils ne demandent aucun soin pour leur conservation pendant l'été. M. Ledard est fournisseur breveté de Madame Adélaïde, du prince de Joinville, de l'ambassadeur d'Angleterre, et du duc de Devonshire.

722 (1398). Une capote que M. *Lavallée* jeune, de Brest, assure avoir rendu imperméable, sans employer extérieurement aucun vernis, n'a pu être appréciée par le jury central ; il aurait fallu, en effet, en constater les avantages et le mérite par l'expérience d'un usage plus ou moins long. Tout ce que nous pouvons en dire nous-mêmes, c'est qu'elle nous a paru légère, fine, moelleuse et assez brillante. Si elle est réellement telle que le déclare son auteur, elle deviendra utile aux personnes qui voyagent à cheval, parce qu'ils la placeront sous les courroies, sans craindre qu'elle ne se coupe, inconvénient fâcheux qui ne se produit que trop souvent dans l'emploi des capotes en tissus vernis.

723 (909). Ce que nous avons vu faire à trois tailleurs de la capitale pour la restauration des vieux effets d'habillement, M. *Ligny*, rue Neuve-des-Mathurins, n° 45, à Paris, l'exécute et l'exécute bien pour les tapis fatigués par un long service : il se charge de les restaurer. C'est un talent que voudront sans doute mettre à l'essai, les personnes qui se trouveraient dans le cas d'y avoir recours.

724 (1964). MM. *Malard* et *Barré*, à Beauvais, sont les successeurs de madame veuve Bourgeois qui, en 1823, obtint la médaille de bronze, pour des tapis veloutés à l'instar de ceux de la Savonnerie, et pour d'autres tapis en point de Hongrie ou jaspés, que le jury reconnut être d'une bonne fabrication, et qui se distinguaient, en outre, par la modération de leurs prix. — Ils ont une mécanique à filer la laine, que l'eau met en mouvement; un atelier pour teindre les laines, fils et peluches; et des ateliers beaucoup plus vastes où se fabriquent les tapis. — Le nombre de leurs ouvriers est de soixante, et la main-d'œuvre annuelle d'environ quinze mille francs. — N'employant que des laines françaises, ils n'emploient également que du chanvre français qui est récolté dans le département de l'Oise. — Les débouchés de leurs produits sont dans l'intérieur du royaume, à Paris, Lyon, Marseille, Rouen, le Hâvre, Calais, Dunkerque, Nantes, Dijon, etc. — Le jury central déclarera dans son rapport que MM. Malard et Barré soutiennent dignement la réputation que s'était acquise madame veuve Bourgeois, qu'ils

remplacent, et que leur établissement continue de mériter la médaille qu'elle reçut en 1823.

725 (214). Parmi les tapissiers décorateurs de la capitale, M. *Marin* (Michel-Auguste), rue de Belle-Chasse, n° 42, tend à s'élever à un des premiers rangs. Le jury a distingué ses tapisseries en relief, et a arrêté d'en faire une mention honorable dans son rapport.

726 (2276). M. *Notta*, successeur d'Alexandre Durand, qui était lui-même aux droits de l'ancienne maison Devienne, rue Marcadet, n° 9, à Clignancourt, près Montmartre, banlieue de Paris, fabrique toiles, taffetas, gazes et cotons gommés en tout genre, toiles et percales imperméables, élastiques et vernies, pour manteaux, casquettes, schakos, coiffes, harnais, etc., et toiles cirées noires pour toitures, bâches et emballage. C'est à raison de ces fabrications diverses, dont il présentait de nombreux échantillons exécutés avec une perfection remarquable, que le rapport du jury contiendra son éloge. — D'un autre côté, le même rapport mentionnera de la manière la plus honorable, ses tapis d'ameublement sur toiles hydrofuges, imitant le parquet. Ces produits, imprégnés d'une préparation qui les garantit complètement de l'humidité, recouverts d'un vernis blanc de qualité supérieure qui les rend inaltérables, semblent incrustés de toutes les variétés de bois tant indigènes qu'exotiques, de tous les marbres, etc., et se recommandent par la modération des prix. Quelles que soient leurs dimensions, les parties qui les composent sont si bien rapprochées

et tellement unies qu'on les dirait d'une seule pièce. Il n'a rien paru dans ce genre qui puisse y être comparé ; c'est ce qu'à la vue des tapis que M. Notta avait suspendus aux parois du 2e pavillon, affirmaient toutes les personnes en état d'en apprécier l'exécution et les avantages.

727 (545). Une distinction qui annonce encore plus de mérite, a été accordée à MM. *Pâris* frères, à Paris, rue d'Anjou-Dauphine, nº 111 ; ils ont obtenu pour leurs tapis, la médaille de bronze.

728 (820). Aux deux nouveaux fabricans de stores, précédemment inscrits sous les n°s 713 et 716, nous réunissons ici M. *Perez*, faubourg St.-Denis, nº 111, à Paris. Son industrie, qui n'est pas bien ancienne, a été encouragée comme celle de l'un de ses concurrens, M. Geres-Racine, à qui appartient le nº 716 ; il sera, comme lui, cité avec éloge, dans le rapport du jury central.

729 (2095). M. *Polle-Deviermes* fils, à Beauvais, fait en général toutes les impressions sur laine, et de plus, celles sur mouchoirs de fil, bon teint ; il imprime principalement le drap pour tapis de table, de pianos, etc., et sur la généralité de ses productions, il n'avait exposé que des tapis de cette espèce. Ses couleurs sont éclatantes, et la modération de ses prix est connue. Un perfectionnement dont il est auteur et qui consiste à teindre sur laine à la réserve, prouve son intelligence, et le zèle qui l'anime pour les progrès de son art. Nous avons remarqué trois de ses tapis, qui étaient imprimés de cette manière avec beaucoup de net-

tété; il y en avait un fond écarlate, avec des fleurs blanches réservées dans la bordure, la rosace et les coins. Le jury central mentionnera honorablement M. Polle-Deviermes fils, dans son rapport.

730 (590). Après M. Sallandrouze-Lamornaix, qui sera compris sous le n° suivant, M. *Rogier* (Théodore) tient le premier rang dans la fabrique de tapis d'Aubusson; il a maison à Paris, rue Notre-Dame-des-Victoires, n° 16. Son père et l'oncle de M. Sallandrouze furent long-temps associés, et l'établissement qui leur était commun, reçut la médaille d'argent, à l'Exposition de l'an X (1802). Rappel a été fait de cette distinction, à l'avantage de M. Rogier, en 1819, 1823 et 1827: elle a été rappelée de nouveau en 1834, et elle ne pouvait pas manquer de l'être. Un bon choix de matières, la variété et la richesse des dessins, la variété et l'éclat des couleurs se réunissent à la modération des prix, pour recommander à l'attention et à la faveur du public, les productions de M. Rogier, dont l'assortiment est toujours fort considérable.

731 (217 et 608). M. *Sallandrouze-Lamornaix*, fabricant de tapis à Aubusson (1), et à Paris, boulevard Poissonnière, n° 23. — Dans le préambule de ce chapitre, et sous le n° qui précède, nous avons déjà indiqué ce manufacturier honorable qui abandonna la carrière du ministère public

---

(1) Chef-lieu d'un arrondissement du département de la Creuse, et renommé pour sa fabrication de tapis raz et veloutés, moquettes, siamoises. — A 38 kilom. de Guéret; — 4,847 habitans.

près les tribunaux, qu'il commençait à parcourir avec de glorieux succès, pour continuer les travaux industriels de son oncle, et pour les perfectionner et les agrandir. Il y a, en effet, donné une extension des plus remarquables. A la fabrication des tapis dits d'Aubusson, il a joint celle des tapis d'Écosse, celle des tapis d'été, et celle des tapis-moquette; il a, en outre, une maison à Londres, où il expédie une partie de ses produits d'Aubusson. — Ce n'était pas une simple case plus ou moins étendue, qu'occupait M. Sallandrouze sur la place de la Concorde; c'était une salle entière, ou pour mieux dire un pavillon accessoirement construit à ses frais, dans l'espace et sur le terrain resté libre entre les quatre parties du grand pavillon n° 2. Là, étaient développés, et l'immense tapis commandé par l'intendant général de la Couronne, et des tapis de tous les genres, de tous les prix, et propres, suivant leurs espèces, à la destination assignée à chacun d'eux : il y avait d'autant plus de plaisir à les examiner que, par les soins de l'Exposant, des banquettes qui n'auraient pu être admises dans les autres pavillons, servaient à délasser les visiteurs, et les mettaient à portée de faire et de recueillir sans fatigue leurs observations. Tandis qu'ils s'y reposaient, leurs regards se portaient autour de l'enceinte au centre de laquelle ils étaient assis, et se sont fixés plus d'une fois sur le gracieux tapis qui avait été fait pour couvrir un prie-dieu. — On s'attendait que M. Sallandrouze-Lamornaix serait décoré de l'ordre de la Légion-d'Honneur, comme étant placé bien haut parmi les sommités industrielles de la France : il en a effectivement reçu le signe de la munificence du Roi. Le jury central lui a, en outre, décerné une distinction supérieure à celles accordées à sa maison antérieurement : il l'a déclaré digne de la médaille d'or.

732 (95). Nous avons fait connaître, sous le n° 717 du Musée, que le public n'avait pas approuvé les tapis en fourrure admis à l'Exposition, à cause des nombreux inconvéniens qu'en présente l'usage; et, sous le n° 721, que le jury central citera néanmoins avec éloge M. Ledard, dans son rapport. On a vu que ce qui a déterminé les juges souverains du Concours, à lui accorder l'honneur de la citation, c'est qu'il conserve aux fourrures de ses tapis, leurs couleurs naturelles, ce qui les rend très solides. Par cette considération à laquelle un autre motif a ajouté beaucoup de poids, une distinction plus élevée, la médaille de bronze, a été décernée à M. *Schultz*, fourreur à Paris, rue Saint-André-des-Arts, n° 12, breveté de S. M. la Reine et de S. A. R. Madame Adélaïde. Non-seulement les couleurs de ses tapis fourrés sont naturelles, ce qui y donne une grande solidité; il est encore parvenu à composer ses fourrures avec des débris de peaux de toute espèce, qui étaient rejetés comme inutiles ou vendus à vil prix. C'est ainsi que les rognures des peaux de martres étaient envoyées de France en Allemagne, et achetées par des juifs qui les cousaient sans ordre et en formaient des doublures de grossiers vêtemens de voyage. M. Schultz en tire un bien meil-

leur parti, en les réunissant avec adresse et habileté, et en y ajoutant les peaux des pattes de renards, fouines, putois, petits-gris, etc. Il avait offert à l'Exposition, par ces moyens, quatre grands tapis en fourrure, parfaitement exécutés, dont un de 15 pieds sur 13.

733 (1546). Une grande et belle fabrique de tapis et tissus vernis ou cirés, est celle de M. Jean-Adam *Seib*, à Strasbourg. On n'y compte pas moins de 60 ouvriers pour l'impression seulement, et il lui faut des emplacemens très vastes pour ses étendages. — Ce fut en 1809, que M. Seib en jeta les fondemens. L'Allemagne nous fournissait alors la plus grande partie des produits qu'il commença à fabriquer; actuellement, elle s'en approvisionne dans ses magasins, car sans compter les relations importantes qu'il entretient avec Paris, il fait des envois fréquens dans les pays de Bade, Wurtemberg et en Suisse, ne pouvant jamais suffire aux commandes qu'il reçoit. — Cependant, comme il n'avait jamais pris part aux Expositions des produits de l'industrie, jaloux de se montrer à celle de 1834, il y a envoyé un petit nombre de pièces et d'articles distraits de ceux destinés à ses acheteurs, et dont le mérite a été bientôt reconnu : c'était de fortes toiles cirées pour emballage; des tissus imperméables pour manteaux, et pour coiffes de schakos, souples comme un mouchoir de poche, et résistant néanmoins aux frottemens les plus forts; des taffetas de santé; des toiles marbrées pour table, imitant le marbre ou l'agathe, de 1 à 3 et 4 couleurs; des tapis ronds de table,

sans envers, pouvant servir d'un côté comme de l'autre; des tapis forts pour voitures, etc., etc. On ne savait ce qui l'emportait dans ces tissus, ou de leur bonté et de leur souplesse, ou de la variété et de la richesse des dessins, ou de la solidité et de l'éclat des couleurs, ou enfin de la modération des prix, qualité que les consommateurs mettent souvent au-dessus de toutes les autres. Mais les impressions lithographiques dont la plupart étaient revêtus, par des procédés que M. Seib fit brevcter à son profit, en 1820, attiraient encore plus les regards; on aurait surtout voulu voir de plus près un tableau de ce genre, placé trop haut, et qui représentait le siége de Paris en 1814. — Le jury central s'est empressé d'adjuger la médaille de bronze, à l'industrieux M. Seib.

734 (21). En 1827, M. *Vayson*, fabricant de tapis à Abbeville, et ayant à Paris, une maison qu'il a récemment placée rue Neuve-des-Mathurins, n° 1, Chaussée-d'Antin, avait présenté des tapis fort beaux : le jury central exprima le regret d'être forcé de les exclure du Concours, par la raison qu'ils n'avaient pas été soumis à l'examen du jury départemental. Instruit par un tel refus qui n'impliquait qu'un défaut de forme, si nous pouvons parler ainsi, cet habile manufacturier a eu soin de se mettre parfaitement en règle pour n'être pas repoussé de l'Exposition de 1834, et il a obtenu la médaille d'argent. Voici ce qui la lui a fait accorder. D'abord, l'établissement de M. Vay-

son à Abbeville, est important; il produit, chaque année, pour 250,000 fr. de tapis (1) qui s'écoulent dans l'intérieur du royaume, et en Suisse où ils ne craignent pas la concurrence anglaise. 300 ouvriers travaillent dans l'enceinte de la fabrique, sans comprendre au dehors 1500 fileuses : la laine et le lin employés, sont indigènes. En second lieu, M. Vayson a appliqué le métier Jacquart, à la confection des tapis dits Écossais qui, auparavant, se fabriquaient à la tire; après beaucoup d'efforts, d'essais et de dépenses, il l'a aussi appliqué au tissage des moquettes et, par ce moyen, un ouvrier fait aujourd'hui ce qui exigeait le travail de trois : il a de plus été conduit par ses recherches, à donner à la moquette une solidité extraordinaire, et il a requis la délivrance d'un brevet d'invention, pour ce nouveau genre de tapis qu'il appelle à *double duite*. Troisièmement, les membres du jury ont remarqué, comme nous, un de ces tapis à deux duites, que M. Vayson avait exposé, où la laine était solidement retenue et intimement fixée dans le tissu de l'étoffe. A toutes ces considérations, qui sollicitaient déjà en sa faveur une distinction des plus honorables, venait se joindre le mérite des autres tapis qui formaient son exhibition. Il y en avait un à figures allégoriques, avec trophée militaire, dont les bandes étaient si bien rapprochées qu'on l'aurait cru d'une seule pièce, remar-

---

(1) Voir le *Recueil des Documens relatifs au projet de loi sur les Douanes*, par MM. Cochaud et de Moléon, p. 344.

quable, en outre, par la variété et l'éclat des couleurs du fond, et par la pureté de l'exécution des dessins; un à dessin de cachemire, fond brun, d'une harmonie de couleur parfaitement entendue; un velouté, dans le genre de la Savonnerie. Nous ne parlons pas de ceux plus communs que M. Vayson y avait ajoutés, tels que descentes de lit, devans de cheminée, doubles tissus ou écossais, etc., tous d'une bonne exécution et de prix modérés, qui prouvent que, si la manufacture d'Abbeville est en mesure de répondre au luxe des riches, elle satisfait également aux besoins des médiocres ou petites fortunes.

735 (1963). M. *Vérité*, à Beauvais, est successeur de M. Lefebvre-Jacquet qui obtint, en 1823, une médaille d'argent rappelée en 1827, pour avoir introduit dans cette ville, l'impression des châles de laine et des draps. Il se livre avec succès à ces deux genres d'industrie, et il y réunit la fabrication des tapis de table. Parmi ceux qu'il avait envoyés au Concours, nous en avons distingué un de l'aspect le plus agréable, dont la bordure était formée par des guirlandes de fleurs. Les membres du jury déclareront dans leur rapport, que l'établissement de M. Vérité continue à se montrer digne de la distinction qu'il a précédemment reçue.

736 (1769). Des tapis de foyer, de la fabrique d'Aubusson, étaient présentés par MM. *Vigier* frères, qui n'avaient point encore pris de part aux Concours de l'industrie nationale. Ils ne tiennent pas dans cette ancienne fabrique, le rang qu'y oc-

cupent les Sallandrouze-Lamornaix et les Rogier, mais ils sont sur la voie qui mène à la perfection, et ce qu'ils ont déjà fait, est un garant de ce qu'ils pourront faire à l'avenir. Leurs tapis de foyer, d'une belle et bonne exécution, et dont les prix ne sont pas trop hauts, doivent être cités avec éloge dans le rapport du jury central.

737 (1769). En entrant dans le 3e pavillon de la place de la Concorde et en regardant à gauche, on était frappé à la vue d'un long tapis de pieds, fabriqué à l'aune, qui se développait du haut du plafond jusqu'au parquet, et semblait destiné à couvrir les marches des escaliers d'une maison opulente. C'était l'ouvrage de MM. *Wey* frères, fabricans à Besançon (1). Le jury en a apprécié convenablement les qualités, en décernant la médaille de bronze à ses producteurs.

2e SECTION.

Velours peints.

738 (910). Depuis et y compris 1823 jusqu'à 1834 inclusivement, MM. *Vauchelet* fils et sœur, à Paris, rue Charlot, n° 3, tenant un dépôt rue de Richelieu, n° 48, ont fait admirer, aux Concours généraux de l'industrie, leurs velours imprimés et peints, pour tentures, tapis, meubles,

(1) Chef-lieu du département du Doubs. Cette ville a beaucoup étendu son commerce depuis que le nouveau canal l'a rendue l'entrepôt naturel des produits du Midi, et de ceux d'une grande partie de la Suisse et du Nord. — On y distingue des fabriques de tapis jaspés et écossais, des brasseries renommées, etc.; — 29,167 habitans.

ornemens d'église, etc. C'est une branche dont leur père fut le créateur en 1809, et qu'il avait fait breveter d'invention à son profit. Quoiqu'ils n'occupent habituellement que 40 ouvriers ou artistes, leur établissement a été honoré de la visite de M. le préfet de la Seine. Les velours où ils savent imprimer, à l'huile, des couleurs et des dessins si variés et si agréables, sont tirés de Lyon, pour les tissus de soie; d'Amiens et de Rouen, pour ceux en coton. Le gouvernement et les autorités supérieures mettent à contribution le talent de MM. Vauchelet fils et sœur : ils ont fourni de charmantes tentures à Trianon, Saint-Cloud, au palais du Luxembourg, à la Cour de cassation, etc. Rien n'égale le bon goût et la fraîcheur de leurs produits qui sont néanmoins très solides, n'étant pas sujets à s'écailler, ne craignant pas la piqûre des vers, et ne s'altérant jamais ni à l'humidité ni à l'ardeur du soleil; ils y représentent avec une grande pureté et une extrême correction de dessin, tous les sujets qu'on leur propose ou que l'on désire. — La médaille d'argent qu'ils reçurent en 1823, a été rappelée, à leur avantage, aux Expositions suivantes, et le jury central de la dernière a reconnu qu'ils en sont toujours dignes.

Revoir l'article de M. Gobert à qui, dans la 1re section du chapitre treizième, nous avons assigné le n° 666, et qui avait parmi les objets de son exhibition, des velours peints.

3e SECTION.

Velours imitant la peinture.

739 (460). M. *Grégoire*, à Paris, logé aux frais du gouvernement, rue de Charonne, hôtel Vaucanson, n° 47, n'est pas moins exact que MM. Vauchelet fils et sœur, à se présenter aux Expositions générales des produits de l'industrie; il a même commencé à y paraître avant eux, car c'est un de nos artistes les plus anciens. Déjà en 1806, il obtint la médaille d'argent, qui a été rappelée en 1819, 1823, 1827 et 1834. — La nature l'a doué d'un esprit inventif. Ses tissus circulaires furent sa première invention; bientôt il y joignit les velours chinés imitant la peinture : c'est ce dernier article qu'il reproduisait sur la place de la Concorde. Sans indiquer son mode d'exécution qu'il a bien voulu nous faire connaître, bornons-nous à dire avec le public dont nous ne sommes que l'écho, qu'il n'y a rien de gracieux comme les velours chinés peints de M. Grégoire; vous diriez des tableaux charmans faits au pinceau. Un autre mérite est venu se réunir à celui de leur composition : leur prix est réduit de deux tiers.— La dernière découverte de M. Grégoire, qui en a pris le brevet, consiste dans un ballon hydrostatique destiné à mesurer la profondeur des eaux de la mer, des fleuves et des lacs. Elle est, en ce moment, soumise à l'examen de l'Institut.

4e SECTION.

Tentures en papiers peints.

Avant que le papier peint ne fût connu, le riche seul était pourvu des moyens de faire orner ses appartemens de tentures qui, si elles étaient coûteuses, avaient l'avantage de durer long-temps. L'homme à fortune médiocre, le pauvre même sont à portée, aujourd'hui, de se procurer une semblable jouissance. Aussi, les logemens les plus modestes, et jusqu'aux galetas, sont revêtus de tapisseries en papier. On les voit souvent affichées dans Paris, à dix sols le rouleau. Qui refuserait, à un prix si modiqne, d'en couvrir la nudité des murailles entre lesquelles se passent les trois quarts de la vie! A la vérité, cet ornement n'est pas durable; mais rien de plus facile que de le renouveler sans beaucoup de dépense.

La fabrication du papier peint qui, chez nous, se perfectionne de plus en plus, est une industrie vraiment française. Dans un pays comme le nôtre, où la connaissance des arts du dessin est générale, ses produits se diversifient de mille façons, et les nouveautés s'y succèdent et se remplacent incessamment. D'un autre côté, le goût français commandant partout à l'empire de la mode, nos papiers peints se répandent jusqu'aux extrémités de l'univers.

740 (558). M. *Benoit*, à Paris, boulevard des Italiens, n° 15, ayant sa fabrique, rue du Rocher, n° 42, sera cité avec éloge, dans le rapport du

jury central. Parmi les papiers peints qu'il exposait, le public a remarqué une sorte de rideau, gros tulle d'argent, fort riche. On remarquait aussi une tenture pour décorer les prétoires des tribunaux de première instance et des justices de paix : elle était d'un dessin qui réunissait la noblesse à la simplicité, convenable et analogue à sa destination.—M. Benoit est un des industriels qui met le plus de goût et de richesses dans la composition de ces dessins, et c'est le mérite de ses travaux qui attire la foule dans son magasin.

741 (446). Des papiers peints très variés et parmi lesquels se distinguaient, d'une part, un grand lambris de velouté rouge ayant au centre un beau dessin d'ornemens, et, de l'autre, une frise chargée d'oiseaux de mille couleurs, ont valu la médaille d'argent à MM. *Cartulat-Simon* et Ce, rue de la Chaussée-d'Antin, n° 1, à Paris. Cette maison succède à celle de M. Simon qui reçut la médaille de bronze en 1806, et la médaille d'argent en 1819, avec rappel de la dernière distinction en 1823.

742 (1025). Nous ne ferons que mentionner M. *Dutertre*, à Paris, rue Popincourt, n° 12. Il offrait aux regards du public, un paysage pour tenture, représentant des choses diverses, qui ne s'est point attiré de distinction de la part du jury; c'était une application de la lithographie à la fabrication du papier peint.

743 (1081). La plus ancienne fabrique de papiers peints de Paris, est celle de M. *Jacquemart*, rue de Montreuil, n° 39. Elle obtint dès 1806, la

médaille d'argent qui a été rappelée en 1819, 1823, 1827, et tout récemment en 1834. Les rappels successifs de cette distinction, prouvent que M. Jacquemart soutient dignement une réputation qu'il ne s'est acquise qu'en perfectionnant son art, et par beaucoup de travaux, d'efforts et de persévérance. — Les produits qu'il étalait sur la place de la Concorde, nous paraissent avoir été appréciés si convenablement par un journal quotidien qui en rendit un compte très avantageux, que nous transcrivons ici le jugement qu'il en a porté et que nous adoptons dans toutes ses parties. « Voilà des veloutés, dit-il. Ce grand lambris rouge est superbe. Les oiseaux et les fleurs, » peints sur fond noir, produisent un effet brillant; la grande bordure à fleur est du goût le » plus parfait. Mais ce que je ne puis me lasser de » regarder et d'admirer, ce sont les ornemens argent sur fond azur; rien n'approche de cette » élégance et de cette richesse. Les paysages » pour devant de cheminée, montrent ce que peut » cette brillante industrie des papiers peints, qui » est destinée à d'autres progrès encore. »

744 (449). Le public s'est vivement intéressé à l'exhibition de la manufacture de madame veuve *Mader*, rue de Montreuil, n° 1, à Paris. Ses admirateurs soutenaient que la palme lui était due sur la généralité de ses concurrens : ce jugement avait trop de portée, s'il embrassait toutes les parties de la fabrication des papiers peints; il n'était que juste, en le restreignant aux décors. C'est là qu'excelle madame Mader, et qu'elle s'est éle-

vée à une haute perfection. Habile dans l'art de fondre les couleurs en les imprimant à la fois et d'un seul coup, elle fait exécuter rapidement et d'une manière économique, sur des fonds très étendus, des fleurs, des oiseaux, des guirlandes, des arabesques, des imitations de bois exotiques ou indigènes, etc., qui, sans l'emploi de la brosse, produisent l'effet le plus gracieux. Aussi, après avoir vu ses grands décors gris et argent, et sa belle frise, on venait les voir de nouveau. Elle y avait joint une pièce moins importante; ce n'était qu'un devant de cheminée représentant une chasse écossaise, mais imitant si bien l'*aquatinta* qu'on l'aurait pris pour une gravure. La médaille d'argent a été décernée à madame Mader, qui méritait assurément de la recevoir.

745 (161). M. *Prot*, fils aîné, passage Choiseul, nos 79 et 81, à Paris, exposait des paravents qu'il appelle *paravents-théâtre*. Ils sont faits de manière à être disposés facilement et promptement dans un salon, pour y jouer la comédie. Ce n'est pas à ce genre de papiers peints que se borne M. Prot, il en embrasse toutes les espèces, toutes les variétés, et sa maison est abondamment pourvue de celles qu'on lui demande, tant de l'étranger que de l'intérieur.

746 (162). Il y avait dans l'exhibition de M. *Rimbaut* (Jean-Baptiste-Désiré), à Paris, rue Montesquieu, n° 4, un papier peint pour lequel il s'est fait breveter d'importation; il lui a donné la dénomination de *papier-soie*. C'est, effectivement, une étoffe de soie unie qui y recouvre le

papier, et sur laquelle on imprime toutes sortes de dessins. La tenture est moins chère que les tentures en pure soie, mais l'est beaucoup plus que celles en papier peint. Du reste, en suivant la voie ordinaire de cette industrie, et sans employer d'autre matière que le papier, M. Rimbaut a fait preuve de talent et de goût par ses dessins, et a montré, par l'exécution des nouveautés dont il est auteur, qu'il sait ajouter à son art des perfectionnemens qui en relèvent les produits. Le jury central le mentionnera honorablement.

747 (1928). MM. *Zuber* et Cᵉ, à Rixheim (1), département du Haut-Rhin, attiraient tous les regards par deux grands tableaux de paysage représentant, le premier une chasse aux taureaux sauvages, et le second la vue de Rio-Janeiro. Ils y avaient joint un panneau de décor chinois, imitant les peintures chinoises pour tenture; un autre panneau vert, impression en taille douce; et une série de papiers de tenture, imprimés la plupart de la même manière, autrement dite au rouleau. — Ces messieurs ont déjà été désignés à notre treizième chapitre, dans la notice que nous y avons donnée sur l'industrie de la ville de Mulhausen et du département du Haut-Rhin. Leur manufacture de papiers peints, qui est une des plus anciennes de France, a contribué puissamment à en perfectionner la fabrication. En 1822, ils l'en-

(1) A 19 kil. d'Altkirk. Ville très industrielle, et qui peut être considérée, pour ses divers genres d'industrie, comme une succursale de la ville de Mulhausen.

richirent du procédé des teintes fondues ; plus récemment, ils ont appliqué au papier peint, l'impression au rouleau gravé en taille-douce. — Une autre invention remarquable, qui rend des services éminens au même genre d'industrie, et dont MM. Zuber et Ce se sont assuré temporairement la jouissance exclusive par un brevet, est le fruit de leur haute intelligence ; c'est celle de la machine à faire le papier continu, qui fournit des rouleaux d'une seule pièce, de neuf aunes de longueur, collés, apprêtés, et parfaitement droits et planes, de manière que l'on arrive à une régularité d'impression, à une précision et à une délicatesse que l'on n'avait encore pu atteindre. — Chaque année, leur établissement livre au commerce, tant à l'étranger qu'en France, au moins 200,000 rouleaux de papier peint, d'une valeur de 450,000 f. Il y entre pour 150,000 de papier blanc, et les frais de fabrication, les couleurs et le salaire des ouvriers y prennent part pour 300,000. — Si des Exposans se sont retirés satisfaits du Concours, ce sont sans doute MM. Zuber et Ce. Après avoir reçu la médaille de bronze du jury central de 1819, une médaille d'or de la Société d'Encouragement en 1833, ils ont obtenu la médaille d'or du jury de l'Exposition de 1834 ; et le roi a décoré le chef de leur maison, M. Zuber, de l'ordre de la légion-d'honneur.

APPENDICE AUX TENTURES DE PAPIER PEINT.

Tenture en paille de diverses couleurs.

748 (921). Nous rattachons, sous forme d'appendice, aux tentures de papier peint, un nouveau genre de tenture imaginé par M. *Pernot*, rue du Temple, n° 94, à Paris, et qu'il exécute en paille de diverses couleurs. Il n'en avait présenté qu'un petit nombre d'échantillons ; c'était des pièces destinées à faire partie d'une tenture, et des tapis. S'il avait eu le temps et si on lui eût fourni sous les pavillons de la place de la Concorde un local convenable, il l'aurait tapissé en paille, en y établissant le parquet en forme de mosaïque, et en couvrant ainsi les meubles qui auraient été surmontés de vases et corbeilles de fleurs, le tout fait de la même matière. Qu'on ne dise pas que de tels ornemens ne peuvent être solides. M. Pernot répond qu'on ne parvient à les détacher du bois qu'avec un instrument tranchant et en creusant jusqu'au bois ; et qu'il a, en outre, un vernis qui les préserve de l'humidité. Il faut bien que le jury y ait reconnu quelque mérite, car il les citera avec éloge dans son rapport. — Les pailles satinées de M. Pernot, servent aussi à faire des chapeaux de dame, des bonnets grecs, des paniers, etc., qui ne sont ni déformés ni endommagés par la pluie : elles prennent toutes les empreintes qu'on veut leur donner, imitant les pailles d'Italie, le moiré, et les dessins divers des étoffes de soie et des papiers peints.

QUINZIÈME CHAPITRE.

PAPIER.

Si la fabrication des papiers peints, qui a été l'objet de la dernière section du précédent chapitre, emploie le papier blanc comme matière nécessaire à l'application de ses couleurs, à combien d'autres usages ne fait-on pas servir le papier! — La typographie, l'écriture, le dessin, la gravure, la lithographie, l'autographie, etc., en consomment d'immenses quantités; l'imprimerie surtout, exploitée par une presse libre, le consacre abondamment à multiplier une foule d'écrits périodiques, à mettre au jour les nouvelles œuvres scientifiques ou littéraires, à reproduire les ouvrages anciens ou étrangers soit en original soit par traduction.

Pour satisfaire à tant de besoins, nos papeteries ne sauraient rester en chômage. Aussi, travaillent-elles beaucoup, et ce qui étonne, c'est que l'abondance de leurs produits ne nuit pas à la qualité. On en avait bien vite acquis la preuve en parcourant le deuxième pavillon de la place de la Concorde, à la vue des beaux papiers qu'il contenait et qui y étaient envoyés des fabriques de l'Ardèche, de l'Aube, de l'Eure, de Seine-et-Marne, de Seine-et-Oise, de la Somme, des Vosges, et des anciennes provinces d'Auvergne, Angoumois, Limousin, etc.

La Hollande et l'Angleterre ont été nos supérieures dans la fabrication du papier. Nous les égalons aujourd'hui. On ne recherche presque plus leurs papiers, de préférence aux nôtres : à peine se trouve-t-il quelques Anglais séjournant en France qui, par préjugé ou par habitude, demandent du papier à écrire provenant de leur nation; et on leur en vend comme tel, qui a été fait par un fabricant français avec insertion dans la pâte, du filigrane d'un fabricant anglais.

Cet art continue d'être en progrès. Si l'impulsion avait été donnée avant 1827, elle ne s'est pas ralentie postérieurement. Le collage ordinaire s'était perfectionné : on y substitue, dans plusieurs établissemens, le collage à la cuve qui est plus avantageux. D'un autre côté, les machines à faire le papier, dont l'idée première est due à un Français, se propagent, et nos mécaniciens les rendent plus parfaites en les simplifiant.

Nous disposons les matériaux de ce chapitre, de manière à parler d'abord des produits des fabriques de papier qui ont été admis au Concours et, successivement, de ce que nous y avons vu en objets dépendant de l'industrie et du commerce de la papeterie, et en papiers dits de fantaisie, de sûreté, et papier de verre.

Ire SECTION.

Produits des fabriques de papier.

749 (1412). MM. *Andrieux* frères, à Morlaix (1), département du Finistère, qui exploitent une papeterie à Glaslau, près de cette ville, présentaient à l'Exposition, des papiers bulle destinés aux fabriques de papier peint, faits à la mécanique, bien collés, d'un bon apprêt, et de prix si modérés qu'ils n'excèdent pas 7 fr. 50 cent. la rame. Ces produits donnent des espérances; ils ne peuvent cependant rivaliser encore ceux de la papeterie du Marais, à qui est assigné ci-après le nº 774, ni ceux de MM. Zuber et Ce, de Rixheim, compris à la dernière section du quatorzième chapitre, sous le nº 748.

750 (1629). Une mention honorable a été accordée à M. *Ballande* (Casimir), à Guzorn, département de Lot-et-Garonne, exposant des papiers divers qui nous ont paru de bonne fabrication.

751 (1697). Pour avoir l'idée d'une papeterie qui, à la plus heureuse situation et à une force hydraulique de 96 pieds de chute, représentant 140 chevaux, réunit les meilleures machines et

---

(1) Port de l'Océan, dont la rade est sûre et commode, car les déchargemens des navires peuvent se faire à la porte des négocians. — On y fait un grand commerce de fils blancs et écrus, de papier, de lin et de chanvre, et de beurre, qui maintenant rivalise avec celui d'Isigny. — 9,600 habitans.

tous les perfectionnemens connus, il faut aller voir celle exploitée par MM. *Béchetoille* et Ce, à Bourg-Argental (1), département de la Loire, entre Annonay et St.-Étienne, qui ont à Paris un dépôt chez M. Isnard, rue Thévenot, nº 12. Elle n'a été construite qu'en 1826, et c'est à partir de 1827 seulement qu'elle se trouve en activité. Ses produits sont beaux et bons; ils s'élèvent, par an à 210,000 kilogrammes de papier qui s'écoulent à Paris, Lyon et dans tout le midi de la France. La plupart se vendent en concurrence avec ceux d'Annonay, et un peu meilleur marché à cause de la réduction des frais de fabrication, que les entrepreneurs s'efforcent de restreindre encore par la prompte adoption des procédés économiques dont leur art vient à s'enrichir. Six moulins à cylindre et un moulin à maillets alimentent la machine à papier, qui travaille dix-huit heures sans interruption, avec une vitesse moyenne de 35 pieds à la minute, en produisant du carré d'impression du poids de 7 à 8 kilogrammes. Par décision du jury central, MM. Béchetoille et Ce ont reçu la médaille de bronze.

752 (1559). De cette intéressante papeterie nous passons à une des plus jolies et des plus agréables qui existent dans le royaume, appartenant à MM. *Blanchet* frères et *Kléber*, dont les bâtimens sont faits avec élégance, très commodes et très solides; située à Rives (2), département de l'Isère,

---

(1) Ses eaux sont très propres aux blanchisseries; — 2,500 habitans.

(2) On y fabrique des aciers naturels pour coutellerie commune, de la toile sur mille métiers environ; — 2,000 habitans.

dans un vallon charmant, la grande route de Lyon à Grenoble, longe ses jardins. L'eau qui la fait mouvoir, d'une limpidité sans égale, ne tarit en aucune saison, ne gèle et ne se trouble jamais. Ce qui, selon nous, est préférable à ces agrémens, qui cependant ne sont pas à dédaigner, c'est la disposition de l'intérieur de l'usine où il y a cinq cuves, 230 ouvriers, hommes, femmes et enfans, et deux machines à papie : on y travaille aussi à la main; ce qui l'emporte surtout, aux yeux de l'appréciateur impartial, c'est l'excellence des produits dont la valeur est de 5 à 6 cent mille francs par an. Il ne s'y fait rien de commun. MM. Blanchet frères et Kleber fabriquent néanmoins des papiers de toutes sortes, à lettres, pour dessin, gravure, lithographie, lavis, impression, registre, etc.; mais tout est dans le beau. Le papier à registre, notamment, est recherché par la généralité des marchands papetiers de Paris; il en est de même des papiers faits à la main, tellement supérieurs à ceux des autres manufactures, qu'ils se vendent à des prix plus élevés. — La médaille d'argent a été décernée à MM. Blanchet frères et Kleber. Nous avions présumé qu'ils recevraient celle d'or; ils nous en paraissaient dignes, et nous n'hésitons pas à dire qu'ils avaient droit d'y prétendre.

753 (1864). M. *Boulard*, à Villeneuve, près Bar-sur-Seine, département de l'Aube, possède le matériel de la papeterie que M. Horne fils, qui obtint une médaille d'or en 1823, avec rappel en 1827, avait établie dans le département du Pas-

de-Calais, à Hallines près de St.-Omer. En le réunissant à ce qui servait déjà à son exploitation, il a su en tirer un bon parti; et s'il continue d'opérer comme son cédant, il a sur lui l'avantage de vendre à meilleur marché. Ses papiers, presque tous propres au dessin, au lavis et à la taille-douce, sont dans les premières qualités, d'une excellente fabrication, et leurs prix varient de 35 à 300 fr. la rame : ses grands formats pour lavis se distinguent par un parfait collage; non-seulement ils peuvent supporter l'éponge et le pinceau, mais être soumis à un bain de rivière pendant plusieurs minutes sans que l'eau pénètre intérieurement. L'établissement de M. Boulard est pourvu de deux cuves, d'une machine à faire le papier continu, et il occupe 110 personnes. Son dépôt est à Paris, chez M. Boichard, rue des Grands-Augustins, n° 7 : il est toujours bien assorti. La médaille de bronze a été décernée à M. Boulard.

754 (1427). Ce n'était pas des produits d'une papeterie en activité qu'exposait M. *Brard*, ingénieur civil à Terrasson, département de la Dordogne; c'était des échantillons de papier grossier et de carton en pâte, faits avec du bois pourri. Ayant séjourné deux fois au milieu des forêts des Alpes, il fut frappé de la quantité énorme de bois pourri qui se perd dans les lieux escarpés, d'où il est impossible de retirer les arbres qui y meurent sur pied ou y tombent accidentellement. Ses idées se portèrent, en conséquence, vers les moyens de le rendre utile. Les essais qu'il tenta sur place à

cet égard lui ayant réussi, il se fit délivrer un brevet d'invention qui est aujourd'hui tombé dans le domaine public de l'industrie. D'après les résultats obtenus, M. Brard a plus que jamais la conviction qu'il est facile de tirer parti d'une matière restée jusqu'à présent sans valeur, de l'appliquer aux besoins des arts, et de créer pour les habitans des Alpes, des Vosges, des Pyrénées, etc., une nouvelle branche de travail et de commerce. Ils opéreraient sur les lieux même où se trouve le bois pourri, en le dépouillant d'abord de ses nœuds et de son écorce, en réduisant ensuite le bois et l'aubier ou tissu ligneux à l'état de pâte, par une simple macération : en cet état, il est susceptible de se feutrer, et de se convertir en carton, pour être employé à la reliûre et au cartonnage des livres, ainsi que l'a expérimenté l'inventeur; il pense aussi qu'à raison de sa grande solidité, on le ferait avantageusement servir au tissage des draps. Quant au papier, si on l'intercalait entre le bois des vaisseaux et le cuivre ou le zinc qui les recouvre, il concourrait utilement à leur doublage; M. Brard en a fait l'épreuve sur la frégate l'Égyptienne, lorsqu'elle était en construction à Marseille.

Des détails où nous venons d'entrer, il résulte que ce savant ingénieur n'est pas dépourvu de l'esprit inventif qui, par d'heureuses découvertes, agrandit l'empire des arts, et accroît leur influence. Nous le retrouverons au chapitre vingt-cinquième, où seront rappelées les chaux hydrauliques admises au concours, et dans le vingt-sixième, où il sera question des tuiles plates en verre.

755 (1991). Deux rames de papier, l'une azurée et l'autre sans azur, composaient seules l'exhibition de M. *Bressard*, entrepreneur propriétaire de la papeterie du Vernois, près Arbois (1), département du Jura. Elles provenaient d'un mélange de chiffons de laine et de toile bleue, qui est connu dans les papeteries sous le nom de *gris*. On ne peut qu'approuver la tentative faite par M. Bressard, pour accroître la masse des matières premières, nécessaires à la fabrication du papier, lesquelles deviennent chères de plus en plus; les produits qu'il en obtient, lui reviennent 20 p. 0/0 meilleur marché que ceux fournis par les chiffons blancs, et il peut facilement leur procurer la même blancheur. Nous aurions désiré par ces considérations, que le jury l'eût cité avec éloge dans son rapport.

756 (1776). Dans le département de la Charente, à Veuze et à Saint-Michel, deux belles papeteries sont exploitées par MM. *Callaud Bellisle* fils et frères. Ils avaient enrichi l'Exposition d'excellent papier fait à la mécanique, et de papiers à grands formats pour dessins et lavis, remarquables par la pureté et l'égalité de leur contexture. Le jury central leur a accordé la médaille d'argent.

757 (1579). MM. *Canson* frères, à Vidalon-lès-Annonay, département de l'Ardèche, qui re-

(1) Placé au milieu d'un vignoble très renommé; — 7,000 habitans.

çurent la médaille d'or en 1819, ont parfaitement soutenu, en 1834, la belle réputation qui leur est depuis long-temps acquise. C'est ce qui a porté le jury central à déclarer qu'ils sont toujours dignes de cette honorable distinction. Ils exposaient des papiers de toutes sortes, de toutes les grandeurs et pour tous les usages : la blancheur, le collage et l'apprêt n'y laissaient rien à désirer.

758 (903). La fabrication des papiers de l'ancienne province du Limousin, a été améliorée par M. Léon *Chaput*, à Saint-Léonard, département de la Haute-Vienne, ayant un dépôt à Paris, rue du Jardinet, n° 1. Il se flatte de les avoir rendus égaux, pour les éditions de luxe, aux beaux carrés fins des Vosges, et il les offre néanmoins aux imprimeurs et libraires, à 10 fr. la rame, ou 20 p. o/o meilleur marché.

759 (1998). M. Jean-Victor *Corret*, à Lepuy-Moulinier, même département, offrait aussi des papiers d'impression ; s'ils n'étaient pas des plus fins, ils sont cependant à rechercher pour la modération de leur prix, qui se proportionne à l'usage auquel on les destine.

760 (1581). La papeterie mécanique de Jendheures, arrondissement de Bar-le-Duc, établie dans la terre de M. le maréchal duc de Reggio, était dirigée en 1827 par M. Saint-Léger-Didot, qui l'avait fondée, et qui obtint la médaille d'or. Il a été déclaré, par les membres du jury, que M. *Delaplace*, son successeur, continue à rendre ce bel établissement digne de cette distinction du premier ordre.

761 (1758). C'est aussi du papier fait à la mécanique, bulle et carré d'impression, qu'avaient envoyé MM. le comte *Delaroche-Lambert* et Ce, à Sainte-Apollonie, près Laval, département de la Mayenne; ils seront cités avec éloge dans le rapport du jury. La chute d'eau de cette papeterie est magnifique. C'est elle qui inspira à M. le comte Delaroche-Lambert, l'idée de faire construire un établissement qui procure du travail à des ouvriers autrefois malheureux. Sa situation est charmante, près d'un couvent de trapistes. Les produits qu'elle livre au commerce, sont estimés pour leur consistance et pour leur bon collage : il s'en fait une grande consommation dans les colléges et les écoles primaires.

762 (1779). M. *Delestrade* (Maxime), à Meyrargues, département des Bouches-du-Rhône, sera cité avec éloge dans le rapport du jury. Il s'est étudié, comme M. Brard, précédemment inscrit sous le n° 754, à accroître la quantité des matières premières que réclament les besoins de nos papeteries, et il y est parvenu par un autre moyen. Ses recherches l'ont conduit à reconnaître et constater qu'une algue marine qu'on trouve en abondance dans les étangs salés, est propre à fournir ce résultat, et qu'elle peut être exploitée par des moyens qu'il a découverts et dont il est breveté d'invention. En conséquence, il forme à cet effet un établissement qui le mettra à portée de vendre aux fabricans de papier, des pâtes analogues à celles qu'ils emploient, ce qui est susceptible de diminuer le prix des papiers en abaissant celui des

chiffons. Tel est l'espoir que donnent les échantillons de papier et de pâte, que M. Delestrade a présentés au Concours.

763 (1447). M. *Didot* (Frédéric-Firmin), à Menil-sur-l'Estrée, département de l'Eure, exposait de beaux et bons papiers de tout genre, provenant d'une papeterie mécanique qu'organisa feu M. Saint-Léger-Didot, son parent, dont il a été question au n° 760. Membre d'une famille qui a porté la typographie française au plus haut degré de perfection, il reste digne en ce qui le concerne, ainsi qu'il sera énoncé dans le rapport du jury, d'avoir part aux trois médailles d'or qu'elle a obtenues aux précédentes Expositions, et que nous rappellerons plus amplement dans notre Chapitre vingt-neuvième.

764 (1472). *Echarcon* (la Société anonyme de la papeterie mécanique d'), possède un magnifique établissement sur la rivière d'Essonne, près de Mennecy, département de Seine-et-Oise, lequel est mis en activité par une force de 140 chevaux qui varie rarement. Il y a douze cylindres, deux machines à faire le papier, 200 ouvriers, et ses produits s'élèvent à près de 3000 livres par jour. — Par sa position près de la capitale, il offre aux imprimeurs et libraires parisiens l'avantage d'être approvisionnés en huit jours de temps, des fournitures qu'ils peuvent désirer : ses magasins, placés rue du Mail, n° 9, sont d'ailleurs constamment remplis de papiers de toutes sortes, à écrire, d'impression, de lithographie, de taille-douce, etc. — C'est encore à raison de sa proximité de Paris,

et des hommes éclairés qui font partie de ses actionnaires, que la papeterie d'Echarcon, nous paraît appelée à concourir d'une manière efficace au perfectionnement de son genre d'industrie. Nous en avons un sûr garant, dans ce qu'elle a déjà exécuté. En effet, 1° elle fabrique un papier-filtre, extrêmement pur, qui ne laisse aucune perte à ceux qui l'emploient; 2° elle est brevetée d'invention pour des procédés de fabrication d'un papier de paille analogue à celui de chiffons; 3° il lui a été délivré un autre brevet pour le papier façon de Chine, et c'est avec le roseau des marais, qui croît abondamment dans la vallée d'Essonne, qu'elle le produit d'une manière si avancée vers la perfection que, sur le rapport de M. Mérimée, la Société d'Encouragement lui en a témoigné sa satisfaction.—Par toutes ces considérations, jointes aux qualités des articles nombreux que la Société anonyme de la papeterie mécanique d'Echarcon étalait sur la place de la Concorde, le jury central lui a décerné la médaille d'or.

765 (1591). Une petite papeterie est tenue en activité à Saint-Barthélemy, arrondissement de Mortain, département de la Manche, par M. *Gaulard*. Elle a été fondée, il y a plus de 200 ans, par ses ancêtres. Ses produits sont dans le genre commun, et à en juger par ceux qu'elle avait envoyés au concours, la qualité est bonne pour les prix cotés par le fabricant.

766 (1766). Des papiers divers faits à la main, ont été offerts par MM. *Jaffard* père et fils, à

Mende (1), département de la Lozère. Le jury nous paraît en avoir apprécié convenablement les bonnes qualités, en accordant une mention honorable à leurs producteurs.

767 (1576). M. *Johannot* (François), à Annonay, département de l'Ardèche, ayant son dépôt à Paris, chez M. Bechot, rue de Cléry, n° 9, est un des fabricans qui ont le plus avancé et perfectionné en France, la fabrication du papier. En nous exprimant de la sorte, nous faisons pressentir qu'il a été un des premiers à s'approprier l'usage des mécaniques qui servent aujourd'hui à l'exploitation de cette industrie. — En 1806, il reçut la médaille d'or, qui a été rappelée à son avantage en 1819. Il ne parut pas aux concours de 1823 et de 1827. A celui de 1834, on l'a revu avec la supériorité qui distingue ses produits, soit pour la beauté de la pâte, soit pour les soins donnés à l'apprêt, soit pour le collage. — Le jury n'aurait pas hésité à adjuger la médaille d'or à M. Johannot, s'il ne l'avait pas obtenue depuis longtemps.

768 (549). Les fabricans dont la raison sociale actuelle est *Lacroix* frères et *Delaroche*, exploitent deux papeteries à Saint-Cybard et Saint-Michel, près d'Angoulême : ils ont une maison à Paris, rue Dauphine, n° 20. Le père de deux d'entre eux, M. Lacroix jeune, fut mentionné honorable-

---

(1) Les serges de cette ville sont renommées, et elle est le centre d'un commerce considérable. On en expédie beaucoup en Italie, en Allemagne et en Espagne.

ment en 1819, et reçut la médaille de bronze en 1823. — Ces messieurs n'avaient presque pas mis d'autres papiers à l'Exposition, que ceux qu'ils savent parfaitement glacer et qui, sous le nom de Wathman, sont recherchés par les amateurs du beau papier à écrire. Extrêmement agréable pour l'écriture, surtout si l'on se sert de plumes métalliques, cette sorte de papier flatte l'œil, car elle est brillante comme le satin, et sa consistance, même dans les qualités les plus minces, résiste à la main la moins légère. Son prix est néanmoins inférieur de 50 p. 0/0, au papier anglais de l'espèce analogue. — C'est à celui de MM. Lacroix qui tient la maison de Paris, qu'est due la découverte du procédé à l'aide duquel on produit de tels effets. Malheureusement pour lui et pour ses associés, il a eu bientôt des imitateurs qui partagent le bénéfice qu'ils auraient pu s'assurer exclusivement par un brevet d'invention. — Le jury leur a décerné la médaille de bronze.

769 (1774). M. Jean *Laroche* aîné, à Saint-Michel, près Angoulême, exposait, ainsi que la maison précédente, du papier glacé. Il annonce qu'il le vend moitié moins qu'on ne le paye en Angleterre, et comme papier réellement anglais.

770 (1775). A Nersac, près de la même ville d'Angoulême, M. *Laroche-Joubert* tient en activité une papeterie à deux cuves dont il augmente, au besoin, le travail par une troisième. Ce n'était, en quelque sorte, que de simples échantillons qu'il avait adressés pour le concours; ils consistaient en quelques mains de papier vélin, coquille,

coquille vergeure, etc. La qualité nous en a paru bonne, et nous regrettons que le jury ne doive pas les citer dans son rapport.

771 (1509). Le jury de 1823 augurait que la papeterie de MM. *Latune* et Ce, à Blacons, département de la Drôme, à qui il décerna la médaille de bronze, prendrait beaucoup d'accroissement : elle avait été établie en 1818 seulement, à la portée d'une chute d'eau de 24 mètres. Ses prévisions se sont réalisées. En 1834, MM. Latune et Ce avaient en activité trois cuves, trois cylindres broyeurs, quarante-huit maillets, se proposant d'y joindre incessamment une machine à papier continu : ils occupaient plus de 100 ouvriers. Leur principale fabrication est celle des papiers pour dessin et pour registres, ainsi que pour cartes à jouer; ce n'est pas qu'ils ne fabriquent également, mais en quantités moindres, du papier à lettres, à impressions, à lithographie, etc., collé et non collé, et du papier d'encartage destiné à servir d'enveloppe aux tissus de soie. — Ces messieurs n'emploient que des chiffons de première qualité; leurs pâtes sont blanchies ou non blanchies, et collées par la gélatine ou par la colle végétale. Ils écoulent dans le midi de la France, en Savoie et en Suisse, une partie de leurs principaux produits. Cependant, leur réputation est si bien faite, que malgré d'énormes distances qui occasionnent des frais de transport considérables, les départemens du Nord et la capitale en reçoivent une autre partie. Leur dépôt est à Paris, chez M. Raymond-Malmenaïde, rue Saint-André-des-Arts,

n° 59. — Les papiers qu'ils exposaient ont tellement satisfait le jury central, qu'il leur a accordé la médaille d'argent.

772 (1798). Voici une papeterie qui n'est en activité que depuis trois ans, et qui donne de grandes espérances. Substituée à un ancien établissement du même genre, qui ne produisait que du papier gris et d'emballage, au hameau du Petit-Rabousy, près Vervins, département de l'Aisne, elle est déjà pourvue de deux moteurs hydrauliques; de cylindres et de maillets, par la réunion de l'ancien et du nouveau système; de cuves chauffées à la vapeur, à l'aide d'une pompe à basse pression; de machines qui distribuent convenablement les eaux et les matières; de presses hydrauliques appliquées aux cuves et au pressage sec; d'un laminoir mû par l'eau pour l'affinage des cartons et le cylindrage des papiers; d'appareils à préparer ce qui sert au blanchîment et au collage, etc. : le blanchîment s'y opère au chlorure de chaux et chlore gazeux et liquide; le collage s'y fait alternativement, à base animale, et à base vegeto-minérale. C'est à M. *Loubry*, militaire pensionné, qu'est due une si heureuse transformation à laquelle seront ajoutées des améliorations nouvelles, et notamment le tamis épurateur métallique. Son fils, plein d'instruction, possédant des connaissances étendues en mécanique et en chimie, qui est devenu industriel par goût, le seconde avec zèle et intelligence, et prend toute la charge de la direction des travaux qui occupent 45 ouvriers. Aussi, la fabrique produit annuellement 12,000 rames, dans

la sorte appelée cloche ou grand raisin, telle que les échantillons envoyés au concours, qui étaient bien fabriqués et que le jury citera avec éloge dans son rapport. — M. Loubry nous mande qu'il a fait du bon papier d'emballage, avec le résidu des pommes de terre; il a craint de le joindre à son exhibition, et nous nous permettrons de lui dire qu'il a eu tort. Premièrement, la chose n'est pas nouvelle; elle a été tentée, nous ne savons avec quel succès, mais nous n'ignorons pas qu'elle était l'objet d'un brevet d'invention aujourd'hui tombé dans le domaine public. En second lieu, rendre utile une matière qui se perd, n'est qu'un acte louable et digne d'encouragement. Nous ne pouvons, au surplus, qu'encourager également M. Loubry, à poursuivre les essais qu'il nous annonce avoir commencés, à l'effet d'obtenir le papier-tan pour la coutellerie.

773 (1741). M. *Luilgot*, à Deyvilliers, département des Vosges, a fourni de bons papiers d'impression, en qualités diverses.

774 (1950). *Marais* (la papeterie du), à Jouy-sur-Morin, près Coulommiers, département de Seine-et-Marne, et celle de Sainte-Marie, exploitées l'une et l'autre au profit de la Société anonyme qui en porte le nom, et dirigées par M. *Delatouche*, avaient envoyé des produits extrêmement remarquables. Il y avait des papiers faits à la main, et des papiers obtenus par moyens mécaniques. Les premiers paraissaient inférieurs aux seconds, à côté desquels ils étaient placés : ceux-ci s'appréciaient facilement, d'ailleurs, parce qu'il y en

avait une partie sans apprêt. On en a conclu que la fabrication à la main est presque restée stationnaire, tandis que la fabrication mécanique a fait des progrès immenses. Nous ne nous arrêterons pas sur les autres sortes de papiers offertes par M. Delatouche, telles que papiers à lettres sans l'envers désagréable qui les dépréciait anciennement, papiers d'impression qui avaient l'apparence d'être collés, quoiqu'ils ne le fussent pas, etc.; mais ce qui nous a vivement frappés, c'était des rouleaux pour tenture, d'une très grande largeur et d'une longueur indéfinie, produits par une mécanique nouvelle, et coupés par la mécanique elle-même : le lisse, la pureté et la fermeté qui les distinguent, en provoquent tant de demandes que tous les demandeurs ne peuvent être satisfaits. — La Société anonyme des papeteries du Marais et de Sainte-Marie a reçu la médaille d'or, et son habile directeur, M. Delatouche, a été décoré de l'ordre royal de la Légion-d'Honneur.

775 (1573). M. *Montgolfier* (François-Michel), à Vidalon-lès-Annonay, département de l'Ardèche, reçut la médaille d'argent en 1823, pour des papiers à écrire, propres à la gravure, à la lithographie, à calquer, à faire des registres, marbrés, et pour des parchemins factices. Il ne put avoir part aux récompenses de 1827, parce qu'il n'avait pas rempli, au préalable, les formalités prescrites. En 1834, une nouvelle médaille d'argent lui a été décernée.

776 (1592). Des papiers à usages divers, en-

voyés par M. *Morel* (André-Jean), à Brocans, près Sourdeval, département de la Manche, lui ont valu une mention honorable. Ils nous avaient paru la mériter par une bonne fabrication.

777 (2380). Il y avait, dans ceux présentés par MM. *Muller Bouchard Oudin* et Ce, à Gueures, près de Dieppe, département de la Seine-Inférieure, une exécution qui les rendait préférables aux papiers de M. Morel. C'est ce qui leur a fait accorder la médaille de bronze. Une telle distinction suffisait-elle pour en récompenser le mérite? Nous hésitons à le croire. MM. Muller Bouchard Oudin et Ce présentaient au concours, des carrés et pots fins, et des brouillards bruns et noirs qui étaient rivalisés, dans leurs espèces, mais n'avaient pas de supérieurs. A raison de l'importance et de la qualité de ses produits, leur papeterie nous semble avoir déjà marqué sa place parmi celles du second ordre.

778 (1625). La papeterie de la Thibaudière, arrondissement de Tours, département d'Indre-et-Loire, exploitée par MM. *Patin* et Ce, ne fournissait autrefois que du papier très commun. Elle travaille actuellement dans le genre d'Angoulême. C'est ce que démontraient les produits envoyés au concours par MM. Patin et Ce, lesquels seront cités avec éloge dans le rapport du jury central. — Ils en fabriquent de quarante sortes avec les chiffons du pays, employant des procédés chimiques pour le blanchîment des chiffons, et la colle animale pour le collage du papier. Leurs ouvriers

sont au nombre de trente, qui font constamment le service de deux cuves, l'usine n'étant jamais exposée à manquer d'eau.

779 (1830). Nous nous bornons à inscrire les papiers de M. *Pomics*, à Saint-Antonin, département de Tarn-et-Garonne. Ils ont eu et ils méritaient les honneurs du concours; mais les qualités de ceux de leurs nombreux concurrens, ont emporté toutes les récompenses accordées par le jury dans cette partie.

780 (1740). Une papeterie montée de huit cylindres, de deux machines à faire le papier selon le système Saint-Léger-Didot, occupant 140 ouvriers, et mise en mouvement par des roues hydrauliques, est exploitée par MM. *Richard* et Ce, à Plainfing, département des Vosges, arrondissement de Saint-Dié. Les prix modérés auxquels ils en mettent les produits dans le commerce, en France, en Suisse et en Allemagne, varient de 9 fr. 25 c. à 20 fr. la rame de 500 feuilles. Ces messieurs ont un dépôt à Paris, rue des Grands-Augustins, n° 20, près la rue Saint-André-des-Arts. — A leurs papiers d'impression, d'affiches de toutes couleurs et pour écrire, ils avaient joint douze rouleaux pour tenture; c'est une nouvelle branche introduite dans leur établissement où est un atelier de construction, qui fabrique la majeure partie des machines qu'ils emploient. — La médaille d'argent a été décernée à MM. Richard et Ce.

781 (2074). A l'extrémité du département de l'Ain, près de Genève, à Divonne, arrondissement de Gex, existe une papeterie qui appar-

tient à MM. *Truand* et *Audibert*. Les papiers de diverses sortes qu'ils ont envoyés au concours, n'étaient pas mal fabriqués : ils seront cités avec éloge dans le rapport du jury.

782 (420). Qui n'a pas rencontré dans les rues de Paris, les porteurs du papier à lettres, glacé et non glacé, de M. *Weynen*, rue Neuve-Saint-Marc, n° 10, place des Italiens, ayant ses ateliers avec succursale de vente, rue Saint-Denis, n° 313. Il en avait fait admettre à l'Exposition, qui y était en tout semblable. M. Weynen, qui sera cité avec éloge dans le rapport du jury, exposait, en outre, des plumes à écrire, préparées à cet usage par un nouvel apprêt dont il est auteur, et des stylets mécaniques remplaçant avec avantage les crayons qui ont, parfois, l'inconvénient de se rompre au moment où l'on veut s'en servir.

783 (1521). En 1827, M. *Wise*, à Saint-Sulpice-lès-Doulens, département de la Somme, reçut une médaille d'argent, pour des papiers à écrire, dont la fabrication était très soignée. Ceux qu'il a offerts pour dessin, en 1834, n'étaient pas moins remarquables. Les membres du jury ont déclaré qu'il continue à être digne de la distinction qu'il a obtenue précédemment.

Revoir à la 4e section du quatorzième chapitre, sous le n° 747, ce qui a été dit du beau papier continu de MM. Zuber et Ce.

Nous renvoyons à notre trentième Chapitre, une nouvelle machine à faire le papier, de l'invention de M. Favreau.

Dans le trente-unième, il sera question du papier dit *papier-glace*, à l'usage des graveurs, qu'a exposé la demoiselle Quenedey, avec des pains à cacheter.

2e SECTION.

Objets dépendant de l'industrie et du commerce de la papeterie.

Sans produire la matière sur laquelle il agit, le marchand papetier la soumet à des opérations qui l'approprient à divers usages. Il réunit, d'ailleurs, à son industrie et à son commerce, tout ce qui se rattache directement ou indirectement au matériel de l'écriture.

784 (886). M. *Bazin*, rue des Martyrs, n° 44, à Paris, ne fabrique pas le papier comme MM. Lacroix frères et Delaroche et M. Jean Laroche aîné, précédemment inscrits sous les nos 768 et 769; mais il sait donner au papier à lettres un satinage et un glacé qui le rendent éminemment propre à sa destination. Ce n'est pas qu'une grande blancheur distingue ses papiers à lettres; ils sont, au contraire, moins blancs que beaucoup d'autres du même genre : ce qui en fait le mérite, c'est que les opérations qu'ils ont subies n'ont pas altéré l'effet de la colle, que l'encre ne s'y étale pas, et que l'on peut y tracer nettement les déliés les plus fins, en laissant glisser la plume. Nous n'en parlons ainsi, qu'après les avoir essayés.

785 (1115). Breveté d'invention et de perfectionnement pour des registres à répertoires continus, M. *Bruyer*, rue Saint-Martin, n° 259, à Paris,

sera cité avec éloge dans le rapport du jury central. Il les a combinés et établis de manière à faciliter la tenue des livres de banque et du commerce, à économiser le temps, à rendre les recherches moins embarrassantes et plus promptes, et à prévenir les erreurs. A ces avantages s'ajoute celui de la réduction dans les prix d'achat, un seul répertoire suffisant pour quatre ou cinq registres.

786 (1053). Un autre genre de mérite distingue les registres de M. *Chalet*, rue Neuve-des-Petits-Champs, n° 34, à Paris. Ils sont à dos élastique, et *non métallique*. Ainsi composés, ils ont plus de flexibilité que ceux renforcés de cuivre, pèsent moins, et peuvent s'ouvrir et se fermer sans aucune précaution.

787 (1247). Ce sont également des registres à dos élastique, que fait M. *Gache*, à Paris, rue Michel-le-Comte, n° 25. A cette industrie, il joint celle de fabriquer de l'encre, d'éditer de nombreux almanachs, et surtout de livrer au commerce deux presses à copier, dont il est breveté d'invention. La première reproduit les copies, non seulement sur des feuilles volantes, mais sur des registres; elle est à levier. Un voyageur peut se faire suivre par la seconde : elle est portative. M. Gache doit être cité avec éloge dans le rapport du jury.

788 (1562). MM. *Gentil* et *Guttin*, à Vienne, département de l'Isère, avaient envoyé au concours, des cartons pour l'apprêt des soieries, des châles, des draps, pour le satinage du papier et pour l'imprimerie et la lithographie. Ces cartons sont revêtus d'un vernis brillant : ceux destinés à

l'apprêt des châles, ont jusqu'à deux mètres carrés; il n'en avait pas été fait jusqu'à présent, de dimensions si étendues. — La fabrique de MM. Gentil et Guttin occupe trente ouvriers, et emploie autant de matières qu'une papeterie à neuf cuves : elle a un moteur hydraulique. — Une médaille de bronze lui fut accordée, en 1806, sous la raison Gentil; sous celle de Philippe Gentil, elle en reçut une d'argent en 1819. Pourquoi, sous sa raison actuelle *Gentil* et *Guttin*, est-elle passée sous silence dans tout ce qui a été publié des décisions du jury de 1834? Ce ne peut être que par omission.

789 (1097). Des cartons et des boîtes en carton, tant pour le service des bureaux que pour d'autres usages, étaient offerts par M. *Lainé*, rue Michel-le-Comte, n° 34, à Paris. Le décor n'en laissait rien à désirer, et toutes leurs parties avaient été faites avec soin. Nous avons remarqué principalement les boîtes en peau, en parchemin et en toile pour les négocians et les commis-voyageurs; les cartons pour robes et chapeaux; les boîtes alphabétiques; et les boîtes à serrure à secret où la poussière ne peut pénétrer. — MM. les membres du jury citeront avec éloge M. Lainé, dans leur rapport.

790 (1050). L'un des marchands papetiers de Paris, qui vend le plus de papier à lettres glacé, est M. *Marion*, cité Bergère, n° 14; il en forme aussi des registres. Ses papiers à lettres glacés sont extrêmement polis, d'une grande pureté de pâte, pas trop glissans, mais assez pour que la plume ne

s'y accroche pas : ils rendent l'écriture plus facile et plus belle, surtout celle des personnes qui emploient des plumes métalliques. Par un procédé nouveau dont il est auteur, M. Marion y applique, sans frais, des timbres secs aux armes et couronnes que les acheteurs lui désignent. Il a deux sortes de papier à lettres glacé, le premier pour la correspondance ordinaire, et le second pour la correspondance qu'il appelle de luxe. — M. Marion sera cité avec éloge, dans le rapport du jury.

791 (577). Le papier réglé, qui est si utile dans beaucoup de circonstances, se met facilement en cet état à l'aide d'une machine qu'exposait son inventeur, M. *Mercier*, rue des Lombards, n° 13, à Paris. Manœuvrée par un homme assisté de deux enfans, elle fait le travail de huit hommes. Un autre avantage résulte de son emploi : c'est que le papier se plie tout seul, après avoir été réglé. Il a été délivré quelques brevets d'invention à des auteurs de machines analogues : nous ne voyons pas que M. Mercier en ait pris un pour la sienne.

792 (720). M. *Nezot*, rue de Paradis-Poissonnière, n° 42, à Paris, avait une exhibition dans le même genre que celle de M. Lainé, ci-devant inscrit sous le n° 789; c'était aussi des cartons et des boîtes en carton, pour servir à divers usages. Le tout nous a paru bien fait, et même avec quelque élégance.

793 (910). Les registres de M. *Robert* (J.-C.-C.), rue St.-Martin, n° 138, à Paris, se recomman-

daient par les grands soins apportés à toutes les parties de leur confection, et notamment par un nouveau mode de couture et d'encollage. Ils seront mentionnés honorablement dans le rapport du jury.

794 (243). Quatre articles de papeterie, bien distincts, composaient l'exhibition de M. Victor *Roumestant* jeune, rue Montmorency, n° 10, près la rue Michel-le-Comte, à Paris, fournisseur de LL. MM. le Roi et la Reine : des registres perfectionnés, à dos élastique ; de nouvelles cires à cacheter; de l'encre; et une petite presse à copier. — Les registres de M. Roumestant sont connus par leur solidité et par la bonne confection de toutes leurs parties, ce qui ne les rend pas d'un prix plus élevé que les registres ordinaires. Dire que le cabinet du Roi fait habituellement usage de ses nouvelles cires, c'est les recommander suffisamment; elles ont, d'ailleurs, reçu l'approbation de la Société d'Encouragement et celle de l'Athénée des Arts, qui les a honorées d'une médaille. Son encre est de bonne qualité. Enfin, sa presse à copier, très portative, se distingue par la légèreté et le bas prix, ne pesant que 16 onces, et ne coûtant pas plus de dix francs. — Le jury a arrêté de mentionner M. Roumestant jeune dans son rapport, de la manière la plus honorable.

795 (861, 862 et 863). Sous ces trois numéros, M. *Saint-Maurice-Cabany*, rue Sainte-Avoye, n° 57, hôtel Saint-Aignan, à Paris, qui a pris plusieurs brevets d'invention, exposait 1° des presses à copier de divers systèmes, des presses à timbre

sec et des presses à cacheter; 2° des coffrets et des nécessaires en cartonnage très fin, couverts en peau et en doublé d'or et d'argent, ornés de dessins de bon goût, des sacs augustine, des cabas écossais et indiens, et un nouveau meuble dit cache-désordre; 3° des registres à dos élastique métallique, portés à une grande perfection; 4° des encres de plusieurs sortes, savoir : *noire fixe* pour l'écriture, *noire communicative* pour les presses à copier, et de *couleur* pour les dessins et les plans. C'était une exhibition du genre de celle comprise au précédent article n° 794, à l'exception des cartonnages couverts en doublé d'or et d'argent, qui imitent l'orfévrerie, et sont propres à M. Saint-Maurice-Cabany. Du reste, cet ingénieux papetier-fabricant a un des magasins le mieux approvisionnés de la capitale, toujours pourvu des articles de nouveauté les plus récens et le plus à la mode, et son commerce est très considérable. Ses encres sont recherchées principalement pour leur fluidité, et parce que leur composition les rend inaltérables. Ce n'est pas seulement en France qu'elles se placent : il en va beaucoup à l'étranger. — Aussi le jury central a distingué M. Saint-Maurice-Cabany, et le mentionnera honorablement dans son rapport.

796 (250). Les tampons pour timbres, que fabrique M. *Thibaudet*, rue Saint-Jacques, n° 25, à Paris, sont renommés : ils n'avaient pas été jugés indignes de prendre place à l'Exposition générale des produits de l'industrie. La distinction qu'ils y ont obtenue, les fera encore mieux con-

naître, M. Thibaudet devant être cité avec éloge dans le rapport du jury.

797 (1937). Il existe à Toulouse, place Rouhais, une fabrique de cartons, dont M. *Trioque* est entrepreneur, qui a été admise à l'Exposition de 1834. Elle occupe dix ouvriers, et consomme annuellement 300,000 kilogr. de drilles et chiffes, sans compter 150,000 kilogr. de vieux papiers ou rognures. Ses produits sont employés par les relieurs, les apprêteurs de draps, les imprimeurs en caractères, les graveurs en taille-douce, les encadreurs d'estampes, les marchands papetiers, etc.; un tiers sert à la consommation locale, et les deux autres tiers se placent au dehors.

3e SECTION.

Papiers dits de fantaisie; Papier de sûreté; Papier de verre pour le polissage des bois et métaux.

798 (931). Quatre cadres formaient l'exhibition de M. *Angrand*, rue Meslay, n° 6, à Paris; ils contenaient des échantillons de papiers et bordures de fantaisie, deux panneaux, et d'autres papiers et bordures pour tentures d'appartemens. Cette maison est ancienne : son chef, M. Angrand, varie avec un art merveilleux les dessins de ses papiers à fond d'or, d'argent ou de couleur, unis ou gauffrés, pour le cartonnage, la reliure, etc. : sa fécondité semble être inépuisable. En 1823, il reçut la médaille de bronze, qui a été rappelée en 1827. A raison des nouveautés qu'il ne cesse de produire, une nouvelle médaille de bronze lui a

été accordée par le jury de la dernière Exposition.

799 (166). M. *Barbier* (Achille), ayant sa fabrique de papier de verre à Belleville, chaussée de Mesnil-Montant, n° 81, et son magasin à Paris, rue Chapon, n° 13, a calculé et combiné, en homme qui n'est pas étranger à la mécanique, les moyens d'améliorer la fabrication de ce papier qu'on applique si avantageusement au polissage des bois et des métaux; c'est, non pas à bras d'homme, mais par un cheval qu'il fait broyer et tamiser à six grosseurs différentes, les morceaux de verre qu'il y emploie. Par là, son papier enduit de verre et d'émeri, a atteint une grande perfection; d'un autre côté, il le vend presqu'au même prix que le papier qui n'est imprégné que que de grès ou de sablon. On sait que ce dernier, avec lequel le premier est trop souvent confondu, polit moins vite et pas si bien. Les perfectionnemens obtenus par M. Barbier dans une exploitation qui, sans être étendue, est utile à beaucoup d'arts, a déterminé MM. les membres du jury à le citer avec éloge dans leur rapport.

800 (390). Nous avions demandé à M. *Delport* aîné, rue Guérin-Boisseau, n° 24, à Paris, quelques renseignemens sur son industrie et sur les produits qu'il avait fait admettre au Concours; par sa réponse, il nous a confidentiellement offert la communication d'un petit traité qu'il a composé à son usage, et qu'il destine aussi à transmettre un jour à son successeur, les plus secrets procédés de son art. Que M. Delport veuille bien recevoir ici nos remercîmens, pour une offre que nous n'avons

pas acceptée, parce que notre intention était de n'apprendre de lui que ce que nous aurions pu répandre dans le public. Cette offre est d'ailleurs une preuve qu'il améliore et perfectionne incessamment, et chacun en était convaincu en examinant ses papiers dorés et gaufrés pour cartonnage, qui seront mentionnés honorablement dans le rapport du jury. — Il est, au surplus, à notre parfaite connaissance, que son établissement embrasse la fabrication de tous les genres de papier d'or et d'argent, mat et bruni, fin, mi-fin et faux; qu'il est toujours largement approvisionné des objets qui concernent cette partie de la dorure; et que, sous ce rapport et par des prix modérés, il a pris une extension considérable.

801 (597). Madame *Droz*, faubourg Saint-Antoine, nº 9, à Paris, fabrique du papier de verre, dans lequel il n'entre point de colle, et dont nous avons examiné les échantillons qui étaient au Concours, ainsi que ceux qu'elle a bien voulu nous remettre. Pour les apprécier sainement, il faudrait en faire un usage plus ou moins long; ce serait le seul moyen de s'assurer si, comme le déclare leur auteur, ils ont l'avantage de ne pas s'empâter dans le bois, et de le préserver efficacement de l'humidité. — Nous cédons à un désir que nous manifeste madame Droz, en annonçant à la fin de cet article, qu'elle traiterait, d'après le résultat d'expériences qui seraient faites préalablement, d'un procédé qu'elle a découvert pour préparer la colle de poisson de manière à la rendre propre à clarifier parfaitement les liquides, à remplacer le taffe-

tas d'Angleterre, à gommer toutes sortes de tissus, etc.

802 (478). En 1827, M. *Fichtemberg*, rue des Bernardins, n° 34, à Paris, fut mentionné honorablement sous la raison Fichtemberg et Ce, pour des papiers marbrés soigneusement faits, bien glacés, et d'une grande variété de couleurs et de dessins. Ceux qu'il a exposés en 1834, n'y étaient pas inférieurs; il y avait réuni des crayons, que nous avons essayés et que nous jugeons excellens, quoique d'un prix modique, et de la laque de Chine qui entretient la beauté des meubles et sert à frotter les appartemens. Une nouvelle mention honorable a été accordée à M. Fichtemberg.

803 (904). L'exhibition de M. *Gorgu*, rue Frépillon, n° 7, à Paris, était dans le genre de celle de M. Delport aîné, précédemment inscrit sous le n° 800 : elle se composait de bordures et de papiers dorés pour cartonnage. M. Gorgu sera, comme M. Delport aîné, mentionné honorablement dans le rapport du jury.

804 (88). M. *Peysan*, dit Tison, rue des Noyers, n° 8, à Paris, avait mis sous le 2e pavillon de la place de la Concorde, six cadres qui renfermaient soixante-douze échantillons de papier marbré, offrant tous un dessin varié, plus un rouleau de papier imitant le marbre Sainte-Anne. Le procédé de fabrication du papier marbré à petit peigne, était depuis long-temps perdu : M. Peysan a fait beaucoup d'efforts, de recherches et d'essais pour le retrouver, et il a réussi.

805 (803). Le papier de sûreté de M. *Vidocq*,

rue Cloche-Perche, n° 12, à Paris, était le seul de cette espèce qui figurât sur la place de la Concorde. Il y avait joint une encre chimique d'impression, propre à imprimer et à timbrer les effets de banque et de commerce, qu'il appelle *chimico-specimut*. M. Vidocq est inventeur de cette encre et de ce papier. La jouissance temporairement exclusive de l'un et de l'autre, qu'il s'était assurée en prenant un brevet, a été par lui transportée, sous certaines réserves, à M. *Mozard*, qui a des dépôts chez la plupart des papetiers de Paris.—Le but qu'il s'était proposé de prévenir et de rendre impossibles les faux en écritures publiques et privées, est-il atteint complètement? Nous avons lu avec attention ses mémoires et ses prospectus; nous avons vu les résultats des épreuves de son papier et de son encre, qui changent subitement de couleur par le contact du chlore, des chlorures, des acides et des alcalis, et révèlent immédiatement les falsifications; nous avons été frappés notamment du rapport favorable qui en a été fait par le conseil de salubrité du département de la Seine. Tout nous semble ainsi justifier qu'il n'y a pas illusion de la part de M. Vidocq, dans les effets qu'il attribue à ses découvertes. Cependant le jury central le citera seulement dans son rapport. Il ne faut pas en être surpris; les inventions étaient trop récentes pour qu'il pût leur accorder une plus haute distinction. Espérons qu'avec le temps et par l'usage qu'en feront les commerçans et les banquiers, ils prononceront en définitive et favorablement. Rien ne serait plus utile pour arrêter les faussaires, dans leurs criminelles et trop fréquentes altérations de l'écriture privée ou authentique. — M. Vidocq avait encore exposé des appareils à garantir les fermetures contre les entreprises des voleurs : nous les rappellerons dans le chapitre dix-septième, section de la serrurerie.

SEIZIÈME CHAPITRE.

MÉTAUX.

PLOMB, ÉTAIN, CUIVRE ET OUVRAGES EN CUIVRE, ZINC ET OUVRAGES EN ZINC, BRONZE OU AIRAIN, FONTE DE FER ET OBJETS EN FONTE, FER ET GROS OUVRAGES EN FER, ACIERS, TÔLE, FER-BLANC ET FERBLANTERIE, TRÉFILERIE.

L'intérieur de notre sol ne nous fournit que peu de plomb, de cuivre et de zinc; mais si nous avons recours à l'étranger pour la plus grande partie de ce que nous employons de ces métaux, il est vrai de dire que nous sommes parvenus à les bien travailler.

Nous savons laminer le plomb, et le couler en larges tables : nous savons également le convertir en longs tuyaux sans soudure. Le premier pavillon de la place de la Concorde, renfermait des produits de ces deux espèces. Il y a un autre travail à faire sur le plomb, qui ne nous est pas inconnu, c'est de le fondre en grains parfaitement sphériques pour la chasse. Or, nous avons reconnu qu'une seule fabrique a envoyé au Concours, du plomb à giboyer. N'aurait-elle que peu ou point de rivales en France? Sans doute, elle y en compte quelques unes. Cependant, il est à désirer que l'on ne tarde pas à y en augmenter le nombre.

Ce que nous avons appris à faire pour le plomb, nous le pratiquons avec autant et peut-être avec plus de succès sur le cuivre. On s'arrêtait étonné devant ces planches à grandes dimensions, ces vastes fonds de chaudière, ces chaudières énormes que présentaient à l'Exposition nos usines de la Seine-Inférieure, de la Nièvre, de l'Isère, du Doubs, de l'Eure et des Ardennes. Elles ne préparent pas moins bien le cuivre pour d'autres usages, tels que le doublage des vaisseaux, la chaudronnerie, la tréfilerie en laiton, etc.

Le laminage du zinc s'est perfectionné également, et on varie l'emploi de ses produits. C'est avec ce métal qu'avait été formée la couverture des quatre pavillons de la place de la Concorde. Il y avait divers modèles de toiture dans le premier, et on y distinguait aussi des baignoires et d'autres ouvrages en zinc.

Que dirons-nous de nos fontes, de nos fers et de nos aciers, de notre fer-blanc, de nos tôles et de notre tréfilerie? Qu'il y a une amélioration très sensible dans la fabrication de nos fontes, beaucoup de constructeurs français ne mettant plus de différence entre elles et les fontes anglaises; que le traitement du fer à la houille et par le procédé de l'air chaud, se propage et tend à réduire le prix de ce métal si usuel; que nous n'avons plus rien à envier à l'Angleterre ni à l'Allemagne, pour les aciers naturels et de cémentation, et que l'acier fondu dans plusieurs de nos usines, a acquis une réputation que justifient ses excellentes qualités; enfin, que nos fers-blancs, nos tôles et nos fils de fer s'exécutent à la satisfaction et de ceux qui les mettent en œuvre et de ceux qui en font usage.

1re SECTION.

Plomb.

806 (1786). M. *Cavaillier* (Antoine), à Marseille (1), exposait des feuilles de plomb laminé de 7 à 8 pieds de large et très minces; du plomb à giboyer, à alliage arsénical; et de l'étain. Le tout était d'une bonne fabrication. Mention honorable en sera faite dans le rapport du jury central.

807 (2058). Une distinction semblable est accordée, par les mêmes motifs, à M. *David* aîné (François), à Nantes. Il avait envoyé au Concours des plombs laminés de grande dimension, des tuyaux de plomb étirés sans soudure, des feuilles de plomb pour renfermer les tabacs et les poudres, et des feuilles d'étain pour étamage des glaces et pour enveloppe de chocolats, sucreries, etc. — La manufacture de M. David aîné est une des plus belles usines de ce genre qui existent dans le royaume. Elle est pourvue de plusieurs forts laminoirs, qui étendent le plomb à 7 ou 8 pieds de large sur telle longueur que l'on

(1) Une des villes les plus commerçantes du midi, pouvant recevoir dans son port et sa rade environ 1,200 vaisseaux. — Ses principales industries consistent en savon, eau-de vie; en chandelles, bougies, raffineries de sucre; en tanneries, etc. — Son commerce est plus qu'européen, et il est considérable en huiles que plusieurs places, telles que Nice, Port-Maurice, Gènes, etc., lui envoient. — Il y a un entrepôt de marchandises prohibées. — Son territoire est très fertile; — 145 mille habitans.

désire, et d'étirages qui donnent des tuyaux de plomb sans soudure, de tout diamètre, de 12 à 18 pieds de long; elle a, en outre, l'avantage de réunir à cette fabrication, celle des feuilles d'étain, autre branche digne d'intérêt, qui est très peu répandue.

808 (501). La manufacture de plombs laminés de Paris, fondée en 1729, et jouissant autrefois du titre de manufacture royale, que le nouveau régime donné à l'industrie a supprimé généralement, reçut en 1819 une médaille de bronze, qui a été rappelée en 1827. M. *Hamard*, rue des Prouvaires, n° 10, présentait au nom de cet ancien établissement dont il est directeur, une table de plomb laminé, de 25 pieds de long sur 8 de large, n'ayant qu'un quart de ligne d'épaisseur, et ne pesant que 130 kilogrammes, dont il fixait la valeur à 80 fr. C'est son peu d'épaisseur qui, joint à une parfaite régularité, en faisait le principal mérite; car les feuilles qui sont plus minces, peuvent être étendues à de plus vastes dimensions. Il n'est pas nécessaire de dire que le même établissement fabrique aussi les tuyaux de plomb sans soudure, en tout diamètre. Ce qu'on apprendra avec plus de plaisir, c'est qu'il se dispose à laminer le zinc, et qu'il vient de monter, à cet effet, une pompe à feu de la force de 40 chevaux. Du reste, M. Hamard ne néglige rien pour améliorer encore les produits des travaux qu'il dirige avec habileté, et nouveau rappel a été fait, à l'avantage de la société qu'il représente, de la distinction accordée en 1819.

809(1848). M. le comte de *Pontgibaud*, à Pontgibaud (1), département du Puy-de-Dôme, avait adressé des petits saumons de plomb doux, des litharges et du minérai de plomb argentifère : par cette réunion, il mettait à portée de reconnaître le point du départ et celui de l'arrivée, la matière brute et ses transformations. Les objets composant l'exhibition de M. de Pontgibaud, provenaient d'une mine qui fut autrefois exploitée, et dont la découverte d'un filon puissant près du village de Pranal, lui a fait reprendre l'exploitation en 1828. C'est là que, par ses soins, ont été importés aux rives de la Sioule, les moyens et procédés en usage sur les bords et au delà du Rhin, grandes laveries, bocards, fonderies, tables dormantes, etc., qui livrent au commerce, de l'argent, du plomb et des litharges : les litharges surtout s'expédient à Paris et à Lyon, où elles soutiennent la concurrence des meilleures litharges tant indigènes qu'étrangères. Au surplus, indépendamment des variations qui peuvent survenir dans le prix du plomb, le succès de l'exploitation est garanti par la quantité d'argent qui se trouve dans le minérai; elle s'élève à plus de 5 onces par quintal, poids de marc. Il n'a pas fallu moins de six ans à M. le comte de Pontgibaud, pour achever son établissement et le mettre en valeur. On doit lui savoir gré d'avoir tenté et mené à bonne fin, une entreprise de si longue haleine. C'est ce

(1) Il s'y trouve des mines d'argent et de plomb argentifère; une belle scierie à eau et des moulins à farine; — 850 habitans.

qui n'a point échappé à MM. les membres du jury central, qui lui ont décerné la médaille d'argent.

810 (93). En 1827 et sous la raison Voisin et Ce, une mention honorable fut accordée à MM. *Voisin Ovide* et Ce, rue Neuve-Saint-Augustin, n° 28, à Paris. S'ils ont reçu en 1834 la médaille de bronze, c'est parce que, de l'un à l'autre Concours, ils ont beaucoup perfectionné leur fabrication. Ces messieurs avaient déposé, sous le premier pavillon de la place de la Concorde, des plombs coulés en feuilles homogènes, flexibles et d'épaisseurs complètement uniformes; dans le nombre, il y avait deux tables de plus de 9 pieds de large, une de 20 et l'autre de 22 pieds de long, épaisses d'une ligne et un quart seulement. Ils y avaient joint le modèle d'un fourneau à désoxider le plomb, et dans lequel on fond en douze heures de travail 4,000 kilogr. de crasse de plomb, en n'employant pour combustible que le coke : on n'a rien vu de plus parfait ni de plus efficace dans ce genre. D'un autre côté, la grande largeur qu'ils sont parvenus à donner aux feuilles de plomb qu'ils coulent, est un service signalé rendu aux arts, et principalement aux fabricans d'acides et aux affineurs de métaux précieux. Le bulletin de la Société d'Encouragement a consigné et relaté en détail les améliorations qu'ils ont apportées successivement aux procédés de leur industrie, et les médailles et autres récompenses qu'elle a jugé convenable de leur accorder.

811 (2399). Cette section se termine par mes-

sieurs *Vrignault* et *Détroyat*, à Lorient (1), département du Morbihan, dont il sera fait une mention honorable au rapport du jury, pour des épreuves de fil de plomb.

2e SECTION.

Etain.

812 (941). Une feuille d'étain à étamer les glaces, d'assez forte dimension, et d'une exécution satisfaisante, était offerte par M. *Sagne*, rue Montmorency, n° 34, à Paris. Elle sera citée avec éloge dans le rapport du jury central.

Il n'y avait pas d'autre étain à l'Exposition, sauf les feuilles présentées par M. Cavaillier et par M. David, précédemment compris sous les nos 806 et 807, et sauf une très grande feuille pour glace, de 152 pouces de haut sur 92 de large, provenant de la manufacture de Saint-Gobain, que nous rappellerons dans notre vingt-septième chapitre, à l'article qui est réservé à cette importante manufacture.

3e SECTION.

Cuivre et Ouvrages en cuivre.

813 (1454 et 1957). *Arlaincourt* (M. le géné-

(1) C'est un des cinq grands ports militaires de la France. Il s'y fait un commerce assez considérable de beurre, de sardines, de cire, de miel et d'eau-de-vie; — 18,300 habitans.

ral baron d'), à Thierceville (1), près de Gisors, département de l'Eure, et à les Fontaines, département de l'Oise, a obtenu la médaille d'argent. Elle était due et à la beauté de ses usines, et aux qualités de leurs produits qui consistaient en planches laminées de cuivre rouge, de laiton, et de zinc : parmi ces dernières, il y en avait de 24 pouces de large sur 21 de long, et de 19 à 20 pieds de long sur 30 à 36 de large. Les usines de Thierceville et de les Fontaines ont formé à Paris, rue Sainte-Avoye, n° 69, et rue Saint-Louis, n° 11, des dépôts d'où avait été tiré le zinc des belles baignoires que l'on a tant admirées durant le Concours.— Les premières ont plus d'importance que les secondes, et leur propriétaire les a beaucoup agrandies depuis 1826. Placées, au nombre de quatre, sur la rivière d'Epte, dans une vallée riante entre Gisors et Gournay, elles jouissent de chutes d'eau d'une grande force. Huit laminoirs y sont tenus constamment en activité : des moyens de travail y sont fournis à plus de 250 individus.—Il faut accorder à M. le général baron d'Arlaincourt, la justice qu'il mérite et qui repose sur la plus exacte vérité : c'est qu'il a relevé le zinc, de la défaveur dont il avait été couvert par les premiers usages que l'on en fit. Son aigreur inspira des préventions telles que l'emploi en était rejeté généralement. Dans les usines de Thierceville, il a acquis une ductilité et une malléabilité précieuses,

(1) On y trouve des fabriques de rubans de fil, perkale, etc. A 12 kil. de Bernay; — 2,700 habitans.

ce qui, joint à sa blancheur argentine et à son brillant, le fait rechercher de plus en plus. Les quatre pavillons de la place de la Concorde avaient, comme nous l'avons annoncé dans le préambule de ce chapitre, une toiture composée de leurs produits, mais qui y avait été mal adaptée. Pour en démontrer les avantages, M. le général d'Arlaincourt s'engage à livrer des couvertures de bâtiment en zinc, et à les garantir de toute détérioration pendant vingt ans, sous l'unique condition que les feuilles seront ajustées et attachées de la manière qu'il indique.

814 (511). Mention honorable sera faite de la belle et bonne chaudronnerie de M. *Bintot* (François), rue Neuve-Saint-Martin, n° 5, à Paris.

815 (1019). Même distinction à M. *Bleve*, à Paris, rue d'Angoulême-du-Temple, n° 25, pour des ornemens en cuivre estampé et verni, destinés à l'ameublement. Parmi ces ornemens qui étaient très variés, il y avait une porte à glace, fort remarquable, se démontant, et susceptible de recevoir la dorure. Les anglais nous surpassaient dans cette partie, principalement pour le vernis appliqué au cuivre : M. Bleve, prouve que nous sommes devenus leurs égaux sur ce point, et qu'ils nous sont inférieurs sous le rapport des formes d'ornemens : il s'occupe aujourd'hui à étendre son industrie à l'embellissement des salons, en appliquant aux plafonds et aux corniches le cuivre estampé et verni.

816 (1679). M. *Bobilier* (Pierre), aux Gras (1), département du Doubs, avait adressé des fonds de chaudière, et des bassins en cuivre, d'une grande régularité de laminage; il y avait réuni des tuyères, et une scie. Pour tous ces produits, il a reçu la médaille de bronze.

817 (787). M. *Bugnot*, rue de la Perle, n° 14, à Paris, fut mentionné honorablement dans le rapport du jury de 1827, sous la raison Bugnot père et fils. Depuis lors, ses progrès ont été marquans dans la fabrication des ornemens en cuivre estampé. Le jury de 1834 lui a décerné la médaille d'argent.

818 (1034). En 1827, les ouvrages de chaudronnerie de M. *Cassé* fils, rue de la Chaussée-d'Antin, n° 56, à Paris, furent jugés dignes d'une mention honorable. La même distinction a été accordée à ceux qu'il exposait en 1834.

819 (1563). Une de nos premières usines pour la manipulation du cuivre rouge, du cuivre jaune, du zinc, du plomb, de la tôle, etc., est celle de MM. G. *Frerejean* aîné et fils, à Pont-l'Évêque, arrondissement de Vienne, département de l'Isère. Placée sur un cours d'eau, elle est mise en mouvement par 14 roues hydrauliques, de la force de 180 chevaux. Son combustible, tiré des houillères de Rives de Giers, est à une si faible distance qu'on le dirait à sa porte, et les

---

(1) La fabrication en outils et instrumens aratoires y est très active; — 830 habitans.

frais de transport n'en augmentent le prix que d'une manière insensible. Dans l'enceinte de ses bâtimens, se trouvent 9 paires de laminoirs montés, 14 fours à réverbère, 2 fourneaux à manche pour la réduction des scories, et 10 feux de forge pour le service de 16 martinets, élémens qui concourent tous à l'exécution de ses divers produits. — La production du cuivre rouge, est annuellement de 6 à 7 cent mille kilogrammes. Celle des autres métaux, varie suivant les besoins, et les demandes qui sont faites. — Ce superbe établissement reçut la médaille d'argent en 1806 : la médaille d'or lui a été postérieurement accordée en 1827. — A l'Exposition de 1834, il a présenté, avec des échantillons de minérai de cuivre provenant de la mine que ses entrepreneurs exploitent, depuis cinq ans, à Lunas, département de l'Hérault, des cuivres laminés, du zinc et de la tôle où la bonne qualité des matières le disputait à l'égalité du laminage. Par leurs colossales dimensions, les cuivres frappaient tous les visiteurs. Qui n'aurait pas été surpris à la vue d'une feuille de 6 mètres 67 centimètres de long, 2^m, 080 de large, de 0,003 d'épaisseur et du poids de 334 kilog.; d'un fond de chaudière, de 2^m, 970 de diamètre, 0,155 de hauteur, pesant 286 kilog.; et de deux coupes ou baquets, dont une avait 1^m, 61 de diamètre, 0^m, 80 de hauteur, et pesait 196 kilog.! Ces deux coupes ont été estimées supérieures à tout ce qui a été fait non-seulement en France, mais en Angleterre. — Le jury n'a pas hésité à reconnaître que MM. G. Frerejean aîné et fils continuent de mériter les distinctions qu'ils ont précédemment reçues.

820 (2089). L'exécution la plus soignée appelait l'attention sur les chandeliers, flambeaux, robinets, lampes et autres ouvrages en cuivre, qu'avaient envoyés MM. *Gardon* père et fils, à Mâcon (1), département de Saône-et-Loire, qui ont reçu la médaille d'argent.

821 (1). Celle de bronze a été décernée à M. *Grondard* fils, rue Jean-Robert, n° 17, à Paris. Il fabrique des tubes de cuivre, des tubes de tôle et des tubes de fer recouverts en cuivre, pour devanture de boutiques, rampes d'escalier et pour beaucoup d'autres usages; c'est dans toutes les formes et dans toutes les dimensions qu'il les exécute, en y donnant la plus grande solidité.

822 (1128). MM. *Guérin* et *Cartier*, à Paris, rue des Cinq-Diamans, n° 20, excellent à affiner le cuivre, c'est-à-dire à le priver des parties auxquelles il est allié, en le rendant malléable et ductile, et en mettant à profit les autres métaux qui s'en séparent. Le jury les citera avec éloge dans son rapport. C'est ce que nous apprennent les pièces imprimées ou manuscrites qui sont sous nos yeux; mais il est à croire qu'elles contiennent une erreur au préjudice de MM. Guérin et Cartier, qui reçurent la médaille de bronze en 1827.

823 (2155). *Imphy* (2) (la Société anonyme

(1) Commerce considérable en vins très estimés, parmi lesquels on distingue ceux de Thorins, de Pouilly; — 10,990 habitans.

(2) Centre d'une fabrication importante de cuivres laminés et martelés

d'), ayant pour directeur M. *Debladis*, reçut en 1819, sous la raison Debladis Auriacombe Guérin jeune et Bronzac, une médaille d'or qui a été rappelée en 1823. Une seconde médaille d'or lui a été accordée en 1827, à raison de ses progrès depuis le précédent Concours. Nul doute qu'elle ne cesse de s'avancer dans la voie des perfectionnemens; car, en 1834, il lui a été adjugé une troisième médaille d'or, et son habile directeur, M. Debladis a été décoré de l'ordre de la Légion-d'Honneur. — Son exhibition était des plus marquantes : on y voyait des planches en cuivre, de vastes dimensions, dont une de 10 pieds 9 pouces de longueur sur 6 pieds 9 pouces de large, du poids de 483 kilogrammes; des barres en cuivre de diverses grosseurs; des feuilles et des clous de doublage pour la marine royale; des caisses à mettre la poudre des navires de guerre; des feuilles de zinc laminé, etc. Tels étaient les principaux objets, tous d'une parfaite exécution, et de prix qui se sont réduits de moitié depuis 1823, qu'avait envoyés l'usine d'Imphy, dont les travaux sont mis en activité par la force de plus de 300 chevaux, tant à vapeur qu'hydrauliques. — Elle avait aussi exposé deux autres produits que leur nouveauté rendait remarquables, et qui peuvent devenir très utiles, des plaques de bronze laminé pour les graveurs, et des feuilles à doublage de vaisseaux, également en bronze.

---

de toutes espèces, de fer-blanc traité à la méthode anglaise, etc. — A 13 kil. de Nevers.

824 (1260). Une mention honorable distinguera, dans le rapport du jury central, les ouvrages de chaudronnerie de M. *Laboye*, rue du Caire, n° 17, à Paris.

825 (524). Même distinction à M. *Lacarrière* (Auguste), à Paris, rue Sainte-Elisabeth, n° 3; il avait exposé des cuivres tirés au banc, soit pour ornemens, soit pour devanture de boutiques, galeries de charcutiers, étalages de diverses professions mercantiles, etc.

826 (80). La médaille d'argent a été donnée à M. *Lecocq*, rue du Harlay, au Marais, n° 2, à Paris. Il la méritait à tous égards par ses ornemens en cuivre estampé, recouverts d'un vernis transparent, qui imite l'or : ce vernis joint à beaucoup d'éclat, une solidité extrême. Avant que le jury central en récompensât l'auteur, il avait été apprécié et jugé très favorablement par le Comité consultatif des arts et manufactures, et par la Société d'Encouragement, qui accorda une médaille d'argent à M. Lecocq, en juin 1833. Les ateliers de ce fabricant offrent des produits nombreux et variés, son industrie s'appliquant à tout ce qui décore et embellit les appartemens.

827 (1441). La belle usine de Romilly (1), département de l'Eure, exploitée par MM. *Lecouteulx* et Ce, obtint la médaille d'or en 1819. Cette distinction avait été rappelée en 1823, et l'a été

---

(1) Centre d'une grande fonderie et laminage de cuivre jaune et rouge, et de zinc, ainsi que d'une tréfilerie de laiton. A 18 kilom. des Andelys. — 1,013 habitans.

de nouveau en 1834. Pouvait-elle ne pas l'être? il suffisait, pour en juger, de voir ses planches et ses barreaux en cuivre; ses feuilles et ses clous à doublage; ses bottes de fil de laiton, etc. Tous les visiteurs s'arrêtaient devant celle des planches de cuivre, qui avait 13 pieds 2 pouces de long, sur 6 pieds de large, du poids de 398 kilogr. MM. Lecouteulx y avaient joint une boîte de vitriol.

828 (2001). Des planches de cuivre rouge, du cuivre jaune ou laiton, du cuivre allié dit tombac, de beaux et bons ouvrages de chaudronnerie, des feuilles et des fils de cuivre, de laiton et de tombac, et du zinc laminé, étaient offerts par M. *Mesmin* l'aîné, à Florimont, commune de Fromelenne, près Givet, département des Ardennes. On y remarquait des cahiers de feuilles de laiton, tellement minces, qu'un de ces cahiers composé de 87 feuilles, ne pesait que 2 kilogr. et ½. La médaille d'argent a été décernée à M. Mesmin. C'est un ancien capitaine d'artillerie, dont l'instruction est très étendue, qui s'étudie continuellement à rechercher et découvrir les procédés de fabrication les plus économiques. Nul autre que lui n'avait exposé du tombac, qui s'emploie principalement en bijouterie commune, et qui, dans la composition de son alliage, présente beaucoup de difficultés. M. Mesmin sait aussi amener ses cuivres battus en chaudrons, à une réussite qui, presque partout ailleurs, n'est obtenue que d'une manière incomplète. Si ses usines ne sont pas bien placées pour recevoir de l'étranger et par

mer, le cuivre qui y est mis en œuvre, elles n'ont rien à désirer sous d'autres rapports. Moteur hydraulique puissant, fours à fondre et à réverbère, batterie de six martinets, laminoirs de fort diamètre, facilité de tirer par eau, sans de grands frais, la houille des environs de Charleroi, etc.; tout assure le succès de leurs travaux : 80 ouvriers y trouvent des moyens d'existence.

829 (441). M. *Parquin* (Théodore), rue Popincourt, n° 74, à Paris, avait placé sous le premier pavillon de la place de la Concorde, divers objets de chaudronnerie rouge et jaune, mince et forte, et en cuivre bronzé, d'une bonne exécution. Nous le retrouverons au dix-huitième Chapitre, 3ᵉ section, où il sera question de ses ouvrages en plaqué, et du rappel fait de la médaille d'argent qu'il avait reçue en 1827.

830 (439). Les formes des théières, des fontaines et des réchauds en cuivre bronzé, de MM. *Parquin* et *Pauwels*, rue Popincourt, n° 74, à Paris, étaient bien choisies et agréables. Ces messieurs ont obtenu la médaille de bronze.

831 (1461). Nous avons aussi trouvé de l'agrément dans les formes des moules de cuivre à l'usage des pâtissiers, confiseurs, etc., qu'avait envoyés M. *Pilet*, à Neauffles, département de l'Eure. Ils seront mentionnés honorablement dans le rapport du jury.

832 (497). Ainsi que les Exposans compris dans les deux articles qui précèdent, M. *Pinsonnière*, rue Vivienne, n° 24, à Paris, se distinguait par la pureté et l'élégance des formes de ses ornemens

en cuivre estampé et fondu, que le jury a honorés de la médaille de bronze.

833 (2275). C'est principalement pour les graveurs que M. *Reveilhac*, rue de la Roquette, n° 2, à Paris, produit des planches de cuivre, et les plane avec une grande régularité. Il jouit, pour cet objet, d'une réputation solidement établie. La médaille de bronze lui a été décernée par le jury central.

834 (153). Une citation à insérer dans le rapport du même jury, encouragera M. *Roger* (Jean-Nicolas), mécanicien, place du Panthéon, à Paris. Il tire au banc et profile le cuivre pour devanture de boutique, l'acier, le zinc et le fer pour divers usages, et pour servir aux opticiens, horlogers, fabricans de bronze, etc.

835 (374). M. *Vinken*, à Paris, rue Saint-Honoré, n° 315, sera mentionné honorablement dans le rapport du jury, pour ses fontaines à thé et ses bouillottes.

4e SECTION.

Zinc et Ouvrages en zinc.

La 3e section vient de nous offrir, sous les nos 813, 819, 823 et 828, diverses feuilles de zinc laminé. Nous y renvoyons nos lecteurs.

836 (666). Un modèle de toiture et plusieurs autres ouvrages en zinc furent exposés en 1827 par M. *Averty*, rue Neuve-des-Mathurins, n° 14, à Paris, et lui valurent la médaille de bronze. Nous ne voyons pas que cette distinction ait été rappelée en 1834; ce ne peut être que par une omission

que réparera la publication du rapport du jury central. En effet, M. Averty avait sur la place de la Concorde, pavillon 1er, une exhibition qui était au moins égale à celle qui le fit distinguer dans le Concours antérieur. Il y avait réuni une garde-robe qu'il a perfectionnée, et pour laquelle il sera cité avec éloge, ce que nous rappellerons vers la fin de notre vingt-quatrième Chapitre.

837 (675). M. *Biette*, à Paris, rue d'Orléans, au Marais, n° 4, avait aussi placé sous le premier pavillon, un modèle de toiture en zinc. Il a fait beaucoup de recherches pour appliquer d'une manière avantageuse et solide, ce métal à couvrir les bâtimens. Ce qui lui a réussi le mieux, est de l'employer en plein cintre continu et estampé à chaud : il sait, en outre, le préserver de la rouille, des boursoufflures, des gerçures et du travail que lui fait éprouver l'action du soleil. M. Biette garantit pendant dix ans la durée de ses couvertures en zinc, sans qu'elles exigent de réparation. Il sera cité avec éloge dans le rapport du jury.

838 (2319). *Clairac* (la compagnie des mines de zinc de), à Bellège, commune de Roubiac, département du Gard. Minérai de zinc, zinc brut, lingot de zinc refondu et tiré au marteau : telle était son exhibition qui, dans cette partie, n'avait à éprouver aucune concurrence. Le zinc est extrait de la mine en état de blende, et transporté à l'usine de Bellège, où il est soumis au grillage par un procédé qu'elle doit à M. Varin, ingénieur des mines. La Compagnie de Clairac a reçu la médaille de bronze.

839 (2266). M. *Dodeman*, rue de Londres, n° 34, à Paris, sera, comme M. Biette ci-devant inscrit sous le n° 837, cité avec éloge dans le rapport du jury central, pour un modèle de toiture en zinc. Il s'est attaché à rendre cette nouvelle couverture légère, solide et économique, de manière qu'il se fait fort de l'établir à moins de frais que celles en tuiles ou en ardoises.

840 (1462). Une distinction immédiatement supérieure à la précédente, la mention honorable est accordée à MM. *Fouquet* (Paul) et Ce, à Saint-Laurent du Tencement, département de l'Eure, qui exposaient du zinc bien laminé.

841 (1558). Les ouvrages en zinc de M. *Frindat* (Nicolas), à Paris, rue du Rocher, n° 32 bis, seront cités avec éloge dans le rapport du jury.

842 (686). Y seront mentionnés honorablement les objets de la même espèce, et la belle ferblanterie que présentait M. *Lamy*, rue de la Verrerie, n° 67, à Paris. Ses baignoires en zinc poli réunissent la solidité à l'élégance; elles ont, en outre, l'avantage de servir à toutes sortes de bains, de n'être pas altérées par les eaux minérales, et de ne point conserver d'odeur.

843 (1958). M. *Lebel*, entrepreneur de serrurerie à Compiègne (1), est breveté d'invention pour des plaques de numérotage des maisons et

(1) On y fait un grand commerce de toiles de chanvre, de bois, d'objets de boissellerie. — On y fabrique des bateaux et des cordages pour la navigation des rivières. — Le château royal de Compiègne est digne, par sa magnificence, d'être visité par les étrangers.

d'indication des rues, dont les pièces principales sont en zinc, et qui nous ont paru établies de manière à ne pas se détériorer, et à atteindre complètement le but de leur destination; elles ont déjà été adoptées par la ville où est son établissement, et par celle de Crespy.

844 (1002). Aux deux Exposans de modèles de toiture en zinc, que nous avons déjà cités, il en faut joindre un troisième, M. *Lebobe*, rue Royale-Saint-Honoré, n° 18, à Paris. Son exhibition lui a valu la médaille de bronze.

845 (1600). M. *Mosselman*, à Valcanville, département de la Manche, et à Paris, rue de la Chaussée-d'Antin, n° 7, reçut une médaille d'argent en 1823. En la lui accordant, le jury central motiva ainsi sa décision : « Est propriétaire » de la célèbre mine de zinc, dite de *la Vieille-* » *Montagne*, dans le pays de Limbourg, et d'une » usine qui a été construite à Liége pour le trai- » tement de ce métal. Il a récemment transporté » une partie de son industrie dans le département » de la Manche, à Valcanville. Les produits qu'il » a exposés, étaient tous d'une fabrication soi- » gnée; on y remarquait des feuilles de zinc, des » clous pour le doublage des vaisseaux, des tuyaux, » des gouttières, etc. » — Le jury de 1834 a déclaré que M. Mosselman continue de mériter l'honorable distinction qu'il a précédemment obtenue.

846 (1302). M. *Néau*, quai Valmy, n° 3, à Paris, a eu seulement les honneurs du Concours; son exhibition ne consistait qu'en une baignoire de zinc assez bien exécutée et pourvue d'un appareil

en cuivre, s'adaptant à toutes sortes de baignoires, au moyen duquel on chauffe son bain dans une heure avec un demi-boisseau de charbon.

Il nous reste à parler, en terminant cette section, de trois Exposans de modèles de toiture en zinc. On aura remarqué que nous en avons déjà inscrit quatre autres, MM. Avèrty, Biette, Dodeman et Lebobe.

847 (962). Le premier est M. *Renaudot*, à Paris, rue du Bac, n° 58. Il sera cité avec éloge dans le rapport du jury.

848 (1086). Le second est M. *Scyffert*, rue Tiquetone, n° 11, à Paris, qui a obtenu la même distinction pour des plaques de zinc, qu'il appelle ardoisés. Ce métal est par lui employé en feuilles très minces et néanmoins solides, sans clous, et sans laisser de prise aux vents les plus furieux. La dilatation y est calculée et s'opère de manière à ne produire aucun inconvénient. Il en résulte que ces sortes de toitures se distinguent par la légèreté, la solidité, le bas prix, et par des formes agréables à l'œil.

849 (237). Le troisième est M. *Verreaux*, à Paris, rue Jean-Robert, n° 26, qui n'a eu que les honneurs du Concours. Ses toitures en zinc sont à coulisses pour faciliter la dilatation; on en démonte les pièces à volonté. M. Verreaux emploie aussi le zinc, en le doublant, aux flèches des paratonnerres et à la construction des girouettes, où il remplace économiquement le fer.

5e SECTION.

Bronze ou *Airain.*

Nous avons vu à la 3e section, no 823, que l'usine d'Imphy a fait deux nouvelles applications du bronze, l'une au doublage des vaisseaux, et l'autre en fournissant, pour la gravure, des planches susceptibles de recevoir les traits du burin, comme le cuivre et l'acier.

850 (1601). M. *Dubois-Robert*, au Puy, département de la Haute-Loire, sera mentionné honorablement pour la bonne exécution de ses sonnettes et grelots; il avait envoyé des sonnettes de toutes formes, ovales, rondes, demi-rondes, etc.

851 (416). A l'Exposition de 1823, M. *Hildebrand*, rue Saint-Martin, no 202, à Paris, reçut la médaille de bronze: elle a été rappelée à son avantage en 1827, et de nouveau en 1834. Il exposait des cloches, des sonnettes, des timbres et des cymbales. Une de ses cloches servait de timbre à une grosse horloge placée près d'elle, sous le pavillon no 1, et annonçait aux Exposans et à ceux qui les visitaient, les heures et leurs divisions. M. Hildebrand fait pour la France et l'étranger, une quantité considérable de timbres de pendule. Ce n'est pas du bronze proprement dit qu'il y emploie; c'est, ainsi que l'a remarqué le jury de 1823, un alliage métallique produisant un composé dur, sonore, et susceptible de recevoir un beau poli.

852 (64). Depuis l'Exposition de 1823, M. *Osmond*, à Paris, boulevard Saint-Denis, n° 14, a perfectionné ses produits qui sont dans le même genre que ceux de M. Hildebrand, et consistent également en sonnettes, grelots, carillons, timbres, etc. Au Concours que nous rappelons, il n'avait reçu qu'une mention honorable : le jury de 1834 lui a adjugé la médaille de bronze.

6e SECTION.

Fonte de fer; Fer et gros Ouvrages en fer.

« Deux cents millions sont consacrés en France,
» dans 600 usines, à l'exploitation de l'importante
» industrie des fers et des fontes; elle produit une
» valeur de 80 millions par an, et occupe 300,000
» individus : dans cette production, le fer traité
» à la houille figure déjà pour un huitième de nos
» besoins, et promet de s'accroître...........
» Les procédés s'améliorent, et les produits ob-
» tenus plus économiquement éprouvent une baisse
» progressive. »

Voilà ce que deux rédacteurs du *Musée industriel* ont dit, dans un autre ouvrage (1), sur la branche dont les productions envoyées en trop

(1) Voir le *Recueil des Documens relatifs au projet de loi à présenter sur les Douanes*. Paris, au bureau de la Société Polytechnique, rue Neuve-des-Capucines, n° 13 bis.

petit nombre au dernier Concours, vont être distribués en deux paragraphes.

§ 1er.

Fonte et Ouvrages en fonte de fer.

853 (1001). Un modèle de tête d'écluse en fonte, exécuté solidement par M. *Accolas*, rue Hauteville, n° 38, à Paris, a été jugé digne de la médaille de bronze. M. Accolas est auteur d'un système de portes d'écluse tout en fonte, qu'il a proposé sur le canal de Berry, et qu'il a fait breveter d'invention.

854 (2156). L'usine de Fourchambault (1), département de la Nièvre, tient un rang distingué parmi celles qui s'occupent de la fabrication de la fonte et du fer. Exploitée par MM. *Boigues* et fils, elle a un habile directeur dans la personne de M. *Dufaut*, ancien élève de l'Ecole Polytechnique. — En 1823, le bel établissement de Fourchambault avait obtenu une médaille d'or, pour du fer affiné à la houille et étiré au laminoir; il fut mentionné honorablement pour ses fontes en 1827, et reçut une seconde médaille d'or pour les nouvelles perfections qu'il était parvenu à donner à ses fers. Toutes ces distinctions ont été rappelées en 1834, et déclarées applicables aux produits variés qu'offraient MM. Boigues et fils, lesquels

(1) On y trouve de nouvelles forges, qu'on a créées pour appliquer en grand les procédés relatifs à la fabrication du fer à l'anglaise. — A 8 kil. de Nevers.

consistaient en lingots de fonte de première et deuxième fusion, chenets, tuyaux de descente, marmites en fonte, fers en barre de 1 à 23 lignes, essieux de wagons et de machines locomotives, etc. Les fontes avaient été fabriquées à l'air chaud ; il y en avait de première fusion, qui étaient remarquables par le nerf et la ductilité. — L'habileté du directeur de Fourchambault avait été récompensée en 1819, par une médaille d'or que rappela le jury de 1823. A l'Exposition de 1834, S. M. a décoré M. Dufaut de l'ordre de la Légion-d'Honneur.

855 (871). Seront mentionnés honorablement dans le rapport du jury central, les lits et autres objets en fonte présentés par M. *Chameroy*, quai de la Mégisserie, n° 28, à Paris.

856 (1724). Les fontes grises et blanches, de M. *Détappe*, à Bruniquel (1), département de Tarn-et-Garonne, indiquaient leurs qualités par les caractères qui y étaient empreints. Leur producteur a reçu la médaille d'argent. Il exposait aussi des fers dont la ténacité égalait la douceur, et qui pouvaient être comparés aux meilleurs fers nationaux et étrangers. — Son usine, que mettent en mouvement les eaux de l'Aveyron, se compose de deux hauts fourneaux, une fonderie, deux fours à réverbère, sept affineries, deux marteaux et un martinet, laminoirs pour les gros et pour les petits échantillons, forge à bras, etc. Quatre-vingts ouvriers travaillent dans l'enceinte des bâ-

(1) A 28 kil. de Montauban ; — 1,860 habitans.

timens, et un plus grand nombre au dehors. Les produits sont recherchés pour la construction des mécaniques, la carrosserie, les chaînes-câbles; ils ont à Toulouse et à Paris leurs principaux débouchés. — Une espèce particulière de fer, qui n'est pas commune, dite *fer à grains*, dépourvue de tout nerf, se fabrique à l'établissement de Bruniquel : elle est précieuse pour les constructeurs de cylindres de filature.

857 (1545). Une médaille d'argent a aussi été accordée à MM. veuve *Dietrich* et fils, à Niederbronn, département du Bas-Rhin, qui avaient obtenu la médaille de bronze en 1827, et une mention honorable en 1823. Leurs fontes, qui sont douces et de très bonne qualité, avaient été fabriquées à l'air chaud : quoique deux appareils existassent déjà pour l'emploi de ce nouveau procédé, un troisième était en construction et doit fonctionner en ce moment. — Ce n'est pas à Niederbronn que se concentre l'exploitation de MM. veuve Dietrich et fils; elle embrasse Jœgerthal, Zinswiller et Reichshoffen, et est connue sous la dénomination générique des forges du Bas-Rhin. Il y a trois hauts fourneaux, dix feux d'affinerei, quatre martinets et un laminoir. Le nombre des ouvriers de tout genre s'élève à 3,000. — A raison de la grande variété des minérais et du mélange qu'il est aisé d'en faire, on produit la fonte et le fer, principalement la fonte, dans toutes les qualités désirables, depuis les gueuses destinées à l'affinage des fers forts, jusqu'aux objets d'art d'une extrême délicatesse, à l'instar de ceux de Berlin;

et la fonte destinée à entrer dans la construction des machines, a tant de douceur qu'elle se lime et se travaille comme le fer forgé. — Il serait trop long d'énumérer les produits qui sortent des forges du Bas-Rhin, en moulages au sable ordinaire, en moulage au châssis ou sable vert, en ouvrages d'ornemens, projectiles, fers forgés, martinés, laminés, instrumens aratoires, etc., et dont elles avaient envoyé des échantillons au Concours. Pour en faire l'éloge en deux mots, nous nous bornons à répéter qu'ils étaient tous exécutés avec soin, et nous ajouterons que les prix en étaient modérés, ce qui en augmentait le mérite.

858 ( ). Une médaille d'argent a été décernée à M. *Dumas*, pour avoir dirigé le moulage des ouvrages de fonte en première fusion, qu'avait présentés l'usine de Fourchambault, sous le nº 854. On reconnaissait son talent dans les formes et l'exécution de ces ouvrages. Déjà, en 1823, il reçut la médaille de bronze qui a été rappelée en 1827, première et seconde distinctions qu'il dut à la bonne fabrication de divers objets de quincaillerie, et surtout à celle des bijoux en fonte.

859 (1565). C'était par le procédé économique de l'air chaud qu'avaient été produites les fontes de M. *Durand*, à Riouperou et à Fourvoirie, département de l'Isère. Comme MM. veuve Dietrich et fils qui en ont adopté l'usage, ainsi que nous l'avons vu au nº 857, il a reçu la médaille d'argent.

860 (2002). Il n'y avait pas autant de mérite dans les cinq roues d'engrenage de première fusion, qu'avaient envoyées MM. *Fort* et *Guillaume*,

à Haramont (1), département des Ardennes. Leur établissement n'est pas très étendu, quoique placé près du minérai, de la castine et du sable vert. Cependant, aux fontes brutes qui étaient anciennement son unique produit, il joint actuellement le moulage des pièces qui entrent dans la construction des machines employées par les fabriques de Sedan, Rethel et Reims, celui des conduites d'eau, etc.

861 (1566). Les fontes de M. *Genissieux*, à Vienne, département de l'Isère, n'ont eu, comme les précédentes, que les honneurs du Concours.

862 (1628). MM. *Gignoux* et Ce, à Sauveterre et à Guzorn, département de Lot-et-Garonne, reçurent la médaille de bronze en 1827. Le jury de 1834 a déclaré qu'ils en sont toujours dignes. Leur exhibition, dans ces deux Concours, se composait principalement de produits en fonte de première fusion, tels que boulets et obus, et bombes de fer forgé. Ils y avaient joint, en 1834, des fontes moulées connues sous le nom de poterie, une roue d'engrenage, et plusieurs échantillons de fer qui prouvaient que leurs fers sont de qualité excellente. A Sauveterre comme à Guzorn, MM. Gignoux et Ce, ont un haut fourneau, deux feux d'affinerie et un martinet.

863 (1567). Les fontes d'Allevard (2), département de l'Isère, sont renommées à juste titre.

---

(1) A 13 kil. de Sedan; — 703 habitans.

(2) A 33 kil. de Grenoble; — 2,690 habitans.

M. *Giroud* père en a soutenu la réputation. Il a reçu la médaille de bronze.

864 (1495). Mentionné honorablement en 1819, M. *Goupil*, à Boussard, département d'Eure-et-Loir, le sera de nouveau dans le rapport du jury de 1834, pour des ustensiles et autres ouvrages de fonte d'une bonne fabrication.

865 (1588). M. *de Pracontal*, à Brion, département de la Manche, est placé sur la même ligne des récompenses qui ont été accordées; ses produits en fonte, auxquels était jointe une pièce de fer, le rendaient digne de cette distinction.

866 (1543). La Société d'Encouragement décerna un prix, en 1818, à M. *Scheveighauser*, docteur en médecine à Strasbourg, pour des vases en fonte de fer, intérieurement revêtus d'émail, et susceptibles de servir comme vases culinaires, sans avoir les inconvéniens de ceux de cuivre étamé. Il en avait adressé plusieurs échantillons, et le jury les a passés sous silence. Quelle peut en être la cause? nous soupçonnons qu'il a été reconnu que le service de ces vases ne dure pas aussi long-temps qu'on l'avait d'abord présumé; et que si, après un usage plus ou moins long, on peut les émailler de nouveau, il est néanmoins impossible d'empêcher que les domestiques ne heurtent ou n'en froissent les bords.

867 (2168). M. *Tremeau-Soulmé*, tient la ferme des usines de Vandenesse, Chevres et Limanton, département de la Nièvre. Ce sont des établissemens de grande importance, et pour leurs moyens d'exploitation, et pour la quantité de projectiles

qu'ils livrent à nos arsenaux, et pour la qualité et l'abondance des fontes qu'en obtient le commerce. Ils se composent de trois hauts fourneaux, d'un nombre proportionné de moteurs hydrauliques, de feux d'affinerie, etc., et emploient 600 ouvriers. Leur produit moyen est de 15 à 18 cent mille kilogrammes de fonte, par an. — C'est à M. Tremeau-Soulmé que sont dus le développement et les progrès des usines de Vandenesse, Chevres et Limanton. Il y a créé ou importé des améliorations nombreuses. Par ses soins intelligens, la fabrication des projectiles y est montée de manière que, dans l'espace de trois ans, ils en ont fourni 4 millions de kilog. conformes aux rigoureuses conditions exigées par l'artillerie. Actuellement, ils coulent des supports de chemins de fer, des boîtes de roue, des ornemens, et tous les objets qu'on leur demande et qu'ils cèdent à des prix modérés. Sans rien perdre de la ténacité qui les distingue, leurs fontes ont acquis, par des mélanges de minérai, une ductilité telle qu'elles servent à former les ouvrages les plus délicats. — On en a eu la preuve dans les médailles, les bas-reliefs et les petits bustes de Napoléon que M. Tremeau-Soulmé avait expédiés pour le Concours, qui étaient remarquables par la pureté des formes, et par le fini de l'exécution. Il y avait joint trois autres bustes, de grandeur naturelle, ceux de Napoléon, de M. Dupin aîné et de lord Byron, des projectiles et deux flasques d'affûts de mortier. Le jury lui a adjugé le médaille d'argent.

Revoyez, chapitre 5, 3e section, sous le n° 312,

l'exhibition de M. Baron-Dutaya, où il y avait des fontes de première et seconde fusion.

Consultez, en outre, 17e chapitre, 2e section, sous le n° 1005, l'article des habiles fondeurs **MM.** Émile Martin et Ce, à Fourchambault, département de la Nièvre.

§ 2e.

Fer et gros Ouvrages en fer.

On trouvera encore quelques fontes dans ce paragraphe, comme on a pu remarquer des fers dans le paragraphe précédent.

868 (2317). *Alais* (1) (la Compagnie des forges et fonderies d'), s'est empressée de faire admettre au Concours, des échantillons nombreux de ses vastes exploitations. Elle a déjà trois hauts fourneaux marchant au coke, alimentés avec du fer hydraté, et un quatrième dont la construction, fort avancée au milieu de 1834, doit être achevée au moment où nous écrivons (juin 1835); elle a aussi deux affineries en plein roulement, et deux autres qui se construisent. Les hauts fourneaux et les affineries reçoivent le vent par deux machines soufflantes à vapeur, qui sont de la force de 150 chevaux. — Avec ces puissans moyens de travail, la Compagnie possède une forge composée d'un gros marteau, et de laminoirs et appareils propres

(1) C'est le centre d'un grand commerce de soie grège et ouvrée, de charbon de terre d'excellente qualité; d'antimoine, de couperose, etc. A 43 kil. de Nîmes; — 12,000 habitans.

à la fabrication du fer de toute espèce. Deux machines à vapeur réunissant la force de 120 chevaux, mettent en activité les laminoirs. — La direction de cette grande entreprise a fait, en outre, établir les machines et ateliers secondaires qu'exigeait le complément de ses travaux, tels que fabrication de briques réfractaires, fonderie de seconde fusion, forges à main, ajustage, tours, etc., qui ont à leur usage particulier, une machine à vapeur de 12 chevaux. — Commencé en 1830, l'établissement a produit de la fonte, en 1832 seulement. En janvier 1834, il s'est essayé à la fabrication du fer en barre de plusieurs échantillons dits de grosse forge. Quand il aura acquis tout son développement, époque qui ne saurait être éloignée, il pourra jeter annuellement, sur les marchés de consommation, 6000 tonnes de fer, et en augmenter la production d'une année à l'autre, jusqu'à 10,000 tonnes, de la valeur de 3 à 4 millions.—La Compagnie d'Alais avait exposé du minérai de fer, du coke, de la fonte et notamment le modèle d'une petite statue de mercure, du fer au pudler, des fers ouvrés et non ouvrés, des boulons et écrous, etc. Nous ignorons si le jury central en a fait faire des épreuves qui en constatent les qualités ; ce qui est à notre connaissance, c'est que d'après celles qui ont eu lieu tant à Nismes qu'à Alais, la fonte de moulage se prête facilement à l'action de la lime et du foret, et que les fers sont d'un emploi avantageux. Au surplus, le jury en a été tellement satisfait, qu'il a donné à la Compagnie la médaille d'or.

869 (2061). M. *Babonneau* (Alexandre), à Nantes, avait envoyé une ancre à jas, en fer, et une portion de chaîne-câble. Il a obtenu la médaille d'argent.

870 (1564). Celle de bronze a été accordée à MM. *Blanchet* frères, à Saint-Gervais (1), département de l'Isère : la bonne qualité de leurs fers et de leurs aciers, méritait cette distinction.

871 (1425). Un essieu en fer forgé, une pièce à la maréchale et deux petits cercles travaillés au charbon de bois, feront mentionner honorablement, dans le rapport du jury central, M. *Blondy* aîné, à Dussac, arrondissement de Nontron, département de la Dordogne. Il est propriétaire dans cette commune, de la forge de Gandumas, composée d'un haut fourneau, deux affineries, une paire de pistons, un gros marteau, etc., qui produisent annuellement 400,000 kilog. de bonne fonte, et 200,000 kilog. de fer doux d'excellente qualité.

872 (2412). Même distinction à M. le comte de *Brissac*, à Pont-Kaleck (2), département du Morbihan, pour trois barres de fer destinées à la confection des chaînes de ponts suspendus : la force de deux de ces barres, avait été éprouvée. Elles étaient de l'espèce de fer dit chaîne-câble, et provenaient d'une usine qui occupe deux cents ouvriers, produit, tous les ans, quinze cent mille

(1) Il y a une fonderie de canons en gueuse pour la marine ; — 628 habitans.

(2) Il s'y trouve une belle verrerie. — A 31 kil. de Pontivy.

kilog. de bon fer, et ne peut suffire aux commandes qui lui sont faites; elle a, avec son haut fourneau, une forge à laminoir environnée de bois d'où elle tire facilement et à peu de frais son combustible.

873 (792). M. *Demontagnac-Ruffin*, rue Saint-Guillaume, n° 20, à Paris, ingénieur civil, avait fait placer dans la cour du 1er pavillon de la place de la Concorde, des câble-chaînes, et les modèles des machines employées à leur fabrication. On y remarquait surtout le modèle de la machine qui sert à éprouver et constater la force de ces câbles métalliques. D'après le dire de M. Demontagnac-Ruffin, ce dernier a été fait conjointement par lui et par la société Ruffin jeune et Ce, de Nevers, qui a ci-après le numéro 885.

874 (2104). Les fers en barre, et les lames à canon pour fusils de guerre, présentés par M. *Despret* fils (Antoine), à Anor, département du Nord, ont été reconnus de bonne qualité; ils seront cités avec éloge dans le rapport du jury.

875 (2054). MM. *Drouault* frères, constructeurs à Nantes, ont fait breveter d'invention à leur profit, un appareil de ridage à vis sans fin, pour les haubans, gallaubans et haubans de hune, qui est non seulement applicable au service de la marine militaire et marchande, mais aux presses, cuirs, etc. La durée de cet appareil, son économie dans la manœuvre des vaisseaux, et son entretien peu coûteux leur paraissent devoir engager les navigateurs à le substituer à l'ancien système : déjà plusieurs d'entre eux l'ont essayé, et en ont

été satisfaits. Avec leur appareil de ridage, MM. Drouault avaient exposé des échantillons de chaîne-câbles qu'ils construisent pour vaisseaux, frégates, corvettes, etc., en donnant aux anneaux de 6 à 24 lignes d'épaisseur. Le jury a accordé la médaille de bronze à leurs câble-chaînes, et une distinction semblable à leur appareil de ridage.

876 (1430). Des fers de diverses sortes, et de qualités qui les recommandent pour divers usages, un laminoir de fonte trempé, et des balles en fer dites biscayens fabriquées au laminoir, ont fait obtenir la même médaille à MM. *Festugière* frères, à Tayac, arrondissement de Sarlat, département de la Dordogne.

877 (2172). Le nouveau cylindre pour chauffer les bains qu'avait envoyé M. *Groslard* (Auguste), à Nevers (1), département de la Nièvre, n'a été l'objet d'aucune récompense de la part du jury.

878 (2169). Une médaille de bronze a été donnée à M. *Ladrey*, à Cicogne, département de la Nièvre, pour des essieux en fer.

879 (1891). A Belabre, département de l'Indre, existe l'établissement de MM. *Lecoigneux* et Ce, qui ont envoyé des barres de fer feuillard, des bottes de fer en verge, et un canon de pistolet. Ce dernier article prouve que le fer de Belabre pouvant servir à la confection des armes à feu, est de

(1) Ville renommée depuis long-temps pour l'*émail* qu'on y fabrique. Il y a des fonderies de canons. — On y fabrique aussi des chaînes de fer, des enclumes, de la porcelaine, de la faïence.

bonne qualité; il compte parmi les fers dits de Berry, que le commerce apprécie comme ils le méritent. Les produits de MM. Lecoigneux et Ce, seront cités avec éloge dans le rapport du jury central.

880 (2171). Le modèle d'une porte d'écluse en fer, fonte et tôle, composait toute l'exhibition de MM. *Lelaurin* et *Fuselier*, à Nevers, département de la Nièvre.

881 (1584). Rappel a été fait par le jury, de la médaille de bronze accordée, en 1827, à M. *Muel-Doublat*, maître de forge propriétaire à Abbainville, département de la Meuse, qui avait envoyé seulement trois barres ou échantillons de ses fers. Ne méritait-il pas une plus haute distinction? Depuis 1827, il a fait des progrès marquans dans son genre d'industrie : ses fers, qui étaient principalement employés dans la construction des bâtimens, sont aujourd'hui recherchés pour les ouvrages de serrurerie, pour ceux des carrossiers, pour les cercles de tonneaux, etc.; ils luttent avec les fers de Berry, et se vendent moins cher. Ajoutons que l'usine de M. Muel-Doublat est considérable, ayant deux hauts fourneaux, et les affineries, fours et laminoirs nécessaires, qui produisent annuellement environ deux millions de kilog. de fer. Il y a dans l'enceinte de ses bâtimens, 120 ouvriers qui travaillent nuit et jour, alternativement par moitié, et jouissent chacun d'un logement, d'un jardin, et du chauffage, aux frais du maître de forge.

882 (2082). Les fers de M. le comte d'*Osmont*,

à Bigny (1), département du Cher, seront mentionnés honorablement.

883 (1585). Des oreilles de charrue, des bandages de roue, etc., martelés à la houille, étaient offerts par MM. *Pierson* et *Thomas*, à Jeandheures (2), arrondissement de Bar-le-Duc. Ces produits annonçaient une bonne fabrication : MM. Pierson et Thomas en ont été récompensés par la médaille de bronze. L'usine qu'ils exploitent, appartient à M. le maréchal duc de Reggio. Elle possède avec un haut fourneau, deux fours à pudler, trois feux de forge et un martinet. Sa fabrication annuelle est d'un million de kilogr. de fer, dont les deux tiers s'expédient à Paris. Indépendamment des ouvriers qu'elle occupe au dehors, elle en a de 40 à 50 dans son intérieur, qui jouissent des mêmes avantages que ceux de M. Muel-Doublat, ci-devant compris sous le n° 881.

884 (2174). M. *Postal-Forget*, à Reims, exposait une toile de fer à l'usage des brasseries. Le jury la citera avec éloge dans son rapport.

885 (2158). MM. *de Raffin* jeune et Ce, à Nevers, département de la Nièvre, furent honorés d'une médaille d'argent en 1827. Ils présentaient des câble-chaînes pour frégates et corvettes, pour le service des grues, des chèvres, et pour l'exploitation des carrières de Paris. Près de ces câble-chaînes, on voyait les modèles des machines employées à leur fabrication, et notamment celui de

---

(1) C'est le centre d'une fabrication très active.

(2) A 11 kil. de Bar. — Plusieurs papeteries en grande activité.

la machine qui sert à en éprouver la force. Suivant ce qui a été dit par M. Demontagnac-Ruffin, précédemment inscrit sous le n° 873, ce modèle aurait été fait conjointement par lui, et par MM. de Raffin jeune et Ce, qui ont obtenu du jury de 1834, une nouvelle médaille d'argent.

886 (726). Au village fondé récemment à Beau-Grenelle, près Paris, MM. *Thoury* et Ce laminent le fer et l'acier. Les matières qu'ils emploient, ne sont que de la ferraille et des vieux fers; et il n'y a pas à mettre en doute que le produit n'en soit excellent. Mention honorable en sera faite dans le rapport du jury central.

887 (2203). Une médaille de bronze a été accordée à M. *Varlet*, à Thionville (1), département de la Moselle, pour des pièces en fer battu étamé.

888 (1569). M. *Vial*, fils aîné, à Renage (2), département de l'Isère, a obtenu la même distinction; elle était due aux bonnes qualités de ses fers, et à celles des aciers qui les accompagnaient.

APPENDICE A LA SECTION DU FER ET DE LA FONTE.

Houille.

A cette section, il convient de rattacher par appendice la houille, dont l'usage se généralise

(1) Centre d'un arrondissement très industriel, où l'on trouve des carrières de pierres et de plâtre très estimées. — Les toiles de chanvre, la tannerie, la chapellerie, les cuirs forts, les céréales, etc., y font l'objet d'un commerce considérable. On y trouve aussi de très belles forges. — A 24 kil. de Metz; — 5,640 habitans.

(2) A 28 kil. de Saint-Marcellin; — 1,200 habitans.

de plus en plus dans la fabrication du fer et de la fonte. Il n'y a eu, d'ailleurs, au Concours de 1834, que les échantillons des produits d'un seul de nos établissemens houillers.

889 (2318). *Grande-Combe* (la Société houillère de la), et autres concessions réunies, à Alais, département du Gard, avaient adressé de la houille provenant des couches de la Grande-Combe, de la forêt d'Abylon, de Trescol et de Pluzor, de la Levade et de la Tronche, de Champelauson, de la Fenadon et de Saint-Jean-de-Valeriscle; plus, des échantillons de minérai de fer de cette dernière concession. — Ces nombreuses houillères, dont la plupart possèdent des filons très riches, n'ont pas encore acquis toute l'activité d'exploitation qui leur est promise. La cause en est dans la difficulté et le haut prix des transports, qui ne permettent d'écouler la houille que dans un rayon très restreint. Aussi la production ne s'élève annuellement que de 30 à 35 mille tonnes, quoiqu'elle puisse être portée sans peine à 320 tonnes par jour, ou environ 100,000 tonnes par an. — Mais au moyen des travaux d'agrandissement projetés par les entrepreneurs, et par la mise en activité du chemin de fer d'Alais à Beaucaire, qui facilitera l'exportation des houilles d'Alais dans le midi et surtout le littoral de la Méditerranée, l'extraction pourra être augmentée indéfiniment, et n'avoir d'autre limite que celle de la consommation, quelque considérable qu'on la suppose. — Le rapport du jury central citera avec éloge la Société houillère de la Grande-Combe, pour ses charbons de

terre variés qui se prêtent à tous les besoins qu'est appelé à satisfaire ce précieux combustible.

7e SECTION.

Aciers.

Deux médailles de bronze ont été accordées par le jury, savoir :

890 (2163). La première à M. *Courot* (Gustave), à la Doué, département de la Nièvre, pour des aciers bruts dits aciers à terre ;

891 (2162). Et la seconde, à M. *Courot-Bigé*, à Corbelin, même département, pour des aciers bruts et pour des aciers corroyés. L'usine de Corbelin en fabrique 500 mille livres par an : leurs prix varient de 27 fr. 50 c. les 50 kilogr. rendus sur les ports de l'Yonne, à 75 fr. ; il y en a pour ressorts de voiture, pour coutellerie, etc.

892 (2161). L'usine de Raveau, près la Charité, département de la Nièvre, exploitée actuellement par M. *Dequenne* fils, obtint, en 1819, sous la raison Monmouceau et Dequenne, une médaille d'or qui a été rappelée en 1823 et 1827. D'après la déclaration du jury, cette distinction continue de lui rester justement acquise. En 1834, son exhibition se composait de très bons aciers de cémentation pour ressorts de voiture ; de barres carrées et plates d'acier cémenté et étiré pour limes ; d'autres aciers pour coutellerie, taillanderie, tréfilerie, etc. Ses prix se graduent selon les qualités, de 27 à 70 fr. les 50 kilogr.

893 (1699). Ce n'est qu'en 1832, qu'a été établie la fabrique d'acier fondu de MM. *Frichou Debrye* et Ce, à Saint-Etienne, département de la Loire. Ses produits sont déjà de 50,000 kilog. par an, et l'intention des entrepreneurs est de les porter à 80,000. MM. Frichou Debrye et Ce, nous ont appris qu'en se servant du même fer que celui employé pour les canons de fusils de la manufacture royale d'armes de Saint-Etienne, ils le convertissent immédiatement en acier fondu, sans lui faire préalablement subir aucune cémentation; c'est un procédé économique de grande importance, qu'ils ont raison de tenir secret, même à leurs ouvriers. — Leur usine se compose d'une fonderie; de six fours qui, mis en activité pendant cinq jours de la semaine, donnent une production journalière de 200 kilogr.; d'un martinet sur la rivière de Furens, pour étirer l'acier; et d'un atelier de fabrication de creusets et briques réfractaires. — Les aciers de MM. Frichou Debrye et Ce, s'emploient dans la confection des limes, burins, autres outils divers, coutellerie fine, broches de filature, etc.; ils sont consommés en Alsace, Paris, Thiers, etc. Selon leurs qualités et suivant la destination qu'ils doivent recevoir, leurs prix varient sans toutefois sortir des limites de 200 à 240 fr. les 100 kilog. — En les adressant au Concours, leurs producteurs y avaient joint des limes et des sabres, mais c'était uniquement pour montrer des objets qu'ils avaient servi à confectionner. Le jury central a décerné la médaille de bronze à MM. Frichou Debrye et Ce.

894 (1568). Les aciers de Rives, département de l'Isère, jouissent d'une réputation ancienne et bien établie, que ne démentaient pas ceux envoyés au Concours par M. *Gourju*, qui, comme les Exposans compris sous le précédent numéro, a également obtenu la médaille de bronze.

895 (1817). M. *Hue*, à l'Aigle (1), département de l'Orne, reçut à l'Exposition de 1827, une médaille d'argent pour la préparation de l'acier, et pour des filières servant à l'étirage de divers métaux ; il y fut aussi mentionné honorablement pour des marteaux servant à tailler les meules de moulin. C'était des filières et des aciers que M. Hue reproduisait en 1834 : le jury central a déclaré que ces produits continuent de mériter la distinction qui leur a été accordée en 1827.

896 (1702). La famille Jackson avait été attirée d'Angleterre en France, pour nous enrichir de la fabrication de l'acier fondu, et des procédés de perfectionnement qu'elle possédait dans celle de l'acier cémenté. Le gouvernement l'encouragea à cet effet. — MM. *Jackson* frères, aujourd'hui placés à sa tête, dont l'établissement est à Assailly, près de Rives-de-Gier, département de la Loire, et qui ont un dépôt à Paris chez M. Meric, rue Richer, n° 241, reçurent en 1823, sous la raison Jackson père et fils, la médaille d'or. A la vue des objets qu'ils ont offerts en 1834, parmi lesquels se trouvait le plus gros lingot d'acier qui ait jamais

(1) Il s'y trouve une fabrique ancienne et très considérable d'épingles, d'aiguilles à coudre, à tricoter, etc. ; — 5,400 habitans.

été fondu, même en Angleterre, le jury s'est empressé de reconnaître et de déclarer qu'ils méritent de plus en plus cette distinction. Nous donnerons dans le *Recueil industriel* une notice particulière sur leur intéressante manufacture.

897 (1701). Ce qui a été fait pour ses produits, l'a été également pour ceux de l'usine de la Bourdine, département de la Loire, exploitée par MM. *Leclerc* (Pierre-Armand) et Ce, qui exposait des aciers de toutes sortes. Elle avait aussi reçu, en 1819, une médaille d'or, qui a déjà été rappelée en 1823.

898 (574). Une mention honorable a été obtenue par M. *Meunier*, à Paris, rue de la Vannerie, n° 23, pour de l'acier ramolli.

899 (2164). L'exhibition de MM. *Puignon* (Charles) et Ce, à Bitry, département de la Nièvre, se composait d'aciers naturels et d'un lingot de fonte douce. La médaille d'argent leur est accordée.

900 (1666). M. *Ruffié* père, à Foix (1), département de l'Arriège, reçut, en 1823, une médaille d'or, qui, après avoir été rappelée par le jury de 1827, l'a été de nouveau par celui de 1834. — C'est un de nos plus anciens fabricans d'acier; car la médaille d'argent lui avait déjà été accordée en 1819. Pour le fabriquer à la satisfaction du consommateur, il a trois feux de forges catalanes, et on a fait la remarque que ses aciers baissent

(1) Il s'y fait un commerce considérable de faux, de gros draps et de bestiaux; — 4,850 habitans.

graduellement de prix, quoiqu'il en améliore les qualités. — Il en avait exposé de douze sortes, qui étaient cotées de 47 à 71 fr. les 50 kilogr. : elles servent, suivant leurs espèces, à la coutellerie, la taillanderie, la confection des instrumens aratoires, des burins, etc. L'arsenal de Toulon, dont il est le fournisseur depuis six ans, n'a qu'à se louer de celles qui donnent aux outils un taillant ferme et solide. — M. Ruffié avait joint à ses aciers, des faux qu'il produit avec une perfection telle qu'elles rivalisent les meilleures faux étrangères.

901 (2210). Il n'a été accordé qu'une médaille de bronze à MM. *Schmidborn* et Ce, à Saralbe, département de la Moselle; leurs aciers sont cependant connus de la manière la plus avantageuse, et la consommation en est très étendue. Ils savent en varier les qualités pour tous les besoins et pour tous les usages, depuis ceux qui exigent le grain le plus fin et le plus homogène, jusqu'à ceux où l'on recherche une extrême dureté. — Ce qui nous porte encore à penser que M. Schmidborn et Ce n'ont eu qu'une distinction inférieure à celle qu'ils méritaient, c'est que leur établissement de Saralbe n'est que la succursale de celui qu'ils exploitent à Goffontaine, ancien département de la Sarre, qui appartenait à MM. Gouvy et Guentz, devenus postérieurement leurs associés, et auxquels une médaille d'or fut décernée à l'Exposition de 1806, alors que l'usine de Goffontaine faisait partie du territoire de la France.

902 (2190). Les aciers fondus et les aciers corroyés de MM. *Talabot* et Ce, pour fabrication d'ar-

mes, de coutellerie, taillanderie, ressorts de voiture, etc., leur ont fait accorder la médaille d'or. L'usine importante qu'ils dirigent avec une grande habileté réunie à beaucoup d'instruction, est à Saint-Juery, au saut du Tarn, dans le département qui a pris son nom de celui de cette rivière.

Parmi les Exposans à comprendre dans le dix-septième chapitre, et spécialement parmi ceux qui fabriquent des limes et des râpes, on en trouvera dont les exhibitions offraient aussi des aciers.

8e SECTION.

Tôle.

Quoique nous fabriquions très bien la tôle forte et la tôle fine, et en assez grande abondance, il y en avait peu à l'Exposition de 1834. Aux produits de cette espèce qu'on a pu remarquer parmi ceux de l'usine d'Imphy, n° 823, de MM. Frèrejean aîné et fils, n° 819, et de M. Mesmin l'aîné, n° 828, il faut ajouter les deux Exposans dont les noms suivent.

903 (1733). M. *Champy*, à Grand-Fontaine, département des Vosges, avait envoyé des tôles d'une belle exécution ; on en distinguait une de 9 pieds de long sur 4 de large, et 4 lignes d'épaisseur. Le jury lui a décerné la médaille de bronze.

904 (2157). En 1827, M. *Fouques* fils, à Pont-Saint-Ours, département de la Nièvre, fut mentionné honorablement pour des tôles et des fers noirs laminés ; il fut décidé en même temps, que ses fers-blancs et les autres produits qu'il exposait,

le rendaient digne de plus en plus de la médaille d'or qu'il avait obtenue en 1823. Cette médaille a été rappelée de nouveau par le jury du Concours de 1834 : c'était principalement des tôles qu'il y faisait figurer. N'oublions pas de dire que dès l'Exposition de 1819, l'usine du Pont-Saint-Ours avait reçu la médaille d'argent.

9e SECTION.

Fer-blanc et Ferblanterie.

Les hommes d'un certain âge se rappellent le temps où le fer-blanc n'était produit en France que d'une manière très imparfaite ; alors, on y recherchait avec empressement celui que fabriquait l'Angleterre. Combien cette branche d'industrie s'est perfectionnée ! Les Exposans qui la représentaient au Concours de 1834, ont tous prouvé avec évidence qu'ils convertissent le fer en fer-blanc, sans rien lui ôter de sa ductilité ni de sa force, tout en lui donnant un éclat et un glacé remarquables.

905 (1689). MM. *Bouchet* et *Dapples*, à Gouille (1), département du Doubs, avaient envoyé du très beau fer-blanc. Ils ont reçu la médaille de bronze.

906 (1633). L'usine de Lachaudeau, département de la Haute-Saône, exploitée par M. *de Buyer*, obtint, en 1827, pour des fers-blancs de qualité

(1) Il y a une belle fabrique de fer-blanc. — A 5 kil. de Besançon.

supérieure, la médaille d'or que le jury de 1834 a reconnu lui être toujours justement acquise; elle avait reçu, en 1823, celle d'argent. M. de Buyer a des laminoirs, et tous les moyens de fabrication connus qui ne lui laissent pas craindre de rivaux. Ses fers-blancs attirent, en effet, le consommateur et par leur beauté et par la modération des prix.

907 (1734). Le même éloge est dû à M. *Falatieu* (le baron), à Bains (1), département des Vosges, qui fut honorablement mentionné en 1827, pour son fer-blanc, et reçut la médaille d'or pour l'excellente fabrication de ses fils de fer. Il continue de mériter ces distinctions, dont la dernière s'applique aujourd'hui à ses fers-blancs brillans ou ternes, comme à ses fils de fer; c'est ce qui a été déclaré par le jury de 1834, sur l'ensemble des produits qu'avait envoyés M. Falatieu. — Ses usines sont au nombre de trois : une forge composée de trois feux d'affinerie et d'un cylindre d'étirage; la manufacture de fer-blanc fondée en 1733 sur la rivière de Cosney, et la tréfilerie de fils de fer, établie au lieu dit la Pipée, en 1789, sur la même rivière qui se jette dans la Saône, à deux myriamètres au-dessous de Bains. Les ouvriers qui ont leur habitation dans les trois établissemens, avec leurs familles, excèdent 200; il y en a plus de mille autres occupés au dehors. — Par l'envoi que M. Falatieu fait de ses produits à Paris et à Lyon, ils ont un placement assuré soit dans la

(1) On y fait beaucoup de broderies. — A 32 kil. d'Epinal; — 2,400 habitans.

consommation de ces deux villes, soit par leur intermédiaire dans les départemens de l'Ouest et dans ceux du Midi.

908 (481). De la bonne ferblanterie, dont plusieurs pièces étaient d'un beau poli, a fait accorder une mention honorable à M. *Picard* (Nicolas-Barnabé), rue Frépillon, n° 22, à Paris; il établit spécialement les articles relatifs à la cuisine, à l'office, à la pâtisserie, etc.

909 (257). M. *Pinat* (Noël), à Paris, rue Quincampoix, n° 62, n'a pas obtenu une distinction de la même espèce, dont cependant il n'était pas tout-à-fait indigne. Ses moules, en fer-blanc, à l'usage des pâtissiers, attiraient les regards par leur brillant et par leurs formes : ils ont l'avantage d'être beaucoup moins chers que ceux de cuivre, et de ne pas devenir d'un service dangereux par le vert de gris.

10e SECTION.

Tréfilerie.

Pour cette partie de l'art de préparer les métaux, qui s'est singulièrement améliorée en France, revoyez d'abord, dans la section qui précède, sous le n° 907, l'article concernant M. le baron Falatieu, à Bains.

910 (1819). C'est un établissement de grosse tréfilerie que M. *Bernard-Fleury* exploite à Grondillers, près Laigle, département de l'Orne. Il y fabrique des fils de fer de tous numéros, depuis les plus forts jusqu'aux plus fins, pour quin-

caillerie, clouterie d'épingles, aiguilles à tricoter et à coudre, épingles en fer, crochets, peignes à tisser, tire-bouchons, cardes, tissus métalliques, ressorts contournés pour siéges et lits élastiques, etc. Ses produits se distinguent par une rondeur parfaite, par une grande égalité de grosseur, par leur brillant, et par leur raideur ou leur mollesse convenablement appropriées aux usages auxquels on les destine. M. Bernard-Fleury a reçu la médaille d'argent.

911 (2440). Le jury a déclaré que MM. *Colliau* et Ce, à Tourtevoie, près Chantilly, département de l'Oise, restent dignes de celle qui était aussi d'argent et qu'ils obtinrent en 1827, pour des fils de fer et d'acier, dits *fils à cardes* et *fils carcasses*. Ces messieurs en produisent des quantités considérables, et les réduisent, au besoin, à un degré de finesse que l'on peut à peine concevoir. Leurs fils sont recherchés, surtout par les fabricans de cardes.

912 (2). M. *Mignard-Billinge*, boulevart de la Chopinette, n° 26, à Belleville, banlieue de Paris, reçut la médaille de bronze en 1823, et celle d'argent en 1827. Les membres du jury de 1834 ont déclaré qu'il mérite de plus en plus ces distinctions. — Effectivement, M. Mignard-Billinge est un artiste ingénieux qui tréfile également bien le fer, l'acier fondu, le cuivre, et en général tous les métaux étirés à la filière. Parmi les objets qu'exposait son établissement, qui est très ancien, il y avait des fils à pignons, très durs, qui n'avaient besoin que d'être coupés dans les longueurs convenables;

une réunion de tubes en cuivre, sans soudure, résistant à la plus forte pression et employés avantageusement dans la construction des presses hydrauliques; un assortiment complet de cordes d'acier pour pianos, avec un appareil indicatif de leurs forces respectives. Peu de personnes passaient près de cet appareil sans s'y arrêter, et beaucoup le considéraient très attentivement. — Pour terminer par deux nouveaux faits l'éloge de M. Mignard-Billinge, nous ajouterons que la Société d'Encouragement a récompensé par une médaille d'or, les succès qu'il avait obtenus dans l'étirage des fils d'acier propres à la fabrication des aiguilles à coudre, et qu'il est auteur de la petite mécanique à ouvrir les huîtres, qui continue à se répandre, surtout dans les campagnes.

913 (1820). A l'Exposition de 1806, M. *Mouchel* fils, à Laigle, département de l'Orne, fut distingué par la médaille d'argent; celle d'or, que lui décerna le jury de 1819, a été successivement rappelée en 1823, 1827 et 1834; mais à ce dernier rappel, le Roi a bien voulu joindre une distinction encore plus flatteuse et plus honorable : Sa Majesté a décoré M. Mouchel fils, de l'étoile de la Légion-d'Honneur. — Ce fabricant, dont l'activité égale l'intelligence, et que ses lumières ont fait appeler au conseil général des manufactures, a de grandes relations dans l'intérieur et au dehors. Ses ouvriers sont nombreux. Ses produits comprennent les fils de fer, d'acier, de cuivre pur, de laiton, de cuivre blanchi d'argent, les cordes pour pianos, etc. : ils ont beaucoup de régularité,

de finesse et de poli, et sont néanmoins à des prix modérés. Depuis trois ans, M. Mouchel fils y a réuni la fabrication des planches de laiton, qui est d'une telle importance, qu'il en a expédié pour 600,000 fr. à Paris, en 1833. — Il méritait d'autant plus de porter le signe qui annonce tous les genres de talens et tous les services rendus au pays, qu'il a fait, depuis 1827, des progrès notables dans les branches d'industrie qui sont l'objet de ses vastes exploitations. C'est lui qui a puissamment contribué à ramener la fabrication des fils de fer à cardes, à un état de solidité qu'ils ne présentaient plus, étant devenus trop cassans. Si celle des planches de laiton a pris, entre ses mains, une extension rapide, c'est qu'il les forme parfaitement saines, exemptes de paille, et susceptibles de servir des deux côtés. Des perfectionnemens analogues lui sont dus pour la régularité et le recuit des fils de laiton qu'emploient les fabricans de toiles métalliques, principalement de celles à l'usage des papeteries. Enfin, ces précieux résultats de fabrications plus ou moins étendues, n'ont pas fait négliger à M. Mouchel fils, d'autres produits qu'on peut considérer soit comme des agens d'art mécanique, soit comme des instrumens de calcul et de précision, et dont les moyens d'exécution seraient trop longs à décrire pour être consignés ici. D'une part, il a inventé un nouveau régulateur applicable à toute vanne de roue hydraulique; de l'autre, il a dressé et fait graver des tableaux pour régler la construction des jauges, poinçons et filières.

914 (1678). Le jury central a fait rappel de la médaille d'argent décernée en 1833, à MM. *Mouret* et *Devellorele*, à Chenecey, département du Doubs, laquelle avait déjà été rappelée en 1827. Leur usine produit de très bons fils de fer, étamés et garantis de la rouille, des fils d'acier et des fils recouverts de laiton : sa fabrication est importante.

DIX-SEPTIÈME CHAPITRE.

OUTILS, INSTRUMENS ET AUTRES OBJETS ANALOGUES FORMÉS PAR L'EMPLOI DES MÉTAUX, ET PRINCIPALEMENT DU FER ET DE L'ACIER.

L'état avancé de notre industrie se révèle par les progrès marquans qu'elle a faits dans la partie qui va nous occuper : ils en sont une preuve incontestable, et d'autant plus significative qu'un peuple n'est devenu industrieux, qu'à mesure qu'il a appris à fabriquer lui-même les instrumens nécessaires à ses travaux.

C'est de l'Angleterre et de l'Allemagne, que se tiraient les limes et les râpes anciennement employées en France. Aujourd'hui, nous les taillons et trempons fort bien à Amboise, Paris, Versailles, Saint-Étienne, Orléans, Nevers, etc. Il en est de même, des scies et des ressorts.

Quoique nos fabriques de faux ne soient pas encore assez nombreuses, les départemens du Doubs, de l'Arriège, de la Haute-Garonne et de l'Indre, en produisent une quantité déjà considérable, et dont la plupart égalent, par leurs qualités, celles de la Styrie et de la Carinthie.

On ne peut pas en dire autant des aiguilles à coudre. C'est une industrie qui nous manquerait entièrement, s'il ne s'en était établi à Amboise et à Rugles, deux ateliers dont le second a déjà acquis de l'importance, et qui en présentaient seuls quelques échantillons au Concours. Combien n'est-il pas à désirer qu'il s'en forme de grands établissemens, qui soient capables de rivaliser ceux d'Angleterre et de la Prusse Rhénane!

Pour les cardes propres à la laine, au coton, au duvet de cachemire, nous sommes infiniment mieux pourvus. Il s'en fabrique à Paris, Meulan, Troyes, la Ferté-sous-Jouarre, Liancourt, Mouy, Lille, Rouen et Louviers.

Notre situation n'est pas moins satisfaisante pour les alênes dont il se fait une énorme consommation dans la cordonnerie, et pour les toiles métalliques que nous fabriquons si bien. Les départemens de la Meurthe et des Vosges produisent les premières; les secondes s'exécutent à Paris, à Bordeaux, et à Schelestadt où elles ont pris naissance. La réputation des unes et des autres, a été soutenue par les échantillons admis au Concours.

Un seul fabricant, maître de forges dans le département du Jura, a exposé des clous faits à la mécanique. Cependant, il s'en fabrique ailleurs, de la même manière, et tant à froid qu'à chaud, principalement vers nos frontières du nord-est.

La serrurerie commune était rare à l'Exposition. Il n'y en avait pas de Saint-Étienne. Deux fabricans du département de la Somme ont envoyé de celle dite de Picardie. Par une sorte de compensation, la haute serrurerie de Paris y abondait, et se montrait avec un grand éclat. Que de serrures de sûreté, de combinaisons, de caisses à argent, de coffres forts, etc.!

On y voyait briller encore plus la coutellerie

française. Tous les habiles couteliers de Paris semblaient s'y être donné rendez-vous. Que de variété, que de richesses dans leurs ouvrages! Comme le resplendissant acier s'y mariait à l'or, à l'argent, à la nacre, etc.! Quelle délicatesse de travail, surtout dans les instrumens de chirurgie! Après eux se plaçaient les couteliers de Langres, Saint-Lô, Thiers, Montpellier, etc., dont les produits, sans être aussi beaux, sont en général moins chers. Nous remarquions à la suite, les couteaux des enfans du villageois, qui sont également ceux du pauvre, les eustaches si recommandables par leur bas prix, et nous avons béni le fabricant qui travaille pour les besoins des classes de la société, que la fortune n'a pas enrichies de ses dons.

Ce n'est pas à elles qu'étaient destinées ces armes blanches assez peu nombreuses au Concours de 1834, ni ces armes à feu qui y fourmillaient. Les départemens n'avaient ajouté qu'un faible contingent à tout ce qu'en présentaient les ingénieux armuriers de Paris : à peine distinguiez-vous quelques fusils ou pistolets expédiés de Charleville, Saint-Étienne, Lyon, Chatelleraut, Chartres, Versailles, etc. On aurait dit que la capitale avait composé, à elle seule, cette partie de l'Exposition.

Parmi toutes ces armes à feu, il n'en existait presque point suivant l'ancien système. Depuis l'invention Pauly, qui s'est perfectionnée successivement, les fusils à pierre ou à silex ont été peu à peu remplacés par les fusils à piston ou à poudre fulminante, comme ils avaient eux-mêmes pris la place des anciens fusils à mèche. Leur tour est venu de disparaître, dans un temps plus ou moins éloigné, de l'armement du chasseur et de celui de l'homme de guerre.

Deux des nouveaux fusils, que l'opinion place au-dessus des autres, se disputent la prééminence. Quelques épreuves comparatives, quoique faites avec soin, n'ont pas entièrement décidé la contestation. Il est cependant vrai de dire, et ici nous ne relatons qu'un fait, que celui des deux qui porte le nom de son inventeur M. Robert, voit augmenter de plus en plus le nombre de ses partisans.

Après avoir indiqué dans ce préambule, divers produits que notre industrie compose avec les métaux et notamment avec le fer et l'acier, nous le terminerons en insistant de nouveau sur ce que nous avons dit en le commençant; c'est que le perfectionnement de nos outils et l'habileté avec laquelle nous les fabriquons, prouvent de la manière la plus évidente que nous sommes très avancés dans l'exercice des arts industriels. Si nous n'en avions été que faiblement convaincus, notre conviction aurait acquis de nouvelles forces par un examen attentif des collections nombreuses et complètes d'outils qui figuraient à l'Exposition, pour les menuisiers et ébénistes, les forgerons, taillandiers, selliers, horlogers, graveurs, batteurs d'or, ramoneurs, à l'usage des colonies, etc.; elle se serait encore fortifiée à la vue des gros instrumens, tels qu'enclumes, étaux, filières, etc., qui s'y distinguaient par leur configuration, leur trempe, et par une fabrication soignée dans toutes ses parties.

1re SECTION.

Limes et Râpes.

915 (1665). MM. *Abat Morlière* et *Dupeyron*, à Pamiers (1), département de l'Arriège, obtinrent en 1823, sous la raison Abat Sans et Morlière, une médaille d'argent, qui a été rappelée à l'Exposition suivante. Les limes qui leur valurent cette médaille, continuent d'être très bonnes, et sont à des prix modérés. Aussi le jury central n'a pas hésité à reconnaître qu'ils sont toujours dignes de la distinction précédemment accordée à leur usine qui produit, avec des limes, de l'acier déjà mentionné honorablement en 1827. Leur exhibition se composait tout à la fois d'aciers répartis en 25 bottes, barrils ou caisses, et de 9 paquets de limes rondes ou plates, taille ordinaire ou taille fine.

916 (233). Une mention honorable fut décernée en 1827, à M. *Armbuster*, à Paris, passage de la Marmite, n° 27. Il en a obtenu une nouvelle pour la bonne qualité de ses limes.

917 (1887). C'est la première fois que MM. *Bérenger* et *Petit*, d'Orléans, se présentaient au Concours : ils y offraient des limes et des râpes de toute espèce et de toute dimension, et des car-

---

(1) Ville située en partie sur la rive droite de l'Arriège. Il s'y fait un commerce de serges, de draps, de burats, de toiles de coton et de lin; — 6,050 habitans.

reaux d'acier. Le jury en a fait une juste appréciation et a décerné la médaille de bronze à MM. Bérenger et Petit, récompense d'autant plus flatteuse pour eux, que leur usine n'est pas ancienne; mais ils savent la diriger avec une intelligence parfaite, et d'après une longue expérience qu'ils ont acquise en travaillant dans une des premières fabriques de ce genre, en qualité de contre-maîtres. Déjà ils occupent 50 ouvriers, et expédient leurs produits dans la capitale, dans les départemens de l'Ouest, etc.

918 (788). M. *Dumont* (Félix), à Paris, rue de la Santé, n° 12, était un autre nouveau candidat parmi les exposans de 1834. Ses limes seront citées avec éloge dans le rapport du jury.

919 (543). Y doivent être mentionnées honorablement celles de M. *Froid*, rue Neuve-de-la-Fidélité, n° 26, à Paris, qui ne s'était pas non plus montré aux Concours précédens. Il fabrique des limes fines de toute espèce, en petites dimensions : celles qu'il produit à l'usage des dentistes, sont très minces, flexibles, parfaitement dures et bien droites : on les recherche beaucoup, ainsi que ses rifloirs.

920 (1759). MM. *Gerard* et *Miclot*, à Breuvannes (1), département de la Haute-Marne, ont succédé à MM. Dessoye et Paintendre, qui reçurent en 1827, la médaille d'argent. Leur manufacture de limes est considérable, et n'emploie que des aciers français. Celles qu'ils avaient fait admettre

(1) A 40 kilom. de Chaumont. Il y a fabrication de coutellerie et de limes; — 1,370 habitans.

sur la place de la Concorde, ont déterminé les membres du jury à déclarer que leur établissement reste digne de la distinction qui lui a été accordée sous leurs prédécesseurs. Il a plus de 60 ouvriers, et une meule à aiguiser les limes, qui avec un homme, fait le service de quatre. Paris, Rouen, Amiens, Lille, Reims, Saint-Quentin, Metz, etc., en tirent chaque année, 12,000 douzaines de limes de différentes espèces et dimensions, et 1,200 paquets de limes en paille.

921 (2165). En 1827, M. *Gourjon de la Planche*, à Nevers, département de la Nièvre, fut mentionné honorablement pour des limes d'une exécution louable. Il en a postérieurement amélioré la fabrication, et il y a joint celle de l'acier cémenté en fer du Nivernais. La médaille de bronze lui a été décernée en 1834.

922 (1886). Il sera énoncé au rapport du jury, que celle d'or reste justement acquise à MM. *Monmouceau* frères, à Orléans. Elle avait été accordée à leur maison en 1823, sous la raison Monmouceau père et fils, et rappelée en 1827. Cette honorable distinction, rappelée de nouveau en 1834, s'applique aux limes, râpes, rifloirs, à l'acier cémenté et corroyé etc., qu'ils avaient envoyés au concours.—L'usine de MM. Monmouceau frères, qui a un martinet dans le département de la Nièvre, pour l'étirage et le corroyage de l'acier de cémentation, date de plus de 30 ans. Elle occupe au delà de 100 ouvriers, et fabrique annuellement 32,000 paquets de limes en paille, 30,000 douzaines de limes et râpes, dans les dimensions de 3 à 15 pou-

ces, et 10,000 kilog. de carreaux d'acier. Ses produits se répandent dans tout le royaume, et servent à l'approvisionnement du chantier de construction d'Indret, et des ports de Lorient et de Saint-Servan. Nous avons remarqué la belle couleur de la trempe de ses limes.

923 (98). Il a été aussi fait rappel d'une médaille d'or, au profit de M. *Musseau* (Pierre), à Paris, rue du Faubourg Saint-Antoine, n° 103. Elle lui avait été adjugée en 1827, pour des limes d'acier fondu très recherchées dans le commerce, et de prix modérés.

924 (174). Mentionné honorablement à l'exposition de 1823, M. *Pupil*, rue des Bourguignons, n° 23, à Paris, obtint la médaille de bronze, au Concours de 1827, pour les limes qu'il y présenta. Celles qu'il a exposées en 1834, n'y étaient point inférieures, et le jury l'a reconnu toujours digne de la précédente distinction qui lui avait été accordée.

925 (1684). Mention honorable sera faite des limes de M. *Rayot*, à Montbéliard (1), département du Doubs. — Cet encouragement était bien dû à un homme industrieux qui introduisit, il y a quatre années seulement, une nouvelle branche de travail dans la ville où il est né. Son établissement,

---

(1) La ville de Montbéliard est à 75 kilom. de Besançon, sur le canal du Rhône au Rhin. — C'est un centre très actif de fabrication pour les horloges, limes, instrumens aratoires ; pour des tissus divers, cuirs très estimés, etc. — C'est la patrie du célèbre Cuvier, auquel les sciences et l'industrie doivent de si utiles travaux ; — 4,770 habitans.

dirigé d'abord par M. Barbier, son beau-frère, et par son fils, ancien élève de l'École royale d'Arts et Métiers de Châlons, a eu des commencemens assez faibles; il n'occupait qu'un très petit nombre d'ouvriers des communes voisines de Montbéliard. Aujourd'hui, il est concentré dans la ville même, et porté à 40, nombre qui doit être doublé avant peu. Sa fabrication est déjà de 400 douzaines de limes par mois, toutes faites avec des aciers français cémentés ou fondus, de qualités supérieures. Les commandes qu'il reçoit d'Alsace, de Franche-Comté, de Lyon, etc., se multiplient journellement; et ce qui prouve la bonté des produits, c'est que M. Rayot faisant toujours l'offre de reprendre ceux qui ne conviendraient pas, il ne lui en revient jamais : on ne lui adresse, au contraire, que des témoignages de satisfaction.

926 (1469). Le jury de l'Exposition de 1823, avait déclaré que M. *Rémond*, à Versailles, s'était placé au premier rang de nos fabricans de limes; qu'il n'employait que des aciers de France; que ses produits obtenaient la préférence sur ceux venus de l'étranger, même dans nos ports de mer; qu'il élevait et instruisait gratuitement beaucoup d'orphelins, et que c'était les ouvriers formés dans sa fabrique qui avaient propagé et répandu dans tout le royaume, la fabrication des limes. Il lui adjugea, en conséquence, la médaille d'or dont rappel a été fait par le jury de 1834.—Cet éloge de M. Rémond, qu'il nous est agréable de répéter, se retrouve dans un discours prononcé à Versailles, en 1826, par M. le baron Charles Dupin.

927 (1627). M. de *Saint-Bris*, chevalier de la Légion-d'Honneur et membre du conseil général des manufactures, à Amboise (1), département d'Indre-et-Loire, avait reçu au concours de 1819, la médaille d'or; elle a été rappelée en 1823 et 1827. Un troisième rappel en a été fait par le jury de 1834, pour les limes et les aciers que M. de Saint-Bris exposait. Ajoutons que déjà, en 1818, la Société d'Encouragement lui décerna une médaille d'or. — Son établissement est un des plus anciens qui existent dans le royaume. Il emploie 200 ouvriers, et ses produits se répandent partout. Une preuve de leurs excellentes qualités, c'est que depuis 25 ans, ils servent dans les arsenaux de la marine, et depuis 18, dans ceux de l'artillerie. Leur mérite est encore augmenté par une baisse de 15 p. 0/0, que M. de Saint-Bris a faite sur les prix de son tarif.

928 (1279). Parmi les médailles rappelées en 1834, suivant les états qui ont passé sous nos yeux, nous n'avons trouvé ni celle de bronze accordée en 1823, ni celle d'argent décernée en 1827, aux limes de M. *Schmitd*, Chaussée de Ménil-Montant, n° 34, à Paris. Il est à présumer que c'est une omission que réparera la publication du rapport du jury central. — M. Schmitd ne compose ses limes que d'acier fondu en France. Avec 33 ouvriers, il en produit 9,000 douzaines par an, dont une partie

---

(1) Sur la rive gauche de la Loire. — Citée pour ses manufactures de draps et de tapis de pieds, la fabrication de ses limes et de son acier; — 6,000 habitans.

s'écoule à l'étranger et dans nos colonies : elles y sont préférées à celles des autres peuples.

929 (1703). Les limes plates à main, bâtardes, etc., de M. *Soudry*, à Saint-Étienne, département de la Loire, seront citées avec éloge dans le rapport du jury. La fabrique qu'il a formée récemment, est placée de la manière la plus convenable, au centre du combustible, de l'acier et des autres matières qu'elle emploie. Ses succès sont, en outre, garantis par l'intelligence de son fondateur : déjà il occupe 20 ouvriers, et il a fait goûter à Paris, Lyon, Saint-Étienne, etc., des limes qui servent pour l'ajustage des pièces de mécanique en fonte et en cuivre; elles y remplacent avantageusement, et à plus bas prix, celles qu'on tirait auparavant d'Angleterre, sous la dénomination de limes à un pence.

2e SECTION.

Scies et Ressorts.

On a vu à la 3e section du seizième chapitre, sous le n° 816, qu'une scie se trouvait dans l'exhibition de M. Pierre Bobilier.

930 (1145). M. *Barth*, rue du Faubourg Saint-Martin, n° 126, à Paris, exposait non pas des scies, mais de bons ressorts pour voitures, et autres; il y en avait à torsion, que recherchent et apprécient les selliers-carrossiers. Le jury a accordé à M. Barth, la médaille de bronze.

931 (1052). Aux trois derniers concours généraux des produits de l'industrie, y compris celui qui nous occupe, des médailles ont été accordées

à M. *Mougin*, rue des Juifs, n° 14, à Paris, savoir : en 1823, celle de bronze; en 1827, celle d'argent; et une nouvelle médaille de bronze, en 1834. C'est un fabricant dont la réputation est solidement établie; il fait des ressorts pour bandages et buscs, d'autres ressorts d'une force extraordinaire qui s'emploient dans la construction des mécaniques, et des scies circulaires qui, dans le débitage des bois à plaquer, tirent 25 feuilles de l'épaisseur d'un pouce : elles lui sont demandées tant en France qu'en Allemagne.

932 (937). Les ressorts de M. *Montandon*, rue du Monceau-Saint-Gervais, n° 8, à Paris, seront mentionnés honorablement.

933 (2185). Il en sera de même pour ceux de M. *Nerée-Tellier*, à Paris, rue Saint-Denis, n° 107, qui exposait aussi une charrette et des roues de voiture.

934 (1688). Médaille de bronze à M. *Sablins* (Jean-Marie), à Valentigny (1), département du Doubs, qui avait envoyé des scies circulaires et autres, des ressorts et des limes.

935 (2102). Et mention honorable pour le ressort de voiture accouplé et perfectionné, de M. *Thoman*, à Besançon : il était doux, très élastique, d'une grande solidité, et offrait l'avantage de tenir la caisse toujours d'aplomb.

---

(1) A 8 kilom. de Montbéliard; — 800 habitans.

3e SECTION.

Faulx.

Rappelons d'abord, en commençant cette section, que suivant ce qui a été dit à la 7e section du précédent chapitre, M. Ruffié avait joint des faulx aux aciers qu'il exposait.

C'est une fabrication qui est plus ancienne sur notre territoire, que beaucoup de personnes ne le pensent. Elle a été depuis très long-temps établie dans la ci-devant Franche-Comté, qui fournit des faulx à l'intérieur, en Suisse et en Savoie. Il est vrai que postérieurement, elle s'est étendue à des lieux où elle n'avait pas encore pénétré, et notamment dans le Midi.

936 (1683). MM. *Bobilier* frères, fabriquent 16,000 faulx par an, à la Grand-Combe (1), canton de Morteau, département du Doubs, dans les longueurs de 21 à 30 pouces, et dans les prix de 2 fr. 25 c. à 3 fr. 30 c. la pièce. Ils ont à cet effet une forge à 4 feux, et cinq martinets que le ruisseau des Gras met en mouvement. En 1827, une médaille de bronze leur fut accordée, et le jury l'a rappelée en 1834.

937 (1681). La même distinction est décernée par le même jury, à M. *Bobilier* (Isidore-Frédéric), dont la fabrique de faulx est placée sur les bords du même ruisseau des Gras.

---

(1) On y trouve aussi des tanneries, verreries à vitres et à bouteilles, A 24 kil. de Pontarlier; — 900 habitans.

938 (1858). Il y a déjà bien des années que M. *Bouffons*, qui est fort industrieux, fabrique des faulx à Sauxillange, département du Puy-de-Dôme. Son atelier est peu important, et ses moyens ne lui permettent pas de le développer. En 1823, il avait été encouragé par une médaille de bronze, qui a été rappelée successivement en 1827 et 1834.

939 (1682). Une semblable médaille est accordée aux faulx que M. *Nicod* (Claude-François), à la Maison-du-Bois, département du Doubs, avait envoyées à l'Exposition.

940 (1680). Rappel a été fait de celle que M. *Nicod* (Pierre-François), fabricant de faulx aux Gras, département du Doubs, obtint au concours de 1823, laquelle était aussi en bronze; elle avait déjà été rappelée en 1827.

941 (1890). MM. *Petrely Grenouillet* et *Constantin* ont établi en 1828, à Saint-Martin-d'Ardentes, arrondissement de Châteauroux, sur la rivière d'Indre, une fabrique de faulx et de pelles en fer : elle peut confectionner six mille pièces par an, de chacune de ces deux sortes de produits. Ils avaient envoyé à l'Exposition, 3 faulx et 2 pelles. L'exécution nous en a paru bonne; les prix surtout étaient modérés : la faulx de 28 à 30 pouces de long, n'était cotée qu'à 2 fr. 50 c., et les 100 kilog. à 100 fr. MM. Petrely Grenouillet et Constantin seront mentionnés honorablement, au rapport du jury central.

942 (1932). La fabrique de faulx, de limes et d'aciers, établie à Toulouse, qui a passé successivement en différentes mains, est aujourd'hui ex-

ploitée par MM. *Talabot* (Léon) et Ce : dès 1819, elle reçut la médaille d'or, qui a été rappelée en 1823 et 1827. Le jury de 1834 devait nécessairement en faire un nouveau rappel, car les nouveaux propriétaires du bel établissement de Toulouse n'ont pas laissé dégénérer ses produits, et c'est celui de toute la France qui fournit le plus de faulx à l'agriculture et au commerce.

4e SECTION.

Épingles et Aiguilles.

943 (1456). MM. *Fouquet* frères, à Rugles (1), département de l'Eure, avaient envoyé au concours, deux boîtes d'épingles, et divers objets en fil de laiton. Ils occupent 2,500 ouvriers, tant dans le canton de Rugles que dans celui de Verneuil : leurs relations de commerce s'étendent en Espagne, en Portugal et aux Etats-Unis d'Amérique, où leurs produits soutiennent avantageusement la concurrence étrangère. En 1827, ils obtinrent la médaille d'argent, qui a été rappelée par le jury de 1834. — Dans l'exhibition de MM. Fouquet, nous avons distingué des épingles faites à la mécanique, dont la tête est plate, variété qui n'est exécutée en France que depuis très peu de temps. — Ne terminons pas leur article, sans y ajouter qu'ils ont formé dans l'arrondissement de Bernay, un très bel établissement pour le laminage du zinc,

(1) Centre actif d'usines, de forges et tréfilerie; de fabriques d'épingles et aiguilles à tricot; — 2,000 habitans.

et qui peut produire également des planches de cuivre rouge ou jaune.

944 (2036). Deux médailles de bronze ont été accordées aux aiguilles à coudre, la première à M. *Pelletier*, à Amboise, département d'Indre-et-Loire, qui s'est livré à de nombreux essais dans une fabrication dont les procédés et moyens sont trop peu répandus en France, et qui est enfin parvenu à les établir dans ses modestes ateliers où, malgré la concurrence étrangère, il voit s'augmenter les commandes de leurs produits ;

945 (1818). Et la seconde à MM. *Rossignol* frères, à Laigle, département de l'Orne. Ces derniers exposaient avec des aiguilles à coudre de divers numéros, des aiguilles à tricoter et des passe-lacets à boutons. — Leur fabrique d'aiguilles à coudre, n'a été établie qu'à la fin de l'année 1820; après beaucoup d'essais tentés pendant trois ans et souvent infructueux, elle fixa solidement ses moyens, et prit une assiette et une consistance qui se sont affermies depuis lors : actuellement elle est en voie de prospérité, et nous désirons vivement qu'elle se développe de plus en plus. Du reste, ses succès ne sont pas douteux, puisque, sans s'effrayer de la non-réussite de ceux qui les avaient précédés à Laigle dans la même carrière, MM. Rossignol ont un établissement pourvu de toutes les machines, instrumens, moteurs hydrauliques, etc., nécessaires à l'activité de ses travaux; qu'ils connaissent très bien les détails d'une fabrication si compliquée, et savent en diriger convenablement la pratique; que le nombre de

leurs ouvriers est déjà de 120; et que leurs produits recherchés à l'intérieur, pour la bonne qualité, et pour la modération des prix, commencent à s'écouler au dehors. — Il est à remarquer que ces habiles fabricans réunissent à la confection des objets qui formaient leur exhibition, celle des épingles, et celle des fils de fer pour cardes.

5e SECTION.

Cardes.

Revoyez au sixième chapitre, 3e section, 1er §, le n° 419 qui fait connaître que M. Mathieu Risler à qui il a été assigné, confectionne à la mécanique, des garnitures de cardes.

Des cardes mécaniques faisaient aussi partie de l'exhibition de M. Saulnier : on les trouvera dans la 2e section du chapitre trentième.

946 (2099). M. *Achez-Portier*, à Mouy (1), département de l'Oise, a reçu la médaille de bronze. Il avait envoyé des machines à bouter les cardes, et des échantillons de cardes, le tout bien exécuté.

947 (1133). C'était pour la troisième fois que M. *Cartier*, rue du Faubourg St.-Denis, n° 21, à Paris, exposait sa machine à carder la laine des matelas, laquelle occupe peu de place, est d'un transport facile, et opère rapidement un cardage bien complet. Il eut, en 1823, la médaille de bronze, qui a été rappelée en 1827, et c'est sans

(1) Citée pour ses carrières de belles pierres de taille. — Il y a des fabriques de draps façon de Sedan; — 2,380 habitans.

doute par omission qu'il n'en a pas été fait un nouveau rappel en 1834.

948 (1868). Des plaques et des rubans de cardes pour la laine et pour le coton, de divers numéros, avaient été envoyés par M. *Godel-Huchard*, à Troyes, département de l'Aube. Il en sera fait mention honorable au rapport du jury.

949 (2427). Il y a long-temps que M. *Hache-Bourgeois*, à Louviers, département de l'Eure, s'est distingué dans la fabrication des cardes par procédés mécaniques. Au concours de 1806, il reçut la médaille d'argent, et celle d'or en 1823. D'après la déclaration du jury de 1834, il continue de mériter l'une et l'autre.

950 (652). M. *Lambert*, à Paris, rue Pierre-Levée, n° 11, fut mentionné honorablement en 1823, pour des cardes exécutées à la mécanique. Cette distinction a été rappelée en 1827. Il exposait en 1834, des cardes pour la laine, le coton, la soie et le duvet de cachemire : elles avaient au moins autant de mérite que celles récompensées aux deux précédens Concours. S'il n'y en a point de mention dans les états qui ont été rendus publics, c'est sans doute l'effet d'un oubli que réparera le rapport du jury central.

951 (1961). Des cardes, très bien fabriquées, ont valu la médaille d'argent à M. le duc de *La Rochefoucauld*, pair de France, à Liancourt (1),

---

(1) La patrie du célèbre philantrope Liancourt (duc de La Rochefoucauld), offre un symbole heureux de la protection éclairée qu'il accordait à toutes les choses utiles, car plusieurs industries sont cultivées et prospèrent

département de l'Oise. Il a succédé seul dans la propriété de cet établissement, au philantrope La Rochefoucauld-Liancourt, son illustre père, dont il était l'associé. Ses ouvriers des deux sexes sont au nombre de 200. Par la bonne qualité de ses produits qui ne se composent que de cuirs excellens et de fils de fer qu'elle tréfile elle-même, la fabrique de cardes de Liancourt jouit depuis long-temps de la réputation la mieux établie; elle fournit non-seulement à l'intérieur du royaume, mais à la Suisse, à l'Italie et à l'Allemagne : les nombreuses commandes qu'elle en reçoit, sont toujours remplies avec la plus grande célérité.

952 (2105). La distinction obtenue par M. le duc de La Rochefoucauld, a été accordée à M. *Malzamet* aîné, à Lille, département du Nord. Il avait adressé des plaques et des rubans de cardes pour la laine, le coton et le poil de chèvre. Sa fabrique se compose de six métiers à faire les plaques, dont un double, de douze métiers à faire les rubans, d'un nombre égal de métiers à croquer les dents de carde, et d'un piquoir : tous les ans, il sort de ses ateliers plus de 6,000 plaques pour laine, 10,000 plaques pour coton, 20,000 pieds de rubans à laine et 25,000 à coton.

---

dans ce bourg. Elles y ont presque toutes été créées par cet habile industriel, et notamment la fabrique de cardes. Il y a aussi une fabrique de faïence, une filature hydraulique de coton pour chandelle, une fabrique de sabots, etc. — L'héritier d'un aussi beau nom s'occupe avec un zèle bien honorable à introduire dans ces manufactures, toutes les améliorations dues aux progrès de l'industrie. A 6 kil. de Clermont (Oise); — 1,270 habitans.

953 (114). Nous avons lieu de croire que dans les états des récompenses accordées par le jury, qui ont été publiés jusqu'à présent, il existe une omission au préjudice de M. *Matignon*, rue de Charonne, n° 41, à Paris. Il lui avait été accordé une médaille de bronze, en 1827, pour ses plaques et ses rubans de cardes. Cette distinction aurait dû être rappelée en 1834.

954 (1480). Une nouvelle médaille d'argent a été décernée à M. *Métcalfe*, à Meulan (1), département de Seine-et-Oise, pour ses cardes à laine et à coton, qui étaient bien et dûment conditionnées, et faites par des machines qu'il construit lui-même. Il en a déjà reçu une semblable en 1827. Antérieurement, sous la raison baron de Geney et Métcalfe, il avait obtenu la médaille de bronze en 1823, et une mention honorable en 1819.

955 (2385). C'est cette dernière distinction qui a été accordée par le jury de 1834, aux cardes de M. *Miroude*, à Rouen.

956 (2382). Médaille de bronze à M. *Papavoine*, de la même ville, pour sa machine à bouter les cardes;

957 (706). Et même distinction à M. *Rottée*, à Paris, rue Popincourt, n° 30, pour des machines qui servent à les fabriquer.

958 (2148). MM. *Scrive* frères, à Lille, département du Nord, excellent dans la construction

---

(1) Dans cette ville, à 35 kilom. de Versailles, se trouvent des fabriques de bas, des tanneries, des carrières à plâtre; — 1,830 habitans.

des mêmes machines, et les filateurs estiment et recherchent leurs cardes à laine et à coton. Ils reçurent une médaille de bronze en 1823, celle d'argent en 1827 : la médaille d'or leur a été décernée en 1834, et l'un des MM. Scrive a été, en outre, décoré de l'ordre de la Légion-d'Honneur.

959 (1956). A la Ferté-sous-Jouarre (1), département de Seine-et-Marne, M. *Turquam* a établi un nouveau système de fabrication de cardes pour la laine, le coton, la soie et le duvet de cachemire. Il l'a dénommé système français, et effectivement ce mode diffère essentiellement des modes anglais et américain. Sa précision est admirable, les plaques pouvant être faites comme les rubans d'une longueur indéfinie et à tous numéros; on les tourne à la main, pour prévenir les écarts qui se rencontrent dans les autres systèmes, et qui ne se réparent qu'aux dépens de la régularité et de la solidité. Il en résulte que la construction est plus régulière et plus solide, et que les cardes peuvent être vendues à moindre prix. Celles que M. Turquam avait exposées, seront mentionnées de la manière la plus honorable, dans le rapport du jury : elles sont déjà justement appréciées en France et en Belgique.

---

(1) Sur la Marne. — On y trouve des fabriques de cardes, filature de laine. — Les pierres de meulière sont d'une excellente qualité; — 3,930 habitans.

6e SECTION.

Peignes ou Rots.

960 (2241). MM. *Chatelard* et *Perrin*, rue St.-Polycarpe, n° 10, à Lyon, sont renommés pour la fabrication des peignes à dents d'acier, qu'ils fournissent aux fabriques de tous les genres de tissus, tant nationales qu'étrangères. Le nombre de leurs ouvriers s'élève à 40. Déjà en 1827, ils reçurent la médaille de bronze. Leurs progrès, depuis lors, ont été si marquans que le jury de 1834, leur a décerné une nouvelle distinction de la même nature. — Parmi les peignes qu'ils avaient exposés, nous en avons remarqué un d'une force extraordinaire, qui était destiné à la confection des toiles métalliques; deux susceptibles d'élargir ou de rétrécir facilement, sans perte ni dommage, la fin d'une pièce d'étoffe; et un quatrième, offrant une réduction de 170 dents au pouce, ou 3,400 dents sur 20 pouces, réduction qui peut à peine se concevoir et qui est devenue très utile à la fabrique de Lyon. — Ce qui augmente le mérite des peignes de MM. Chatelard et Perrin, c'est qu'ils en ont considérablement baissé les prix.

961 (1599). Une médaille d'argent fut accordée en 1827, à MM. *Debergue-Desfriches* et Ce, aujourd'hui à Lisieux, département du Calvados; ils l'obtinrent sous la raison Debergue et Ce, ayant alors le siége de leurs affaires à Paris. Leurs peignes à tisser, en acier et cuivre, sont principalement pour la fabrication des lainages et de la passementerie. Ils ont des dents à forme lenticulaire,

régulièrement espacées par un moyen mécanique, parfaitement unies et polies; ceux à soudure avec ligature en cuivre, sont extrêmement solides. Enfin, MM. Debergue-Desfriches et Ce y ont réuni tant d'avantages et les ont tellement perfectionnés, qu'une nouvelle médaille d'argent leur a été décernée par le jury de 1834 : ils venaient de recevoir celle de première classe, dans une Exposition des produits de l'industrie du département du Calvados, qui a eu lieu à Caen. — Les commandes qui leur sont faites, de presque toutes les fabriques de tissus de France, les ont déterminé à établir des dépôts dans les principales villes de fabrication.

962 (1065). Le rapport du jury de l'Exposition de 1827, cita M. *Lenain*, à Paris, actuellement passage de l'Industrie, n° 1, pour ses peignes à tisser, qu'il fabrique au moyen d'une machine. Il ne paraît pas que le jury de 1834 ait rappelé cette citation; c'est vraisemblablement l'effet d'une inadvertance qui ne se trouvera pas dans son rapport définitif.

963 (2431). Mention honorable y sera faite de M. *Maino*, à Rouen. Il fabrique bien les peignes à dents d'acier qu'il rend inoxidables, ceux en cuivre dits lyonnais, et des peignes pour les machines à parer.

964 (1524). M. *Pourel* (Joseph), mécanicien au Plessier, département de la Somme, avait envoyé une paire de peignes qui s'emploient au peignage de toutes sortes de laines, tant à la bague qu'à la main.

7e SECTION.

Tissus métalliques et cribles métalliques.

965 (1777). MM. *Delage* frères, à Saint-Michel, département de la Charente, seront cités avec éloge dans le rapport du jury, pour leurs toiles métalliques, servant à la fabrication du papier.

966 (1237). Une mention honorable recommandera celles de M. *Douchement*, rue de Tracy, nº 6, à Paris. Elles ne sont pas seulement employées dans les papeteries; elles le sont encore dans les verreries, poteries, féculeries, etc. pour cribles, lampes de mineurs, stores, garde-feux, garde-mangers, etc., etc. M. Douchement s'est longuement étudié et a réussi à les rendre extrêmement flexibles et souples, de manière que, si étant faussées on les redresse, elles n'en deviennent pas plus cassantes, et qu'on ne les expose pas à se briser, ni à s'user plus vite.

967 (1948). Les cribles métalliques de M. *Fontenelle*, à Avon, près Fontainebleau, département de Seine-et-Marne, seront cités dans le rapport du jury. Ne méritaient-ils pas une plus haute distinction? Ce qui nous porte à le penser, c'est qu'en substituant les cribles métalliques aux cribles en peau et aux tarares, M. Fontenelle a eu une idée heureuse, dont l'exécution a été reconnue avantageuse par diverses sociétés d'agriculture. Les cribles en peau, sont, en effet, trop hygrométriques pour nettoyer et purifier également les

céréales, à toutes les températures. Outre que les tarares, à raison de leur prix, sont au-dessus de la portée des moyens de beaucoup de cultivateurs, ils ont d'autres inconvéniens dans leur usage, et ne peuvent pas se placer partout. Les cribles métalliques se prêtent, au contraire, par les fils de métal plus ou moins forts et plus ou moins déliés qui les composent, au parfait nettoyage du froment, du seigle, de l'orge, de l'avoine, etc., et les purifient de manière à satisfaire tout à la fois le vendeur, l'acheteur et le consommateur.

968 (263). En 1819, M. *Gaillard*, successeur de M. Perrin, rue St-Denis, n° 228, à Paris, obtint une médaille d'argent. Elle a été rappelée en 1827, et ne pouvait qu'être rappelée de nouveau en 1834. M. Gaillard est à la tête d'une grande fabrication : ses toiles métalliques sont de très bonne qualité. C'est à lui qu'on en doit le numérotage par le nombre de fils au pouce, qui est si intelligible pour le consommateur; rien n'est, effectivement, plus facile que de comprendre qu'il y a dans le n° 10, par exemple, 10 fils au pouce, et 100 trous dans le pouce carré, et que la même proportion existe soit en montant soit en descendant.

969 (1646). Le jury mentionnera honorablement dans son rapport, les toiles métalliques de M. *Leblond*, à Bordeaux (1). C'est un de nos fabri-

(1) Chef-lieu d'un département très industriel, situé sur la rive gauche de la Garonne. C'est, sans contredit, une des plus belles et des plus commerçantes villes de France. Son port peut contenir 1,200 navires. Le bas-

cans de ce genre, qui s'étudie le plus à perfectionner ses produits et à en varier les applications. On a remarqué parmi les toiles métalliques qu'il exposait, celle qui avait 55 pouces de large : elle laissait quelque chose à désirer, car c'était la première que M. Leblond eût fabriquée dans une aussi grande largeur; mais nous avons appris qu'il en tenait sur le métier, une beaucoup plus parfaite, destinée à la papeterie de M. Montgolfier, à Saint-Maur, près Paris.

970 (2092). Voici le descendant du créateur de la fabrication des toiles métalliques en France, M. *Roswag* (Augustin), à Schelestadt (1), département du Bas-Rhin, ayant un dépôt à Paris, rue de la Barrillerie, n° 17. En 1806, sa maison reçut la médaille d'argent, qui a été rappelée en 1819. La médaille d'or lui a été décernée en 1823, éclatante distinction pour ce genre d'industrie, que les jurys des Concours de 1827 et 1834 ont eu également soin de rappeler, en déclarant que M. Roswag s'en montre digne de plus en plus. Ses

sin, formé en demi-lune par le cours du fleuve, a 2 kilom. de large et 8 de long. — Il y a une communication d'établie avec la Méditerranée par le canal du Languedoc. Son commerce, qui est européen, comprend une infinité d'objets, ainsi que ses manufactures et ses fabriques. — Ses exportations consistent principalement dans ses vins rouges et blancs si recherchés, ses eaux-de-vie, vinaigre, etc., tandis que ses importations comprennent surtout les denrées coloniales et les articles du Nord. On y arme pour la pêche de la baleine et de la morue; — 109,470 habitans.

(1) A 42 kil. de Strasbourg, où l'on fabrique des produits chimiques. — On assure que c'est là qu'on a inventé le vernis des vases de terre; — 9,650 habitans.

produits se distinguent par une grande régularité, et par un fini précieux d'exécution. Il s'est occupé, dans ces derniers temps, à faire des rouleaux égoutteurs pour les machines à papier continu, et une toile en gros fil de fer à l'usage des séchoirs de brasseries, dont l'emploi est économique, et très avantageux aux brasseurs.

971 (151). Un autre fabricant de Paris, a beaucoup contribué au perfectionnement de cette industrie : c'est M. *Saint-Paul,* rue des Filles-du-Calvaire, n° 11. En 1819, la médaille de bronze lui fut décernée; il a eu en 1823 celle d'argent, qui a été rappelée en 1827 : un nouveau rappel en a été fait par le jury de 1834. Parmi les toiles métalliques qu'il présentait, il y en avait une en argent de 190 fils au pouce dans la trame, et de 100 fils à la chaîne. Cette maison en fait aussi en or, platine, et en toutes sortes de métaux.

8e SECTION.

Alènes.

Les cordonniers et les selliers qui font une si grande consommation de ce produit, le tiraient autrefois d'Allemagne. C'est l'ancienne province de Lorraine qui le leur fournit, à des prix modérés, quoique la fabrication en soit très bonne; il y en a trois fabriques, les seules qui existent en France.

972 (1826). MM, *Boilvin* frères, à Badonvil-

ler (1), département de la Meurthe, obtinrent la médaille d'argent en 1819; elle a été rappelée en 1827, et de nouveau en 1834. Leur manufacture emploie trente-deux ouvriers, et les travaux en sont dirigés avec une parfaite intelligence; ses relations commerciales sont assez étendues dans toutes les parties du royaume, malgré la concurrence qu'elle éprouve de la part de deux fabricans dont suit la désignation.

973 (1738). M. *Letixerand*, à Vexaincourt, département des Vosges, qui avait exposé quatre feuilles d'alènes, pour lesquelles il a eu la médaille de bronze;

974 (1827). Et M. *Thirion*, à Norey, commune de Saint-Sauveur, département de la Meurthe. Ce dernier reçut la médaille de bronze en 1823, sous la raison Thirion et Jacquet; elle a été rappelée en 1827, et le jury de 1834 en a fait un nouveau rappel.

9e SECTION.

Clouterie.

975 (1463). Des clous, des pointes et des aiguilles à bas, avaient été envoyés par MM. *Laporte* et Ce, à Meyrueix, département de la Lozère. Le jury a arrêté d'en faire citation dans son rapport.

976 (1994). M. *Lemire*, maître de forges à

---

(1) A 34 kil. de Lunéville. — Il y a de belles carrières de pierres de taille; — 2,300 habitans.

Clairvaux (1), département du Jura, a des usines importantes qui comprennent martinets, laminoirs, feux de forge, fonderies, clouteries mécaniques, etc., et occupent 400 ouvriers : elles produisent annuellement 600,000 kilog. de fonte, 450,000 de fer, et 250,000 de clous. — Il n'avait envoyé à l'Exposition, qu'une grande variété de clous qu'il fabrique pour bâtisses et ferrures de toute espèce, pour les layetiers, bourreliers, cordonniers, tapissiers, etc., qui se répandent dans tout le royaume, principalement dans le Midi, et à l'étranger. Les membres du jury ont arrêté qu'il en sera fait une mention honorable, tandis que les mêmes produits furent déjà jugés dignes d'une médaille de bronze, en 1834. Pourquoi cette distinction inférieure à celle précédemment obtenue? il y a certainement erreur, ou obscurité dans la décision attribuée au jury central. C'est ce qu'éclaircira la publication de son rapport.

977 (1764). Les clous de diverses espèces, les boulons et les rivets offerts par M. *Mugnier*, à Vassy (2), département de la Haute-Marne, étaient remarquables par leur bonne exécution. La médaille de bronze a été adjugée à leur producteur.

978 (1463). Des pointes dites de Paris, perfectionnées par MM. *Mourin Brenot* et *Meillonas*, à

(1) A Clairvaux on fabrique une infinité d'objets. A 20 kil. de Lons-le-Saulnier; — 1,310 habitans.

(2) On y fabrique, avec la laine du pays, des tiretaines. — Il s'y fait un commerce considérable de fer, de bois, de cire, de poterrie de terre. A 45 kil. de Chaumont; — 2,590 habitans.

Dijon, département de la Côte-d'Or, seront citées avec éloge dans le rapport du jury central.

10e SECTION.

Serrurerie.

En abordant cette branche du travail du fer, qui avait plus de vingt représentans à l'Exposition, nous devons rappeler que M. Vidocq, inscrit sous le n° 805 de la 3e section du quinzième chapitre, avait réuni à son papier de sûreté, des appareils qu'il juge susceptibles d'assurer et garantir les fermetures des portes, contre les fausses clefs des voleurs.

979 (443). M. *Barbou*, serrurier en bâtimens, rue Montmartre, n° 58, à Paris, breveté d'invention pour ses indicateurs à sonnette, sera cité avec éloge dans le rapport du jury. Ils ont l'avantage de signaler avec la rapidité de l'éclair, en tirant un cordon de la salle à manger, les objets que l'on attend des domestiques placés à l'office ou à la cuisine. C'est une découverte d'une grande simplicité, dont l'inventeur fait jouir à peu de frais : elle peut être employée utilement dans les hôtels garnis, les pensions, les bureaux, les bains, etc.

980 (745). Sera également cité avec éloge, pour la bonne exécution de ses ouvrages de serrurerie, M. *Boutté*, à Paris, rue Saint-Honoré, n° 274.

981 (1513). Même distinction est accordée à M. *Carron*, à Saint-Valery-sur-Somme, pour une serrure à ressort bridé, qui se recommande par la solidité de l'ajustement, et par la modicité du prix

qui varie de 4 à 7 fr., selon l'espèce et les dimensions.

982 (1070). Les serrures de sûreté de M. *Clément*, rue de la Chaussée-d'Antin, n° 35, à Paris, sont à garnitures mobiles. Il en fabrique aussi à combinaisons, et on trouve chez lui des caisses, des coffres-forts, et généralement toute espèce de fermetures. Mention honorable sera faite de M. Clément dans le rapport du jury.

983 (1125). Un perfectionnement de serrurerie, qui a été remarqué avec beaucoup d'intérêt sous le premier pavillon de la place de la Concorde, est celui qu'ont reçu les espagnolettes. M. *Feragus*, rue Saint-Georges, n° 27, à Paris, y a puissamment contribué. Les espagnolettes de nouveau genre qu'il a substituées aux anciennes, sont par lui appelées *crémones françaises*, parce que leur mécanisme intérieur comporte une double crémaillère, et il en a pris le brevet d'invention et de perfectionnement : elles ont l'avantage d'un jeu sûr et facile, et peuvent se fermer avec une très petite clef. Le rapport du jury mentionnera honorablement M. Feragus; il méritait d'autant plus cette distinction, que la partie de son art qu'il a améliorée, était jusque-là restée stationnaire, et qu'il est à espérer que l'usage de ses *crémones* se propagera rapidement.

984 (735). Dans la haute serrurerie, M. *Fichet*, à Paris, rue Rameau, n° 5, a pris une des premières places. Ce qui est un indice certain de sa capacité, c'est qu'après le vol qui fut fait à la bibliothèque royale, d'une grande quantité de médailles précieuses, il fut chargé de la serrurerie de toutes les

portes et fermetures de l'intérieur des édifices où est placé ce vaste établissement. — M. Fichet est auteur de découvertes et perfectionnemens qui se rapportent à l'art où il se distingue, dont plusieurs ont été brevetés à son profit, et notamment, 1° d'une serrure de sûreté complètement incrochetable, quoique sans secret; 2° d'un coffre-fort sans vis apparentes, ayant une fermeture invisible, réunissant dans son intérieur quinze moteurs et six verroux de sûreté; 3° d'une cheminée dans laquelle est un tourne-broche mû par le feu et marchant à volonté; 4° d'une nouvelle cisaille servant à découper la tôle; 5° d'une mécanique où un seul homme assis sur un siége fait mouvoir deux forts soufflets de fondeur, qui donnent sans interruption un vent toujours égal; 6° d'une autre mécanique servant au sondage des mines et des puits artésiens.—De nombreux visiteurs s'arrêtaient devant une figure de coq, qui était au-dessus de l'un de ses coffres-forts : elle ouvrait le bec, battait des ailes, et faisait entendre le chant du coq, dès qu'on touchait à la fermeture du meuble qui en était surmonté.—M. Fichet a reçu la médaille de bronze.

985 (581). M. *Godeau*, rue Grétry, n° 1, à Paris, sera mentionné honorablement dans le rapport du jury central. Il avait exécuté un coffre-fort qui donnait une idée avantageuse de ses talens : on connaissait déjà M. Godeau, pour des serrures de combinaison et à pompe, et pour des serrures et des verroux de la forme la plus élégante.

986 (1178). C'était encore un ouvrage de haute serrurerie, qu'exposait M. *Grangoir*, rue Mouf-

fetard, n° 307, à Paris. Il consistait dans une serrure de porte de coffre à garniture mobile dite Bramah, enclavée par une autre à combinaison. Pour faire décerner la médaille de bronze à M. Grangoir, il a suffi de cette ingénieuse et remarquable serrure.

987 (1479). D'autres serrures envoyées par M. *Hudde*, à Villiers-le-Bel, département de Seine-et-Oise, seront citées avec éloge dans le rapport du jury. S'il n'exposait que des ouvrages de serrurerie, ce n'était pas cependant les seuls produits qui sortent de ses ateliers; nous savons qu'il construit de grandes horloges, des machines hydrauliques de tout genre, etc.

988 (1212). M. *Huet*, à Paris, rue Saint-Martin, n° 37, a reçu la médaille de bronze. Il présentait des serrures et des verroux de sûreté, d'une très bonne exécution.

989 (252). En 1819, M. *Huret*, rue Castiglione, n° 3, à Paris, obtint la médaille d'argent. Elle a été rappelée en 1823 et 1827, et postérieurement en 1834. C'est un serrurier-mécanicien, pour ne pas dire ingénieur, qui exploite en grand la haute serrurerie. Ses ateliers de fabrication sont établis à Vanves, près Paris : ils fournissent à son dépôt de la rue Castiglione, une collection nombreuse de fermetures à combinaisons et à garnitures mobiles, pour caisses, coffres-forts, etc., et même pour porte-feuilles ministériels. Dans tout ce qui concerne les articles de serrurerie dont le gouvernement peut avoir besoin, M. Huret est un de ses fournisseurs,

990 (145). Les espagnolettes de M. *Laurent*, rue de la Chaussée-d'Antin, n° 6, à Paris, qu'il appelle à crémaillère, et pour lesquelles il est breveté d'invention et de perfectionnement, seront honorablement mentionnées dans le rapport du jury central. Les avantages qu'elles présentent, l'emportent-ils sur ceux que nous avons remarqués dans les crémones françaises de M. Feragus, n° 983? Les égalent-ils, ou y sont-ils inférieurs? C'est ce que nous laissons à décider, au temps et à l'expérience qui sont les deux grands maîtres pour constater le mérite et fixer le rang des objets brevetés d'invention.

991 (1190). Citation, avec éloge, des serrures dites à *bec de cannes*, de M. *Lefébure*, rue Dauphine, n° 6, à Paris, qui sont simples et solides, avec lesquelles, au moyen d'un bouton, on se ferme à l'intérieur, sans que personne puisse ouvrir en dehors.

992 (183). Rappel a été fait de la médaille de bronze décernée, en 1827, à M. *Lepaul*, serrurier-mécanicien à Paris, rue de la Paix, n° 2. Il exposait quatre coffres-forts, dont un avec deux serrures de combinaisons, et deux autres avec des fermetures de sûreté à pompe et à clef très petites : sa quatrième caisse de banque était remarquable par le travail exquis de son extérieur. M. Lepaul y avait joint divers cadenas.

993 (1051). Mention honorable des serrures de M. *Lequin*, cour de la Sainte-Chapelle, n° 1, à Paris, véritables Bramah qu'il déclare être à l'abri des atteintes de toutes fausses clefs. Elles étaient

accompagnées de mesures linéaires que nous rappellerons dans notre trentième chapitre, section 5.

994 (1265). M. *Perrin*, rue des Ménétriers, n° 4, à Paris, était le troisième exposant d'espagnolettes perfectionnées. Une tenaille à clef s'y trouvait réunie. Le tout sera mentionné honorablement, dans le rapport du jury.

995 (611). En 1827, M. *Regnier*, à Paris, rue des Mathurins-Saint-Jacques, n° 10, obtint la même distinction, pour des ouvrages de serrurerie et de mécanique. C'est le digne fils de feu M. Regnier, conservateur du dépôt central de l'artillerie, auteur du dynamomètre et de plusieurs autres découvertes ingénieuses. Il marche avec honneur sur les traces de son père, et ses progrès depuis le dernier Concours jusqu'en 1834, lui ont fait décerner la médaille de bronze.—M. Regnier soumettait à l'examen du jury et des connaisseurs, divers cadenas à combinaison, qui sont très répandus; deux instrumens nouveaux dont le premier indique la dureté des surfaces des poteries, et le second la pression sur le pavé des routes, des voitures chargées; une lampe de sûreté pour les mineurs, fermée au moyen d'un scellé métallique; des dynamomètres employés avec succès depuis 30 ans, dans les arts, l'agriculture et la gymnastique; un anémomètre pulmonaire, qui fait connaître la force soit de l'action pulmonaire soit des machines soufflantes; des éprouvettes de chasse, destinées à constater la force de la poudre; divers instrumens d'agriculture, tels que sécateurs, pinces à incisions annulaires, etc.

996 (875). Le rapport du jury doit citer avec éloge les serrures de M. *Ringé*, rue d'Angoulême-du-Roule, n° 996, à Paris.

997 (1181). Celles à combinaisons concentriques de M. *Robin*, ancien officier de marine, rue Coq-Héron, n° 5, à Paris, dont la Société d'Encouragement a reconnu les avantages, ont obtenu la médaille d'argent.

998 (723). Les caisses en fer de M. *Robin-Schmitd*, à Paris, faubourg Saint-Honoré, n° 2, n'ont eu que les honneurs du Concours.

(999) 1514. Il sera fait mention honorable des serrures envoyées par MM. *Sterlin* et Ce, à Voincourt, département de la Somme, qui ont un magasin à Paris, rue Pavée-Saint-Sauveur, n° 3. C'est la seconde maison qui représentait au Concours, la serrurerie dite de Picardie, si recherchée dans la capitale, pour sa bonne exécution et pour la modération de ses prix.

1000 (109). M. *Toussaint*, à Paris, rue Saint-Nicolas-d'Antin, n° 49, breveté d'invention, n'est compris que pour une mention honorable, sur les états des distinctions accordées par le jury, qui ont été rendus publics. Ce ne peut être qu'une erreur. Déjà en 1823, M. Toussaint avait reçu la médaille de bronze, qui a été rappelée en 1827; et les coffres-forts, armoires en fer et autres ouvrages de serrurerie qu'il a produits en 1834, soutenaient dignement sa réputation.

11e SECTION.

Lits et autres Meubles en fer.

Nous plaçons à la suite de la serrurerie, les lits en fer et les autres meubles formés du même métal, qui forment presque toujours une dépendance de l'art du serrurier. On en comptait un certain nombre sous les 1er et 2e pavillons de la place de la Concorde : nous avons même appris que des Exposans de lits de fer, y en ont fait des ventes auxquelles ils ne s'attendaient pas; et leur usage, qui tend à se généraliser dans les casernes, les hôpitaux, les prisons, etc., se répand de plus en plus pour l'ameublement des simples particuliers.

1001 (731). En 1827, M. *Bainée,* à Paris, rue des Boulangers-Saint-Victor, n° 22, fut cité avec éloge pour une couchette de fer semblable à celles qu'il fournissait au Collége de Louis-le-Grand. Il exposait en 1834, des lits plus parfaits; cependant le prix en était modéré, par l'effet de la diminution qu'il a obtenue sur celui de la main-d'œuvre. M. Bainée y avait réuni une cisaille à lames d'acier fondu, soudées avec du fer. Le jury le mentionnera honorablement.

1002 (1539). Même distinction à M. *Brouillé,* rue Saint-Lazare, n° 120, à Paris, pour des lits en fer, qui n'étaient pas inférieurs aux précédens.

1003 (71). Nous trouvons encore deux Exposans de lits de la même espèce, qui ont mérité et obtenu la mention honorable. Le premier est M. *Desouches,* rue Bourbon-Villeneuve, n° 43, à

Paris; il en fabrique qui ne diffèrent pas de ceux de ses rivaux, mais il y joint des lits qui se ploient, et que son père fournissait en grande quantité aux généraux et officiers supérieurs pendant les guerres de l'empire.

1004 (888). Le second est madame veuve *Fleuret*, à Paris, passage Saunier, nº 4, qui est associée à son fils. Ils en avaient mis dans le 2ᵉ pavillon, parmi beaucoup d'ouvrages d'ébénisterie, un qui attirait les regards : construit en fer verni au feu, avec des ornemens en cuivre doré, ses formes étaient légères et élégantes, et il n'aurait pas déparé le plus bel appartement.

1005 (399). Une innovation heureuse dans l'application du fer à la construction des lits et à un grand nombre d'autres usages, est celle de MM. *Gandillot* frères et *Roy*, à Paris, rue Petrelle, nᵒˢ 5 et 7, faubourg Poissonnière, et à Besançon, rue Neuve-du-Porteau. Au lieu d'y employer le métal en plein, suivant que cela se pratique le plus habituellement, ils le roulent de manière à laisser creux l'intérieur, et ils remplissent le creux avec du mastic qui le rend solide. Par ce moyen, qui est breveté d'invention à leur profit, ils exécutent des lits ordinaires, des lits riches, des échelles simples ou doubles, des râteliers, et pour les jardins, des kiosques, bancs, chaises, fauteuils, tabourets, tables, canapés, divans, etc.; ils appliquent même le fer creux à la fabrication des grilles, des balcons et des rampes, des tuyaux servant à la conduite des eaux et des gaz, aux rouleaux de stores et de tringles de garde-feux. Delà résulte un double avantage, sous le rapport de la légèreté et de l'économie : nul doute sur ces deux points, et on en restait convaincu en examinant avec attention les élégans et jolis objets exposés par MM. Gandillot frères et Roy, et en jetant les yeux sur les prix qui y étaient assignés par des étiquettes. Quant à la solidité, il y a eu et il y a encore des préventions. Cependant, nous venons de lire dans les papiers publics que, sur la proposition de MM. les officiers du génie, le ministre de la guerre a ordonné l'emploi des fers creux dans les travaux des bâtimens qui dépendent de son ministère. On doit être pleinement rassuré par cette décision, et par celle du jury qui a décerné la médaille d'argent à MM. Gandillot frères et Roy.—Rappelons, en terminant l'article qui les concerne, que l'aîné des MM. Gandillot est un praticien éclairé par la théorie la plus savante, ayant eu l'honneur d'appartenir, en qualité d'élève, à l'École Polytechnique.

1006 (2159). Des lits en fonte moulée, à roulettes, dont le fond était en fer plat très mince et élastique, firent citer avec éloge, en 1827, MM. Emile *Martin* et Ce, à Fourchambault, département de la Nièvre; d'un autre côté, ils reçurent à la même Exposition, la médaille d'argent pour leurs ouvrages de fonte. Le jury de 1834 les a jugés dignes de la médaille d'or : ce n'est pas parce qu'ils auraient grandement perfectionné leur fabrication de lits de fer et de fonte, qui avec un modèle de porte d'écluse en fer, composaient seuls leur exhibition; c'est parce que depuis la fondation de leur vaste établissement en 1823, ils se sont occupés, et avec succès, de l'amélioration des procédés de moulage, de l'étude de la fonte et du fer dans leurs usages divers, et des applications nouvelles du fer et de la fonte dans la construction des bâtimens. — Après avoir concouru à l'organisation matérielle des plus importantes usines de France, ils ont rapidement monté les machines des grandes forges de Decazeville, perfectionné les hauts fourneaux, et fourni une théorie raisonnée du travail qui s'y exécute; construit pour les ports de Cherbourg et de Rochefort, les deux presses hydrauliques les plus puissantes et les plus parfaites que possède la marine royale; imaginé un nouveau système d'aqueducs en fonte, sous les canaux de navigation; établi trois ponts aqueducs en fonte sur le canal latéral à la Loire; établi au pont du bec d'Allier, un chemin de fer économique; inventé un nouveau procédé de fondage des canons en fer; construit avec le même métal, sur l'ordre du ministre de la guerre, des affûts d'essai; tenté de résoudre le problême d'un bon système de portes d'écluses en fer et fonte, à un prix modéré; et enfin, produit et ajusté les voussoirs de fonte, qui composent les arches du beau pont du Carrousel. — Nous tenons de l'obligeance de MM. Emile Martin et Ce, des mémoires sur la plupart de ces travaux qui méritent tant d'intérêt, et nous nous réservons d'en parler plus amplement dans le recueil industriel.

Revoyez au 15e chapitre, sous le n° 718, l'article de M. Henri qui, avec les tapisseries portant son nom, exposait des lits en fer, où la commodité des formes le disputait à leur élégance, et qui se ploient comme ceux de M. Desouches ; revoyez encore, sous le n° 855, 16e chapitre, 6e section, § 1er, l'article de M. Chamoroy qui avait des lits en fonte, parmi les ouvrages de la même matière qu'il présentait au concours.

On trouvera aussi, au 30e chapitre, 6e section, à l'article de M. Geslin, des lits en tubes de fer.

12e SECTION.

Coutellerie.

Si la serrurerie française avait, comme on vient de le voir dans les deux précédentes sections, un assez grand nombre de représentans au dernier Concours des produits de l'industrie nationale, ceux de notre coutellerie y étaient encore bien plus nombreux. Pour n'en pas surcharger la nomenclature, de détails qui l'étendraient beaucoup trop, nous nous bornerons en quelque sorte à indiquer leurs noms, leurs domiciles, et les distinctions accordées à la plupart d'entr'eux. Nos lecteurs doivent aussi être prévenus que la présente section comprend avec la coutellerie proprement dite, divers objets qui s'y rapportent, tels que les cuirs à rasoirs, les pierres naturelles ou factices servant à les aiguiser ou affiler, les pommades et poudres destinées au même usage, les affiloirs, et surtout les instrumens de chirurgie dont la fabrication a été portée, en France, à une haute perfection.

1007 (878). M. *Armand-Clerc*, à Paris, rue du Buisson-St-Louis, n° 16, sera cité avec éloge dans le rapport du jury, pour ses affiloirs. — Nous renvoyons au 30e chapitre, les tours et les découpoirs qu'il avait aussi exposés.

1008 (1762). M. *Arthaud*, à Bourbonne (1), département de la Haute-Marne. — Rasoirs d'une nouvelle forme, en acier damas inaccessible à la rouille, qui sont de prix modérés, et font un long service. — Mention honorable.

1009 (91). M. *Barraud*, à Paris, rue St.-Honoré, n° 263. — Ouvrages divers de coutellerie. — Il avait été cité avec éloge, en 1827 : le rapport du jury de 1834, le mentionnera honorablement.

1010 (1210). M. *Bonneville*, rue du Faubourg St.-Martin, n° 220, à Paris. — Pierres factices pour rasoirs. — Citation avec éloge.

1011 (1854). M. *Bost-Membrun*, à Saint-Remy (2), département du Puy-de-Dôme. — Couteaux de table. — Rappel de la médaille d'argent qui fut accordée en 1823, et qui avait déjà été rappelée en 1827. — Cette maison exploite en grand la fabrication et le commerce de la coutellerie, et en fait des envois à l'étranger.

1012 (1648). M. *Bourdeaux* aîné, à Montpellier, département de l'Hérault. — Instrumens de chirurgie, d'une bonne exécution et de prix modérés, parmi lesquels deux forceps, qui offrent au praticien des avantages nombreux. — Médaille de bronze.

---

(1) Renommée pour ses eaux thermales. A 45 kilom. de Langres; — 3,280 habitans.

(2) A 28 kilom. de Thiers; — 3,920 habitans.

1013 (1108). M. *Cabau* jeune, à Paris, rue St.-Honoré, n° 314. — Coutellerie riche en vermeil, nacre et ivoire; taille-plume perfectionné. — Citation avec éloge, distinction que M. Cabau jeune avait déjà obtenue en 1827.

1014 (306). M. *Cardeilhac*, rue du Roule, n° 4, à Paris, adjoint aux commissaires experts près le ministère du commerce. — Coutellerie qui, placée à l'angle nord-est du 4e pavillon de la place de la Concorde, y attirait les regards par son éclat et par la perfection du travail. — Rappel de la médaille d'argent obtenue en 1827. Au Concours antérieur de 1823, M. Cardeilhac avait reçu celle de bronze. — Son art lui est redevable de divers progrès. Il a inventé récemment de nouveaux couteaux de dessert, et un coupe-raisin qui transporte les raisins dans le panier ou sur l'assiette, sans qu'on y mette les doigts.

1015 (510). M. *Cartier-Williams*, à Paris, place de l'Odéon, n° 4. — Instrumens de chirurgie.

1016 (1103). M. *Charrière*, rue de l'École-de-Médecine, n° 7 *bis*, à Paris. — Coutellerie, et instrumens de chirurgie. Entre ses mains, la fabrication de ces précieux instrumens s'est améliorée sous beaucoup de rapports, et s'est considérablement étendue; il en a perfectionné plusieurs et en a inventé d'autres, tantôt sous la direction de praticiens habiles, et tantôt en assistant à des opérations chirurgicales pour examiner et reconnaître les défauts de ceux qui y étaient employés. Aussi, il en reçoit des commandes de tous les pays, même de ceux qui nous les fournissaient autrefois; ce qui les augmente, c'est que ses prix sont modérés. Le nombre des ouvriers qu'il occupe est de 150. — Médaille d'argent accordée par le jury, d'une voix unanime. — M. Charrière est fournisseur des hôpitaux militaires et civils, des facultés de médecine de France, et des Universités étrangères.

1017 (933). M. *Chemelat*, rue de la Vieille-Bouclerie, n° 5, à Paris. Rasoirs de bonne trempe. — Citation avec éloge.

1018 (1649). M. *Crouzet* (Mathieu), à Montpellier, département de l'Hérault. — Instrumens de chirurgie d'une très bonne exécution — Médaille de bronze.

1019 (684). Instrumens du même genre, par M. *Daudé*, rue des Arcis, n° 22, à Paris.

1020 (445). Coutellerie de M. *Delporte*, à Paris, rue de Marivaux, n° 6, consistant en couteaux or et argent, ciseaux or et acier, argent et acier, instrumens de chirurgie, taille-plumes, trousses de voyage, et en rasoirs à anneaux mobiles, dont il est inventeur breveté.

1021 (1100). M. *Dordet*, rue des Fossés-Montmartre, n° 9, à Paris. Coutellerie diverse. — Citation avec éloge.

1022 (1853). M. *Douris-Fumeaux*, à Thiers (1), département du Puy-de-Dôme. — Coutellerie de

---

(1) C'est le centre d'une fabrication et d'un commerce considérable de grosse coutellerie, qui a plus de trois siècles de date, et qui emploi plus de 20 mille personnes. — Ses papeteries, également fort anciennes, sont très estimées pour registres, cartes à jouer et lettres. — 9,840 habitans.

bonne qualité, de prix modérés et de formes élégantes : M. Douris-Fumeaux fabrique, par semaine, 100 douzaines de couteaux, 30 de rasoirs et 36 de canifs assortis. — Rappel, en 1834, de la médaille de bronze qui lui fut accordée en 1827. Antérieurement en 1823, il avait obtenu une mention honorable.

1023 (1855). MM. *Dumas* et *Girard*, même ville et même département. — Couteaux et rasoirs. — Nouveau rappel, en 1834, de la médaille d'argent déjà rappelée en 1827, et qui avait été obtenue en 1823, sous la raison Dumas. Cette maison s'occupe principalement de la fabrication des rasoirs, dont elle fait un commerce étendu dans les Echelles du Levant; ils y sont recherchés pour leurs qualités supérieures et pour la modération de leurs prix.

1024 (1024). M. *Foubert*, passage Choiseul, n° 35, à Paris. — Coutellerie diverse. — Citation avec éloge.

1025 (1587). M. *Frestel* (Jean-Auguste), à St.-Lô, département de la Manche, coutelier très intelligent. — Articles nombreux de coutellerie à prix modérés, parmi lesquels un taille-pain à l'usage des agriculteurs, des rasoirs, dont un à sept lames, dit *semainier*, une jardinière à lames de rechange, etc. — Rappel, en 1834, de la médaille de bronze décernée en 1827.

1026 (1175). MM. *Gavet* et Ce, à Paris, rue Saint-Honoré, n° 138. — Coutellerie très variée, dans laquelle se trouvent d'excellens rasoirs d'une nouvelle trempe dite *pyrométrique*, des canifs taillant la plume d'un seul coup, des cuirs et une pâte servant à affiler les rasoirs. — Rappel de deux médailles d'argent précédemment accordées, l'une en 1823, et l'autre en 1827. — Cette maison est une des premières pour la fabrication et le commerce de la coutellerie : elle étend ses relations dans beaucoup de pays étrangers. Ses ateliers principaux sont à Chaumont, département de la Haute-Marne, où elle occupe soixante familles d'ouvriers.

1027 (2115). M. *Gerdret*, rue Montmartre, nº 127, à Paris. — Pierres qu'il appelle *indiennes*, pour se faire la barbe sans eau, sans savon et sans rasoir. Ces pierres, dont il a été beaucoup parlé, se composent de toutes celles qu'emploient les lapidaires dans le polissage des pierres précieuses. Pour s'en servir avec succès, il faut suivre les conseils que donne l'inventeur dans un avis imprimé remis à ceux qui les achètent, au prix modique d'un franc la pièce. On aurait tort de les considérer comme œuvre de charlatanisme; car le jury doit les citer avec éloge dans son rapport. Du reste, M. Gerdret mérite toute confiance, ayant exploité anciennement une manufacture considérable de draps fins, et ayant eu l'honneur de siéger au conseil-général des fabriques et manufactures. — Avec ses indiennes, il exposait un nouveau sac à avoine qu'il nomme *anti-pousse aérifère attracteur*, qui est établi de manière à permettre au cheval d'y chercher et prendre son avoine, sans baisser la tête, sans se priver d'air, sans s'enfoncer dans la poussière, en un mot sans subir aucun des inconvéniens qu'entraîne l'emploi des sacs à avoine ordinaires.

1028 (949). M. *Gervais*, rue de Rochechouart, n° 66, à Paris. — Pierres artificielles pour faire couper les rasoirs. — Citation avec éloge.

1029 (476). M. *Gillet*, à Paris, rue de Charenton, n° 41. — Rasoirs d'acier fondu, de prix très modérés. — Rappel, en 1834, de la médaille d'argent décernée en 1827 : celle de bronze avait été accordée en 1823. — Ce coutelier jouit depuis long-temps de la meilleure réputation pour ses rasoirs.

1030 (175). M. *Guigardet*, Vieille rue du Temple, n° 147, à Paris. — Rasoirs, taille-plumes et autres ouvrages de coutellerie. — Mention honorable en 1834, comme en 1827.

1031 (469). M. *Greiling*, à Paris, quai de la Cité, n° 33. — Rappel, en 1834, de la médaille de bronze délivrée en 1827. — Ce fabricant est un de nos plus habiles constructeurs d'instrumens de chirurgie.

1032 (1389). Instrumens de la même espèce, présentés par M. *Huart* fils, à Brest, département du Finistère.

1033 (781). M. *Lahausse*, à Paris, rue du Faubourg Poissonnière, n° 1. — Taille-crayons perfectionnés, instrumens qui donnent au crayon une taille parfaitement régulière et aussi fine qu'on le désire. — Citation avec éloge.

1034 (752). M. *Lanne*, rue du Temple, n° 42, à Paris. — Coutellerie diverse. — Même distinction qu'à M. Lahausse, compris sous le n° précédent.

1035 (463). M. *Laporte*, à Paris, rue des Filles-Saint-Thomas, n° 20. — Rasoirs et autres objets de coutellerie fine. — Rappel, en 1834, de la médaille de bronze accordée en 1827. Déjà en 1823, M. Laporte avait été mentionné honorablement.

1036 (2189). M. *Lefebure*, rue des Fossés-St.-Germain-l'Auxerrois, impasse Sourdis, n° 3, à Paris. — Pommade pour les rasoirs. — Citation avec éloge.

1037 (507). Mademoiselle *Lemaire*, à Paris, rue du Roule, n° 8. — Cuirs à rasoirs. — Mention honorable en 1834, comme en 1827.

1038 (432). M. *Massat* (Jean-Baptiste), rue de la Monnaie, n° 7, à Paris. — Coutellerie riche et coutellerie ordinaire. — Mention honorable. — Cet industrieux coutelier nous annonce qu'il est auteur d'une trempe nouvelle qui atteint, comme dans le damas, les parties dures et les parties tendres de l'acier, pour en former un tout compact, et qui, en même temps, communique au tranchant de quelqu'outil que ce soit, une puissante énergie. Nous ne pouvons que l'en féliciter, et lui donner le conseil de varier les applications de sa découverte.

1039 (176). M. *Méricant*, à Paris, quai des Ormes, n° 20, successeur de M. Petit-Walle, qui était si renommé pour ses rasoirs. — Coutellerie diverse. — Mention honorable, en 1834, comme en 1827. — M. Méricant soutient dignement la réputation de son prédécesseur.

1040 (1226). MM. *Montmireit* et *Landrey*, rue

Cloître-Notre-Dame, n° 18, à Paris. — Instrumens de chirurgie. — Médaille de bronze.

1041 (1388). Mention honorable de la boîte d'instrumens du même genre, qu'avait envoyée au concours M. *Morier*, à Brest, département du Finistère. On y remarquait des pinces nouvelles pour l'extraction des dents, qui étaient bien conçues et parfaitement exécutées.

1042 (1168). M. *Morize*, rue Saint-Antoine, n° 13, à Paris, fut mentionné honorablement en 1827, pour des rasoirs, des couteaux de cuisine, etc., en acier français, d'une bonne fabrication et de prix modiques. — D'après les documens rendus publics jusqu'à ce jour, il n'aurait obtenu, en 1834, que l'honneur d'être cité dans le rapport du jury. C'est vraisemblablement une erreur qui a eu lieu à son préjudice.

1043 (856). M. *Navaron-Juery*, à Thiers, département du Puy-de-Dôme. — Rasoirs. — Mention honorable.

1044 (85). M. *Philippon*, passage Dauphine, n° 36, escalier D, à Paris. — Poudre anti-caustique qui donne le fil aux rasoirs, aux canifs, et même aux instrumens chirurgicaux. — Citation avec éloge.

1045 (2437). M. *Pradier*, rue Bourg-l'Abbé, n° 8, à Paris. — Carte d'échantillons de coutellerie. — Rappel, en 1834, de la médaille d'argent accordée en 1823, et qui avait déjà été rappelée en 1827. — C'est une de nos plus fortes maisons de coutellerie. Elle occupe parfois jusqu'à 500 ouvriers, à Paris, à Châville près de Versailles, et parmi les détenus à Poissy. Ses relations commerciales s'étendent aux deux mondes. Doué d'un esprit inventif, M. Pradier est aussi le créateur d'une foule de perfectionnemens qui embellissent et varient ses produits, ou les rendent d'une exécution plus facile. A raison de ces qualités, et de sa haute position dans la fabrication et le commerce de la coutellerie, il a reçu depuis longtemps la décoration de la Légion-d'Honneur.

1046 (1857). M. *Pradier-Arbot*, à Thiers, département du Puy-de-Dôme. — Rasoirs. — Médaille de bronze. — Ce fabricant avait été cité avec éloge en 1827. Il tient un rang distingué dans la fabrique de coutellerie de Thiers.

1047 (1706). MM. *Renodier* père et fils, à Saint-Etienne, département de la Loire. — Couteaux de cuisine, et couteaux dits *Eustaches*, qui jouissent d'une si grande réputation pour l'exiguité de leur prix. — Mention honorable.

1048 (1763). Même distinction à M. *Richet*, à Langres (1), département de la Haute-Marne. — Il n'avait exposé qu'une paire de ciseaux à formes gothiques, et un couteau de quatre pièces garni en or. Les produits de sa fabrication sont d'ailleurs nombreux et variés, et remarquables en outre par la modération des prix. M. Richet en fait des envois dans tous les départemens, et même à l'étranger.

---

(1) Cette ville est renommée pour sa coutellerie et pour son commerce d'excellentes meules à émoudre qu'elle envoie dans toute l'Europe. A 31 kil. de Chaumont; — 7,469 habitans.

1049 (2122). M. *Roussin*, à Paris, place Maubert, n° 1. — Rasoirs à dos mobiles, et forces à découpoirs. C'est le premier article qui est l'objet principal de la fabrication de M. Roussin. — Rappel, en 1834, de la médaille de bronze accordée en 1827.

1050 (902). MM. *Sabatier* père et fils, rue Saint-Honoré, n° 84, à Paris. — Grand assortiment d'ouvrages de coutellerie en tout genre, qu'il leur est d'autant plus facile de vendre à des prix très modérés, qu'ils ont des ateliers à Thiers, département du Puy-de-Dôme. Aussi, parmi les articles à bon marché qu'on trouve chez eux, il y a des rasoirs à 9 fr. la douzaine, qui ne sont pas sans mérite. — Médaille de bronze.

1051 (141). Distinction semblable pour M. *Sanson*, à Paris, rue de l'Ecole-de-Médecine, n° 30. Il avait mis au concours un bras mécanique, des instrumens de chirurgie et divers autres ouvrages de coutellerie.

1052 (275). M. *Sir-Henri*, place de l'Ecole de-Médecine, n° 6, à Paris, coutelier de la Faculté de médecine et de l'Hôtel royal des Invalides. — Coutellerie, instrumens de chirurgie, et lames d'acier damassé. Rappel en 1834, de deux médailles d'argent obtenues aux Expositions de 1827 et 1823. — Les autres distinctions accordées à M. Sir-Henri, par l'Institut et par la Société d'Encouragement, sont aussi des preuves incontestables de son habileté, et de la supériorité des talens qui le distinguent. Ses damas, qui lui sont fournis par une fabrique qu'il exploite à Bougival, près de Marly, coupent le fer sans s'émousser. Parmi les objets qui composaient son exhibition, on remarquait surtout une caisse d'instrumens à amputer, que les chirurgiens pourraient justement appeler leur *vade mecum*.

1053 (1852). M. *Tixier-Goyon*, à Thiers, département du Puy-de-Dôme. — Ciseaux de prix très modérés, quoique d'une bonne fabrication. — Mention honorable en 1834, comme aux deux précédentes Expositions de 1823 et de 1827.

1054 (472). M. *Touron*, à Paris, rue de Richelieu, nº 108, fournisseur de la maison du Roi. — Belle et bonne coutellerie, et pas chère. Rappel, en 1834, de la médaille de bronze délivrée en 1827.

1055 (380). M. *Treppoz*, place des Victoires, nº 7, à Paris. — Coutellerie en damas et autre. Nouveau rappel, en 1834, de la médaille de bronze accordée en 1823, et déjà rappelée en 1827.

1056 (388). M. *Vallon* (Antoine), à Paris, galerie Vero-Dodat, nº 24. — Coutellerie diverse. Rappel de la médaille de bronze que M. Antoine Vallon avait reçue en 1827.

1057 (115). M. *Vallon* (Pierre), passage de l'Opéra, nº 23, et boulevard des Italiens, nº 2, à Paris. — Nouveaux affiloirs métalliques pour les rasoirs; greffoirs sécateurs pour toute espèce d'arbres et arbustes à fruits et à fleurs; appareils économiques, brevetés d'invention, pour la cuisson des alimens; rasoirs d'une trempe à l'épreuve, etc. —Citation en 1827, et mention honorable en 1834.

1058 (548). M. *Vauthier*, à Paris, rue Dauphine, n° 40. — Coutellerie remarquable par sa bonté et par la richesse des montures. — Mention honorable en 1834, comme précédemment en 1827. — La réputation de M. Vauthier est solidement établie.

EXPLICATION DES PLANCHES

DU SECOND VOLUME.

Nous eussions désiré pouvoir joindre à chaque article la description du dessin qui lui est relatif, mais l'indifférence d'un trop grand nombre d'Exposans est la cause que les dessins ne nous ont point été remis à temps, et qu'il a fallu renvoyer cette description à la fin du volume. — Il est facile, au reste, par l'indication de la page, de rapprocher le premier texte de celui qui explique les machines ou les objets, et des deux parties former un tout complet.

---

543 (616). *Chapeaux composés avec des matières végétales indigènes et exotiques.* (Voy. p. 98.)

Planches 1re et 2e, *figure* 1re. — Nous avons représenté quatre formes différentes de ces chapeaux, pour montrer qu'on pourrait varier autant ces formes que lorsqu'on employait du feutre ou de la soie. M. *Desmonts* fils avait fixé l'attention du public, et surtout celle des dames, qui ont accordé leurs éloges à ses produits.

579 (667). *Produits de* M. Micoud, *exécutés en peausserie.* (Voy. page 113.)

Pl. 1re et 2e. Les *fig.* 2 et 3 font voir la forme des *chauffe-pieds* de voyage et d'appartement, la *fig.* 2, dans leur état naturel, et la *fig.* 3, dans l'état de service. Prix, depuis 12 jusqu'à 15 fr.

Les *fig.* 4 et 5 représentent, sous deux aspects, les *clyssoires* à siége portatif, dont la commodité ne peut être révoquée en doute, surtout en voyage. Prix, 6 fr.

Les *fig.* 6, 7 et 8, sont des *outres* françaises, sous forme de service (*fig.* 6); roulée (*fig.* 7), et ployée (*fig.* 8). Depuis 4 fr. 50 cent. jusqu'à 6 fr. Ces prix sont relatifs au plus ou moins d'élégance des objets.

611 (377). *Chaussure appelée* anti-crotte, *de M. Delangre.* (Voy. page 130.)

Pl. 1re et 2e, *fig.* 9 et 10. Ces anti-crottes sont composés de deux parties, *fig.* 9 : l'une AB, toute en cuir, de l'épaisseur de deux lignes environ; l'autre A C, est une plaque de cuivre rivée et assujettie au cuir avec cinq à six rivets. La partie D est en cuir verni, et celle circulaire E F G, est également en cuir non poli, et d'une hauteur de 16 à 18 lignes; à l'extrémité se trouve un retroussis B B en cuivre, assujetti au support, et qui a pour objet d'empêcher la boue d'entrer dans le vide que laisse naturellement l'ajustement du bout du cuir verni. Ce qui surtout évite la crotte aux piétons, ce sont cinq supports qu'on place dessous la semelle H et en travers, ainsi qu'on le voit *fig.* 10. Sur ces cinq, trois, tels que J J, sont placés dans l'axe de la semelle, et deux, K et L, sous le talon. Les dimensions de ces supports sont calculées de manière à ce qu'ils s'usent également. — K est une courroie ou lanière qu'on place dans des boutons fixés de l'autre côté du socque, et qu'on consolide au moyen d'une boucle; on peut changer de pied à volonté.

Les prix varient de 6 à 9 fr., selon la grandeur du pied ou de la mesure. M. Delangre fait un grand débit de ces chaussures.

618 (646). *Socques de* M. Kettenhoven. (Voy. page 133.)

Pl. 1 et 2, *fig.* 11. C'est la figure d'un socque tout en cuir; ils ont l'avantage d'être très souples, de s'ôter et de se mettre avec la plus grande facilité, d'être élastiques, de manière à recevoir différens genres de chaussures, d'envelopper tout le pied.

On voit en A, *fig.* 12, le mécanisme simple au moyen duquel on allonge et on raccourcit, sans le secours d'aucun instrument. — B est une agrafe à crémaillère, avec laquelle on serre graduellement la bride.

631 (104). *Champignon mécanique de* M. Fanon. (Voy. page 140.)

Pl. 3 et 4. Cette planche représente le détail de ce champignon, ainsi que sa pose dans le coffre d'emballage.

Fig. 1re. A. Petit champignon à vis s'adaptant à volonté.

B. Noix mouvante servant à évaser le champignon selon la grosseur de la calotte du chapeau.

C. Vis de pression pour fixer la noix.

D. Forme de carton servant à faire pression sur la calotte du chapeau.

E. Goupilles pour fixer le chapeau.

F. Montans mouvans à charnières, sur lesquels sont adaptées les formes.

G. Branches réunissant le montant à la noix.

H. Balustre ayant un pas de vis, recevant le petit champignon, et servant à fixer le montant à la noix.

J. Platine recevant les trois montans et le balustre.

K. Vis de pression pour fixer dans une boîte le champignon à la hauteur convenable.

L. Pieds portant le champignon et s'ôtant à volonté.

Fig. 2. M. Coulisse fixée perpendiculairement dans une boîte et recevant le champignon.

Fig. 3. A. Boîte contenant deux chapeaux et robes.

B. Châssis pour recevoir les robes.

C. Champignons mécaniques sur lesquels sont adaptés les chapeaux.

Fig. 4. A. Boîte à trois châssis superposés pour contenir les robes.

B. Châssis pour recevoir les robes.

711 (196). *Tissus imperméables de* M. Champion. (Voy. page 203.)

Parmi les produits de cet Exposant, on voyait

des mesures linéaires et métriques, propres à mesurer les dimensions des bœufs et autres animaux, au moyen desquelles mesures on pouvait en déduire leur poids. — L'application de ce procédé sera représentée dans une des planches suivantes consacrées à des objets d'agriculture.

740 (558). *Produits de la fabrique de* M. Benoist. (Voy. page 223.)

Pl. 5 et 6. Elle représente un décors pour salle à manger, salle de billard, galerie, pavillon. Il est composé de deux croisées à vitraux coloriés, entre lesquels se place un paysage qu'on peut changer à volonté.

Les parties A et B des vitraux, peuvent également varier entre eux, et on peut leur substituer tout autre ornement, en y mettant des sujets choisis par le goût du propriétaire ou relatifs à sa profession. Ainsi, par exemple, on peut remplacer ces dessins par deux fonds unis sur lesquels se détachent des trophées d'armes, si on veut des emblêmes militaires. Cette disposition est donc à la fois ingénieuse et d'autant plus commode que les dessins sont en rouleaux et peuvent s'adapter à toute hauteur d'appartement. La même disposition s'applique aux colonnes C C, parce que les chapiteaux et les bases se mettent à la distance qu'on veut.

Tout autour de la planche 5 et 6, règnent des dessins persans qui encadrent avec goût l'ensemble que nous venons de décrire.

Ces sortes de papiers se font en mat, satinés et

veloutés, rehaussés d'or ou d'argent. Ceux que nous avons vus dans les ateliers de M. Benoist, donnent la plus haute idée des heureuses combinaisons qu'il sait choisir pour satisfaire tous les besoins et tous les goûts.

837 (675). *Couvertures en zinc et mitres nouvelles, inventées par* M. Biette. (Voy. p. 280.)

Pl. 7 et 8. La *fig.* 1re représente un toit A B C, recouvert avec les feuilles de zinc ondulé. Dans une toise de surface il entre environ quinze de ces feuilles; chaque feuille a 16 pouces de large sur 18 de haut.—Sur la ligne D E F G on voit comment se rattache chaque feuille : c'est au moyen des crochets H H séparés et de même métal, qu'on applique sur le bord de la canelure à droite et à gauche de la forme; lesdits crochets s'attachent aux chevrons du toit par des clous en zinc (car le fer oxiderait le zinc), et supportent les feuilles supérieures J. Ils servent en même temps à assujettir les feuilles inférieures K, de telle sorte que toutes les parties se lient et se tiennent parfaitement. Les gouttières sont très bien formées; l'eau y coule plus facilement, et le zinc ne s'oxide pas.

C'est M. Biette qui a été chargé de la couverture du nouveau pavillon construit au Jardin-des-Plantes. — On remarquera que ces couvertures offrent moins de prise au vent et sont moins dangereuses pour les passans. Leur usage est très répandu, car un manufacturier de Prague, en Bohême, en a envoyé chercher à Paris.

M. Biette est aussi l'inventeur d'un genre de mitres en grès rondes et rectangulaires, lesquelles portent à leur base une gouttière avec un larmier. Elles ont suffisamment de pente pour empêcher l'eau de filtrer le long des faces des cheminées. — Au moyen d'un godet placé à l'extrémité du larmier, les eaux sont rejetées sur le toit même, et les faces de la cheminée en plâtre sont mises à l'abri de l'eau qui les détériore d'autant plus facilement, que les cheminées sont exposées au grand vent.

On voit en L M le modèle de ces mitres. En L sont la gouttière et le godet, et en M l'emboîture pour recevoir un tuyau quelconque. — Le tout a environ 15 à 18 pouces de hauteur.

Cette invention est tellement utile, que M. Biette nous a déclaré en avoir fait, depuis l'Exposition, plus de six mille. Il les vend au prix de 1 fr. 25 c., et toutes posées, 2 fr.

842 (686). *Baignoires en zinc*, *de* M. Lamy. (Voy. page 281.)

Pl. 7 et 8. La *fig.* 2 représente la forme de ces baignoires. Elle a dans son fond 3 pieds 9 pouces sur 17 pouces de large, et à la partie supérieure, 4 pieds 10 pouces sur 22 de large au premier bord, et 29 pouces au second. La partie A est emboutée et soudée sur le flanc, pour lui donner de la force.

848 (1086). *Plaques en zinc pour ardoises*, *de* M. Seyffert. (Voy. page 283.)

Pl. 7 et 8. La *fig.* 3 représente l'ardoise vue en

dessus. On voit en A A A trois bossages ou parties relevées sur lesquelles s'appuie la plaque ou l'ardoise supérieure. Elles sont ainsi placées pour laisser un intervalle entre les deux plaques dans lequel l'air circule, ce qui détruit l'effet de la capillarité, effet qui pourrait être tel, que l'eau tombant sur le toit pourrait remonter et couler sur le comble. En B on voit le profil de dessus; à droite ce profil se termine en équerre, et à gauche par une partie circulaire.

La *fig.* 4 représente le dessous de l'ardoise; on y voit deux agrafes C C en zinc qui servent à fixer l'ardoise à la volige. Le profil D fait voir comment les ardoises peuvent se placer à côté les unes des autres. Cette pose se fait selon les lignes E F, de manière à ce qu'il y a entre les deux ardoises un intervalle analogue à celui qui existe lorsqu'on place les ardoises l'une sur l'autre, comme il a été expliqué ci-dessus. On voit cet assemblage dans le profil G H J.

Fig. 5 représente quatre ardoises assemblées sur un comble. On voit en A les voliges sur lesquelles sont placées les ardoises. Chaque ardoise a 0, 50 cent., sur 0, 32. M. Seyffert les exécute maintenant en forme d'ardoises qui se terminent en triangle G H F (*fig.* 3). A l'extrémité H est un larmier qui facilite l'écoulement de l'eau et la force à suivre le milieu de la plaque.

La *fig.* 6 fait voir la manière dont les plaques sont

rattachées aux voliges. La feuille inférieure se trouve toujours fixée avec la volige et la feuille supérieure.

Il faut remarquer que ce genre de couverture a le grand avantage de pouvoir être employé sans clous et de s'adapter aux combles en fer de toute espèce sans le secours de voliges. On peut en voir une application au comble du nouveau marché de la Madeleine, et à l'entrepôt du Marais à Paris. Le mètre superficiel recouvert ainsi revient, y compris la fourniture de la volige en sapin du Nord, à 6 fr. 50 cent. environ : il faut huit ardoises pour couvrir un mètre de superficie.

875 (2054). *Appareils de ridage à vis-sans-fin, et chaînes-câbles, de* MM. Drouault frères et Ce, *de Nantes.* (Voyez page 296.)

Pl. 7 et 8.—La *fig.* 7 représente l'appareil de ridage à vis-sans-fin.

Cette machine est composée d'une chape à douille, forgée d'une même pièce. Les branches de cette chape sont réunies par un boulon, qui sert à fixer le système à la chaîne de hauban.

A la partie supérieure de la chape, se trouve une traverse aussi à douille, fixée dans les parties latérales, de manière à ménager assez d'espace entre elle et le dessus de la chape, pour loger un écrou en bronze.

Cet écrou, tarraudé intérieurement, l'est également à son extérieur, de manière à recevoir comme tangente le cinquième de la circonférence d'une vis-sans-fin, fixée invariablement à deux joues ou supports rivés à l'intérieur de la chape. Sur l'axe de la vis-sans-fin, est adaptée une manivelle.

Enfin, une vis de 14 millim. de pas, dont les filets sont coupés sur le tour, traverse la douille de la chape, l'écrou, et la traverse à douille. Cette vis est terminée à sa partie supérieure, par un anneau portant une cosse, autour de laquelle s'enroule le hauban; et à sa partie inférieure par une traverse ou guide, fixé solidement à la vis.

Le dessin indique suffisamment la disposition des pièces qui composent ce système.

Cette machine est appelée à remplacer à bord des navires de l'Etat et du commerce, l'appareil nommé cap-de-mouton, qui nécessite, en frais d'amarrages, de cordages, perte de temps et des dépenses incalculables, sans offrir la sécurité, la célérité et l'exactitude que présente cet appareil.

D'une application très étendue, son service est aussi simple que facile. La manivelle à tourner dans un sens ou dans l'autre, produit sur le dormant la tension ou le mou, suivant la volonté de celui qui la meut. La manivelle ôtée, l'appareil reste fixe, aucun amarrage n'est nécessaire pour le maintenir contre le tangage ou le roulis.

Tout le système peut être enveloppé d'une coiffe pour le préserver de l'oxidation, moyennant que l'axe de la manivelle soit hors de l'enveloppe, qui ne peut nuire au mouvement du ridage dans son emploi.

Nous devons indiquer comme préservatif, le suif et l'huile chauffés ensemble et appliqués avec un pinceau sur la vis et l'écrou; cet enduit maintient dans un parfait état, pendant six à huit mois de mer, toutes les pièces de l'appareil.

Il sera facile, à l'inspection du dessin de ce mécanisme, d'en concevoir les effets. Toute la partie agissante consiste dans l'écrou à doubles fonctions, perpendiculaires entre elles, qui est fixe entre les deux montans où son mouvement horizontal a lieu. Ce mouvement lui étant imprimé par la vis-sans-fin, qui lui est tangente, et la grande vis verticale attachée au hauban, pouvant monter et descendre dans la partie intérieure de l'écrou, il devra nécessairement en résulter l'effet de course de cette dernière, lequel produira la tension, ou le relâchement du cordage, sans lui occasioner la moindre secousse.

Dimensions de l'appareil. — Les montans en fer rond qui composent ce que l'on peut appeler le châssis, ont de 46 à 47 centimètres de longueur sur 18 ou 20 millimètres de diamètre. La grande vis a aussi à peu près 46 centimètres de longueur, sans y comprendre la partie de l'anneau et de la osse. Son diamètre est de 30 millimètres, et sa course de 35 centimètres environ. Les autres pièces de l'appareil sont en proportion de force. L'écartement des montans est de 6 centimètres; le bras de la manivelle a 22 centimètres de longueur et s'applique presque à toucher la partie extérieure du montant.

Ces dimensions, qui sont celles des appareils appliqués à des navires de 250 à 300 tonneaux, pourraient être augmentées, si le cas était jugé convenable.

Les proportions le plus généralement adoptées pour la grosseur du fer des chaînes de haubans, sur nos navires du commerce, sont 25 ou 26 millimètres pour le diamètre. Or, si avec cette grosseur, elles ont constamment résisté à la traction opérée par quelque moyen que ce soit, il n'est point à supposer que la grosseur de la grande vis verticale sur laquelle le plus grand effort se fait sentir, et qui est de plus d'un tiers d'excédant, puisse courir de risque de rupture.

Si nous comparons maintenant l'effet théorique produit avec ce ridage à celui obtenu par les autres systèmes, nous verrons la différence tout à l'avantage du premier. En effet, si l'on suppose que la puissance est égale à 25 kilog. placés à l'extrémité du lévier, l'effet avec les crémaillères sera de 900 kilog., ce qui établit un rapport de 1 à 36, tandis qu'avec le ridage à vis on obtiendra un effet de 3,204 kilog., ou le rapport de 1 à 128.

Si l'on obtient une telle puissance, c'est au détriment de la vitesse, qui se trouve cependant à peu près compensée, dans la différence du temps nécessaire à la production du mouvement circulaire continu et celui pour produire le mouvement circulaire alternatif. Enfin, ce sytème offre le grand avantage de tendre également les haubans, ce qui ne peut être praticable avec les autres moyens employés jusqu'à ce jour.

Le temps et l'expérience confirmeront, du reste,

nos allégations, que nous pourrions appuyer du témoignage de gens de l'art qui se sont servis de ce procédé, jusqu'à ce qu'un nouvel appareil, plus économique et remplissant encore mieux le but que l'on s'est proposé, vienne supplanter ces prévisions et l'espoir que nous fondons, par conviction, sur l'utilité et les avantages que la marine en général peut retirer de ce système de ridage.

Voici les renseignemens qui nous ont été fournis sur la nature des dépenses que comportent les trois moyens de ridage en comparaison : les données s'appliquent à un navire de 22 pieds et demi de bau, jaugeant de 250 à 300 tonneaux environ.

1° Le ridage à cap-mouton, pour un brick de ce gabari, serait comme suit :

Frais de 28 cap-moutons à cordes, à 20 fr.	31 fr.	60 c.
28 *dito*, avec ferrure, à 4 fr. 20 c.	117	60
28 Rides de 5 brasses, premier brin, 2 pouces 3/4, à 3/4 kil. la brasse, ensemble 105 kil. coûteraient.	126	20
TOTAL.	275 fr.	40 c.

La même installation avec crémaillères, consistant en l'achat de 28 de ces dernières ; 6 léviers et fourchettes, ensemble, 307 kil., à 2 fr. le kil., coûterait. .	614 fr.	»

Report. . . .	614 fr.	»
Excédant de dépense sur le premier moyen.	338	60
Pour le ridage à vis, nous aurons 28 appareils au complet, à 30 fr. chacun, fait.	840	»
Excédant de dépense sur l'appareil Pinchaud.	226	»

Laquelle somme de 226 francs est à peu près un tiers en moins de la différence qui existe entre les prix comparés des deux premiers appareils.

Les cadènes, contre-cadènes de haubans, chaînes et chevilles étant communes aux trois systèmes de ridage, ne doivent pas figurer dans le devis ci-dessus.

Le prix courant de ridages pour navires de 150 à 200 tonneaux, est de 35 fr.; pour ceux de 200 à 400 tonneaux, de 40 fr., et pour ceux de 400 à 600 tonneaux, de 45 fr. pièce.

Nous devons terminer cet article en relatant un témoignage très favorable.

« Nous avons sous les yeux, dit un de nos correspondans, une lettre du capitaine Triment, commandant le navire *la Nancy*, adressée à messieurs Drouault frères, qui atteste que les ridages à vis-sans-fin, de leur invention, sont d'une solidité à toute épreuve, car ils n'ont pas bougé pendant tout le voyage du navire, qui, chargé de plomb, a éprouvé toute sorte de contrariétés, et a même perdu une partie de sa mâture. Le capitaine ajoute que, malgré tous ces mauvais temps, il s'est servi avec avantage de ces ridages, qui réunissent facilité et solidité pour les manœuvres. »

La *fig.* 8 représente le dessin de *chaînes-câbles.* Celles qui étaient exposées offraient un échantillon dans lequel figurait une maille de chaque dimension; mais en réalité, les modèles sont composés de mailles qui ont toutes les mêmes dimensions. — Chaque bout de chaîne est ordinairement de 15 brasses de longueur, et deux bouts se réunissent au moyen d'une menotte representée en A. Un émérillon B est ordinairement placé près de l'ancre, afin qu'elle puisse tourner sur elle-même, sans tendre la chaîne lors du mouillage.

Les prix sont de 70 fr. pour une grosse de cordage de 6 pouces, pour du fer de 6 lignes, et pour un poids par brasse de 7 kilog.; cela correspond alors à 6 tonneaux.

— De 52 fr., cordage de 10 pouces; fer, 11 lignes; brasse, 22 à 24 kil., et 20 tonneaux.

— De 50 fr., cordage de 12 pouces; fer, 13 lignes; brasse, 31 à 33 kilog., et 25 tonneaux.

Dans les ateliers de M. Drouault, les ancres coûtent 52 fr., poids de 50 kilog. (Ces prix étaient à la date du 1er mai 1836.)

909 (257). *Moules divers exécutés en fer-blanc,* par M. Pinat. (Voy. page 310.)

Fig. 9, 10 et 11. Ces figures suffisent pour faire voir que M. Pinat peut donner à ses moules

les formes les plus variées et les plus compliquées. Nous les recommandons à tous les ménages et à tous les pâtissiers.

949 (2427). *Machine à carder, de* M. Hache-Bourgeois. (Voy. page 332.)

Pl. 9 et 10, *fig.* 1re.

A. Volant.

B. Tringle servant à faire mouvoir le croqueur.

C. Poulies de commande donnant le mouvement.

D. Poupées.

E. Châssis mobile.

F. Escargot pour marquer les temps.

G. Rubans faits (ou bouté).

H. Poids qui appelle le châssis.

I. Ressorts à boudins.

956 (2382). *Machine à bouter des rubans de carde, de* M. Papavoine. (Voy. page 333.)

Pl. 9 et 10, *fig.* 2.

A. Plateau en fonte de fer, sur lequel toutes les pièces sont posées.

B. Bâti en bois supportant la machine.

C. Paneaux en bois servant à clore le bâti.

DD. Chaises qui supportent les pièces des deux côtés.

E. Cylindre cannelé servant à la conduite du cuir.

F. Plaque en cuivre à coulisse, se rétrécissant à volonté pour des cuirs plus ou moins larges, servant aussi à sa conduite.

G. Poulie en bois, à gorge, sur laquelle se meut la cuirasse pour faire mouvoir la machine.

H. Grand arbre de couche cylindrique, sur lequel est une rainure dans toute sa longueur, servant à porter et conduire un manchon. En dedans est adaptée une barrette tenue par trois vis en dessus du manchon, laquelle barrette circule dans toute la longueur de l'arbre. Sur ledit manchon sont adaptées des cammes retenues chacune par une vis et séparément. Elles servent à pousser les jumelles, le doubloir, le piston, le couteau, la poussée du fil, et pour courber la dent.

I. Deux roues cônes servant à livrer la longueur du fil pour former la dent de carde à mesure qu'elle se place dans le cuir. Les mêmes roues servent aussi à enlever le doubloir, lorsque les deux jambes de la dent sont introduites dans le cuir au moyen d'un petit excentrique posé sur le petit arbre qui sert à livrer le fil ci-dessus.

J. Roue de rochet sur laquelle est monté un pignon à dents droites, qui engrène avec la roue portant la lettre T, qui sert à livrer le cuir à mesure qu'il monte. Cette roue ne monte que d'une dent chaque fois que la mécanique a introduit six dents de cardes, formant une rangée droite dans le cuir; et pour obtenir plus de garniture, il suffit d'augmenter ou de diminuer le nombre du petit pignon.

K. Barre transversale pour joindre et consolider les deux côtés de la machine ensemble; et en même temps sur le milieu est posée une plaque en cuivre, tenue par deux pattes, sur laquelle sont deux coulisses qui se ferment et s'ouvrent à volonté, selon la largeur du cuir. Cette plaque porte la lettre Y.

L. Ruban ou bande de cuir passant dans les coulisses lorsqu'il est œuvré, et montant à mesure sur une poulie en bois, supportée par une chape et accrochée au plancher, ce qui la tient en tension au moyen d'un poids de 3 kilog. suspendu au bout du ruban œuvré.

M. Petit arbre rond portant le croqueux pour courber la dent lorsqu'elle est enfoncée dans le cuir. A un des bouts dudit arbre est posée une vis à tête de violon, pour baisser et lever le croqueux au besoin. De l'autre bout est une bascule à charnière en forme de mouvement à sonnette pour le faire monter à chaque dent qui est introduite pour la courber.

N. Branche en fer, tenue d'un bout par une vis, et de l'autre par une charnière pour tirer le *piston* qui sert à enfoncer la dent dans le cuir.

O. Volant servant à enlever la machine et à en régulariser l'activité; il est lui-même commandé par un pignon monté au bout du grand arbre portant la lettre H.

P. Barre plate servant aussi à tenir l'écartement comme à la lettre K. Dans son milieu est pratiquée une coulisse dite coffret, où passe le cuir pour se livrer au piqueur ou aiguilles; ce coffret est recouvert d'une platine tenue par deux goupilles rondes et mobiles, afin de laisser passer facilement le cuir et se prêter aux petites inégalités qui peuvent exister sur l'épaisseur d'un rouleau de cuir d'une longueur de quelquefois cent pieds; et à cet effet, deux ressorts sont placés derrière pour obéir à la souplesse du cuir à son passage.

Q. Barrette de traverse servant à faire déclancher la machine où sont posés deux ressorts plats recourbés d'un bout, l'un pour faire changer la marche de la machine de droite à gauche, et l'autre pour faire monter le cuir. Ces deux mouvemens se font en même temps.

R. Barrette de traverse servant à régler la marche de la grande vis à cinq filets; une dent de loup est placée au milieu de ladite barre, pour tomber à chaque fois dans une des dents de la roue à étoile, ou compteur qui se trouve posée au bout de la grande vis, sur laquelle est un écrou brisé qui conduit la tête de la machine.

S. Pièce à bascule portant le pied de biche qui pousse les rochets placés sur ladite grande vis, au bout opposé du compteur, et montés en sens contraire pour obtenir la poussée de droite à gauche et de gauche à droite.

T. Roue à dents droites, fixée au bout du cannelé pour livrer le cuir à mesure qu'il en est besoin.

U. Deux ressorts plats à pattes, attachés au plateau pour tenir le second cannelé et contenir le cuir en remplacement d'un rouleau de pression.

V. Pièce à bascule qui porte au milieu un talon en demi-rond, tenu par deux vis, sur lequel frotte l'excentrique, qui forme la chaînette ou genre de boutage, et du côté opposé frotte le bout de la grande vis à cinq filets.

X. Grande vis à cinq filets portant les rochets d'un bout, le régulateur de l'autre, et l'écrou brisé au milieu duquel elle passe; cet écrou, sur une partie plate, supporte la tête de la machine, ce qui lie la tête à la grande vis.

Y. Conduit en cuivre pour maintenir le cuir dont il est aussi parlé.

Z. Arbre cintré des deux bouts, sur lequel sont placés les excentriques qui servent à diviser la piqûre, soit chaînette double, simple ou ligne dite piqûre à la française.

983 (1125). *Crémaillères nouvelles, appelées Crémones françaises, de l'invention de* M. Feragus.

Pl. 11, 12, 13 et 14. — *Modèle* n° 1. C'est le plus simple. Il est pour croisées et persiennes. On voit en A le bouton qu'on pousse en haut ou en bas. En poussant en haut, on ouvre le haut et le bas de la croisée, et en baissant on la ferme. En B se voit la face de la crémone. Le prix de ce modèle est de 10 fr., et pour chaque pied de tige en plus, 50 cent.

Modèles n°s 2 et 3. Ils servent pour les portes à placard, pour les croisées, entaillées invisiblement dans la gueule de loup. Les premiers sont de 18 fr., et les seconds de 21 fr.

Modèles n°s 4 et 5. Ils sont tous les deux à boîtes apparentes et en cuivre. — Le modèle n° 4 a des prix différens, selon qu'il est garni ou non de pannetons servant à fermer les volets. Les prix sont de 25 fr. ou de 27 fr. — Le modèle n° 5, en tout semblable, mais orné pour les cuivres, est du prix de 32 fr. ou de 35 fr., avec pannetons pour les volets.

Modèle n° 6. Ce modèle est une crémone à lévier, à console, sur médaillon, en cuivre verni couleur d'or, forme simple, poignée torse. Prix de 32 fr. 50 c., et le même avec panneton, du prix de 35 fr.

Modèle n° 7. Il est semblable au précédent, à l'exception que la poignée est à tête de chimère ornée, ciselée. Le modèle comporte deux prix, l'un de 35 fr., et l'autre de 39 fr.

Modèle n° 8. Il est semblable au modèle n° 7, mais avec cette différence qu'il est orné pour les cuivres et ciselé : les tiges sont vernies, et les ornemens couleur d'or. Prix, 100 fr. ; le même, avec panneton, prix, 105 fr.

Cette invention est appréciée par les directeurs

d'établissemens publics, et a déjà reçu les éloges de MM. Alavoine, Peyre, architectes du gouvernement, et de M. Alard. — On en voit dans les salles du Conservatoire des Arts et Métiers, et dans plusieurs maisons de la capitale.

FIN DU SECOND VOLUME.

TABLE SOMMAIRE
DES MATIÈRES
CONTENUES DANS LE SECOND VOLUME.

Pages.

6e CHAPITRE. — Coton. 1

1re Section. — Filage du coton. 3

— § 1er. Fils de coton simples 6

Filatures de l'arrondissement de Lille. 7

Filatures de coton de la Seine-Inférieure. . . 8

Filatures de coton du Haut-Rhin. 10

Autres filatures de coton. 13

— § 2. Fils de coton retors pour tulle, bonneterie, à coudre, à broder, à marquer, etc. 18

Filatures de coton retors appartenant au département du Nord. 18

Autres filatures de coton retors 20

IIe Section. — Tulle de coton. 24

IIIe Section. — Tissus de coton pur, en écru et en blanc. 28

— § 1er. Mousselines, percales, jaconats, madapolams, calicots, bazins, coutils, rubans de percale, etc. . . 29

Tarare. 30

Saint-Quentin. 32

Mulhausen et autres lieux du département du Haut-Rhin. 33

Roisels (arrondissement de Péronne, département de la Somme). 38

Autres Exposans de tissus de coton pur, écrus ou blancs 39

— § 2. Guingams 47

IVe Section. — Tissus de coton mélangés 50

7e CHAPITRE. — Couvertures pour literie et à divers usages; Courte-pointes, Couvre-pieds. 52

Pages.

8e CHAPITRE.— BONNETERIE. 60
Ire SECTION. — Bonneterie de coton, de soie, de laine, de fil 60
Fabriques de Bonneterie du département du Gard 61
Autres fabriques de Bonneterie 65
IIe SECTION. — Bonneterie orientale ou Casquets façon de Tunis. 70

9e CHAPITRE. — DENTELLES ET BLONDES, GAZES, BRODERIES. 74
Ire SECTION. — Dentelles et blondes 74
IIe SECTION. — Gazes 82
IIIe SECTION. — Broderies 84

10e CHAPITRE. — CHAPELLERIE 92
Ire SECTION. — Chapeaux en feutre et chapeaux en soie. 92
IIe SECTION.— Chapeaux composés d'autres matières. 98

11e CHAPITRE. — CUIRS ET PEAUX 101
Ire SECTION. — Tannage 102
IIe SECTION. — Corroyage 110
IIIe SECTION. — Peausserie 112
IVe SECTION. — Parcheminerie 116
Ve SECTION. — Chamoiserie, Mégisserie et Ganterie; Buffleterie 116
VIe SECTION. Maroquinerie 121
VIIe SECTION. Cuirs vernis 124
VIIIe SECTION. Chaussures, ou bottes et embouchoirs, souliers et formes, brodequins, claques, sabots, etc. 128
IXe SECTION. Sellerie, mulleterie, coffreterie. . . . 139

12e CHAPITRE. — TEINTURE, APPRÊTS ET BLANCHIMENS. 141
Ire SECTION. Teinture. 141
IIe SECTION. Apprêts et blanchîment. 158

13e CHAPITRE. — IMPRESSIONS SUR TISSUS. 164
Ire SECTION. — Impressions sur étoffes de laine. . . 165

Pages.

IIe Section. — Impressions sur tissus de soie . . . 167

IIIe Section. — Impressions sur tissus de coton. . . 169

Mulhausen et le Haut-Rhin. 169

Rouen et département de la Seine-Inférieure . . 183

Autres fabriques d'indiennes et de toiles peintes. 194

IVe Section. Impressions sur tissus de fil. 199

14e CHAPITRE. — Tapis et Tapisseries; Stores; Tissus vernis ou cirés pour tapis et pour d'autres usages; Velours peints; Velours imitant la peinture; Tentures en papiers peints. 200

Ire Section. — Tapis et Tapisseries; Stores; Tissus vernis ou cirés pour Tapis, et pour d'autres usages. 201

IIe Section. — Velours peints. 220

IIIe Section. — Velours imitant la peinture 222

IVe Section. — Tentures en papiers peints. 223

Appendice aux tentures de papier peint. . . . 229

Tenture en paille de diverses couleurs. . . . 229

15e CHAPITRE. — Papier. 230

Ire Section. — Produits des fabriques de papier. . . 232

IIe Section. — Objets dépendant de l'industrie et du commerce de la papeterie. 251

IIIe Section. — Papiers dits de fantaisie; Papier de sûreté, papier de verre pour le polissage des bois et métaux. 257

16e CHAPITRE. — Plomb, Étain, Cuivre et ouvrages en cuivre, Zinc et ouvrages en zinc, Bronze ou Airain, Fonte en fer et objets en fonte, Fer et gros ouvrages en fer, Aciers, Tôle, Fer-blanc et Ferblanterie, Tréfilerie. 263

Ire Section. — Plomb 265

IIe Section. — Étain. 269

IIIe Section. — Cuivre et ouvrages en cuivre. . . 269

IVe Section. — Zinc et ouvrages en zinc. 279

Ve Section. — Bronze ou Airain. 284

VIe Section. — Fonte de fer; Fer et gros ouvrages en fer. 285

Pages.
— § 1er. Fonte et ouvrages en fonte de fer. . . . 286
— § 2. Fer et gros ouvrages en fer. 293
APPENDICE A LA SECTION DU FER ET DE LA FONTE. — Houille. 300
VIIe SECTION. — Aciers. 302
VIIIe SECTION. — Tôle. 307
IXe SECTION. — Fer-blanc et Ferblanterie. 308
Xe SECTION. — Tréfilerie. 310
17e CHAPITRE. — OUTILS, INSTRUMENS ET AUTRES OUVRAGES ANALOGUES FORMÉS PAR L'EMPLOI DES MÉTAUX, ET PRINCIPALEMENT DU FER ET DE L'ACIER. 315
Ire SECTION. — Limes et Râpes. 319
IIe SECTION. — Scies et Ressotrs. 325
IIIe SECTION. — Faulx. 327
IVe SECTION. — Epingles et Aiguilles. 329
Ve SECTION. — Cardes. 331
VIe SECTION. — Peignes ou Rots. 336
VIIe SECTION. — Tissus métalliques et cribles métalliques. 338
VIIIe SECTION. — Alènes. 341
IXe SECTION. — Clouterie. 342
Xe SECTION. — Serrurerie. 344
XIe SECTION. — Lits et autres meubles en fer 351
XIIe SECTION. — Coutellerie. 355
Explication des planches du second volume. . . . 368

Nota. — On a donné sur chacune des villes, bourgs et autres localités, cités dans ce volume, des notices statistiques rédigées d'après les documens les plus récens, et fournis par les notabilités industrielles résidant sur les lieux mêmes. — On trouvera un grand nombre de ces notices, dont plusieurs font connaître la situation actuelle du commerce et de l'industrie des principales villes qui ont concouru à l'Exposition.

PLANCHES DU SECOND VOLUME.

Numéros des Planches.

Fig. 1re. Chapeaux fabriqués avec des matières végétales indigènes, de M. Desmonts fils. . . . . . . 1 et 2

Fig. 2e, 3e, 4e, 5e, 6e, 7e et 8e. Produits en gomme élastique de la fabrique de M. Micoud. . . . . . *Ibid.*

Fig. 9e et 10e. Chaussure appelée *anti-crotte*, de l'invention de M. Delangre. . . . . *Ibid.*

Fig. 11e et 12e. Socques de M. Kettenhoven. . . . *Ibid.*

Fig. 1re, 2e, 3e et 4e. Champignon mécanique et boîtes d'emballage, de l'invention de M. Fanon. 3 et 4

— Modèle d'un papier-tenture, destiné à décorer une salle à manger ou une salle de billard, galerie ou pavillon, de la manufacture de M. Benoist . . . 5 et 6

Fig. 1re. Couvertures en zinc et mitres, de l'invention de M. Biette. . . . . 7 et 8

Fig. 2e. Baignoires en zinc, de M. Lamy. . . . . . *Ibid.*

Fig. 3e, 4e, 5e et 6e. Plaques de zinc pour ardoises, de M. Scyffert. . . . . *Ibid.*

Fig. 7e. Appareil de ridage de MM. Drouault. . . . . *Ibid.*

Fig. 8e. Chaîne-câble, *idem*. . . . . *Ibid.*

Fig. 9e, 10e et 11e. Moules divers exécutés en ferblanc, par M. Pinat. . . . . *Ibid.*

Fig. 1re. Machine à cardes, de M. Hache-Bourgeois. 9 et 10

Fig. 2e. Machine à bouter des rubans de cardes, de M. Papavoine. . . . . *Ibid.*

Fig. 1re à 8e. Modèles divers d'espagnolettes, dites *Crémones françaises*, de l'invention de M. Féragus . . . . 11, 12, 13 et 14

ERRATA AU TEXTE.

Page 5, ligne 30, au lieu de les cotons filés, *lisez* ces cotons filés.

Page 6, lignes 17 et 18, au lieu de Fauquet, Lemaitre, *lisez* Fauquet-Lemaitre.

Page 10, ligne 3, au lieu de c'était des cotons, *lisez* c'était de cotons.

Pages 30 et 31, au lieu de il les citera au contraire avec éloge dans son rapport, *lisez* il citera au contraire avec éloge dans son rapport.

Page 36, à la fin de la ligne 16, au lieu de 1834, *lisez* 1823.

Page 45, ligne 10, au lieu de dans une teinte, *lisez* dont une teinte.

Page 68, lignes 10 et 11, au lieu de Meyrenis-Reya, *lisez* Meyrenis-Rey a.

Page 144, ligne 17, au lieu de volontie *lisez* volontiers.

Page 155, avant dernière ligne, au lieu de la gonde *lisez* la gaude.

Page 236, ligne 19, au lieu de tissage des draps, *lisez* lissage des draps.

Page 332, ligne 5, au lieu de Godel-Huchard, *lisez* Godet-Huchard.

Page 342, ligne 13, au lieu de broze, *lisez* bronze.

Page 351, ligne 4, au lieu de meubles formés du même métal, *lisez* meubles du même métal.

Chapeau fabriqué avec des matières végétales.

Fi

Fig. 1.

F

Fig. 6.

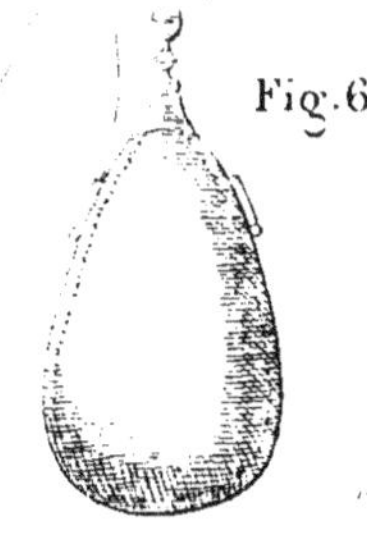

Outre

Fig.

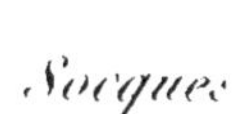

Anti-cro

Fig. 9.

Socques

Fig. 11.

Gravé par Bolton

Chapeau fabriqué avec des matières végétales.

Produits de Mr. Micoud.

Chauffe-pieds.

Fig. 1.

Fig. 2.

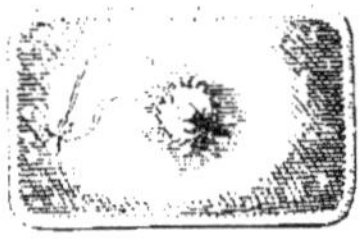

Fig. 3.

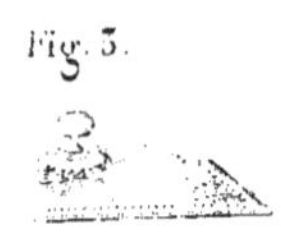

Fig. 4. *Clyssoires.* Fig. 5.

Fig. 6.

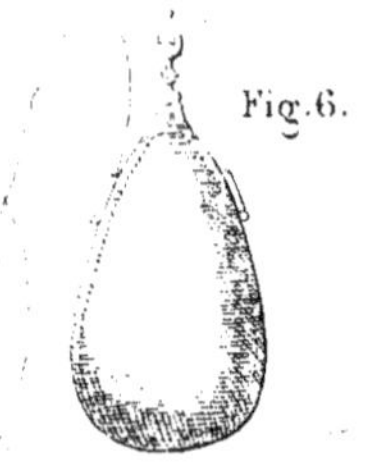

Outre française.

Fig. 7.

Fig. 8.

Anti-crotte de Mr. Delangre.

Fig. 9. Fig. 10.

Socques de Mr. Kettenhoven.

Fig. 11. Fig. 12.

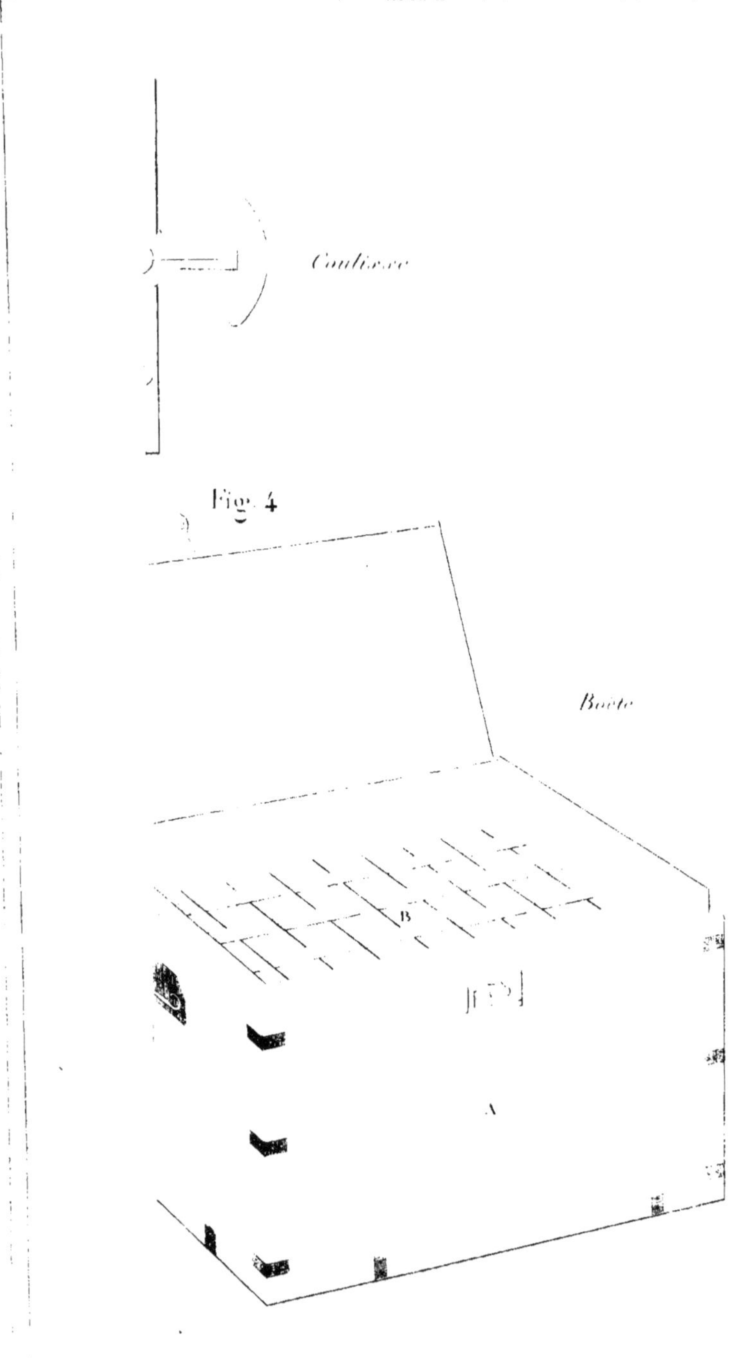

Gravé par Maelice

Dessiné p...

Champignon

Fig. 1. Champignon

Fig. 2.

Fig. 3.

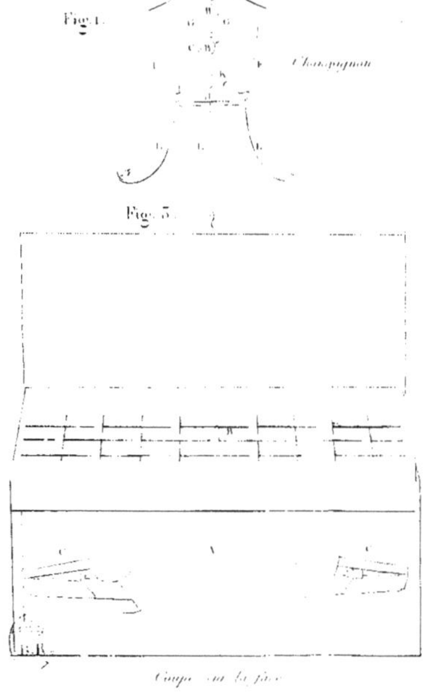

Fig. 4.

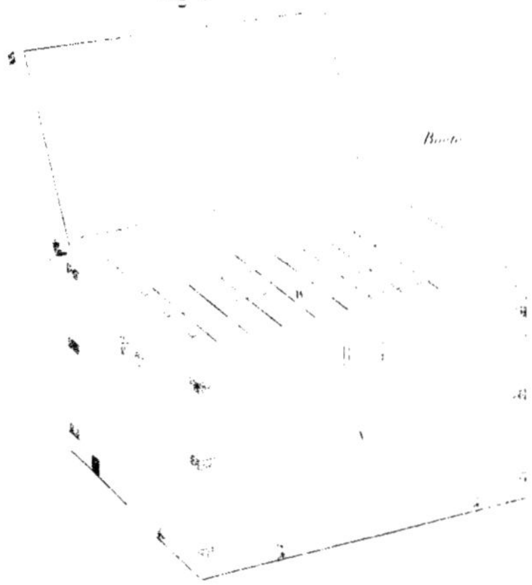

Gravé par Mo…

Gravé par Marlier

Dessiné par V. De Moléon

Papiers peints de M. Benoist.

Gravé par Marlier

elle.

Zinc de Mr. Lamy.

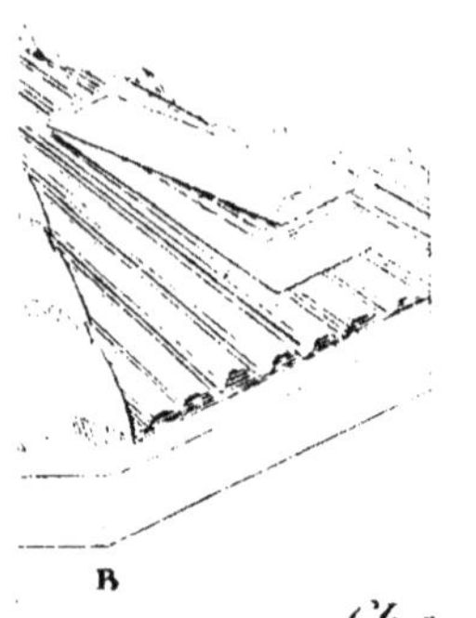

Chat

ers de Mr. Pinat.

A

Grappe de Raisin.

Fig. 11.

rées.

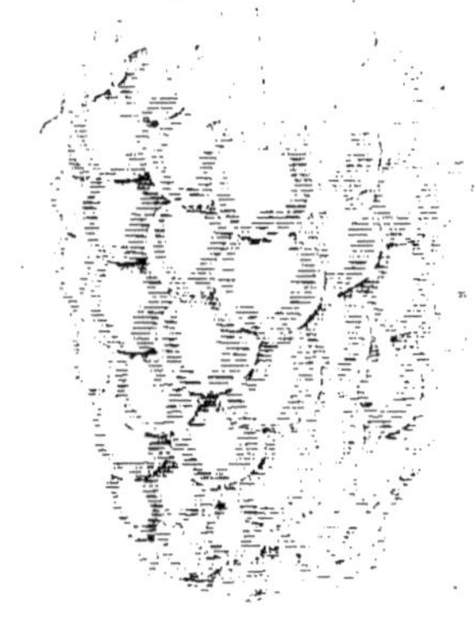

A

B

J

Dessiné par V. De Moléon

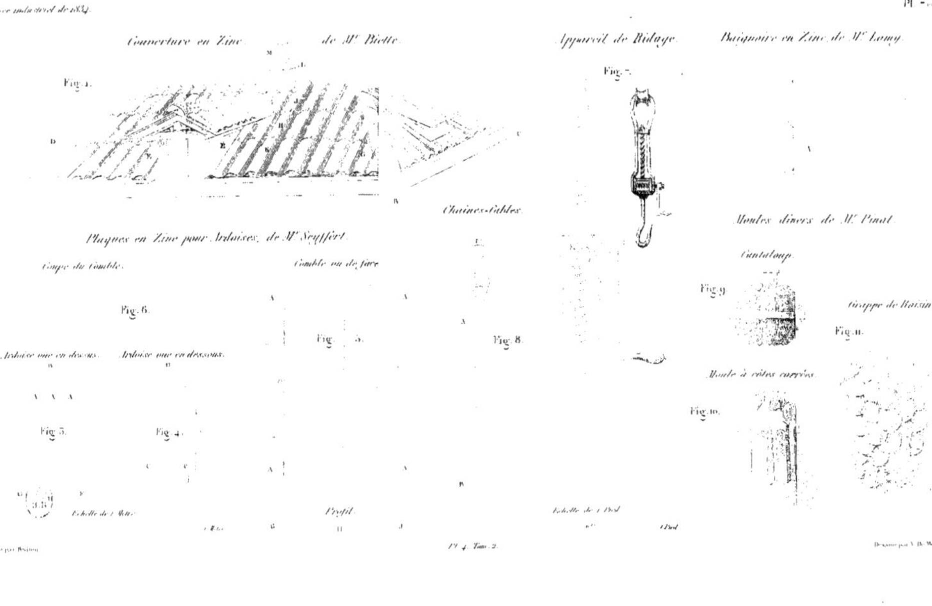
Couverture en Zinc de M.r Biette.
Fig. 1.
Appareil de Ridage.
Fig. 7.
Baignoire en Zinc de M.r Lamy.
Chaines-Cables.
Moules divers de M.r Pinat.
Plaques en Zinc pour Ardoises, de M.r Seyffert.
Coupe du comble.
Comble vu de face.
Fig. 6.
Cantaloup.
Fig. 9.
Grappe de Raisin.
Fig. 11.
Fig. 5.
Fig. 8.
Ardoise vue en dessus.
Ardoise vue en dessous.
Moule à côtes carrées.
Fig. 10.
Fig. 3.
Fig. 4.
Profil.
Echelle de 1 Pied.

…chine à Bouter les Cardes

de M. Papavoine.

Fig. 2.

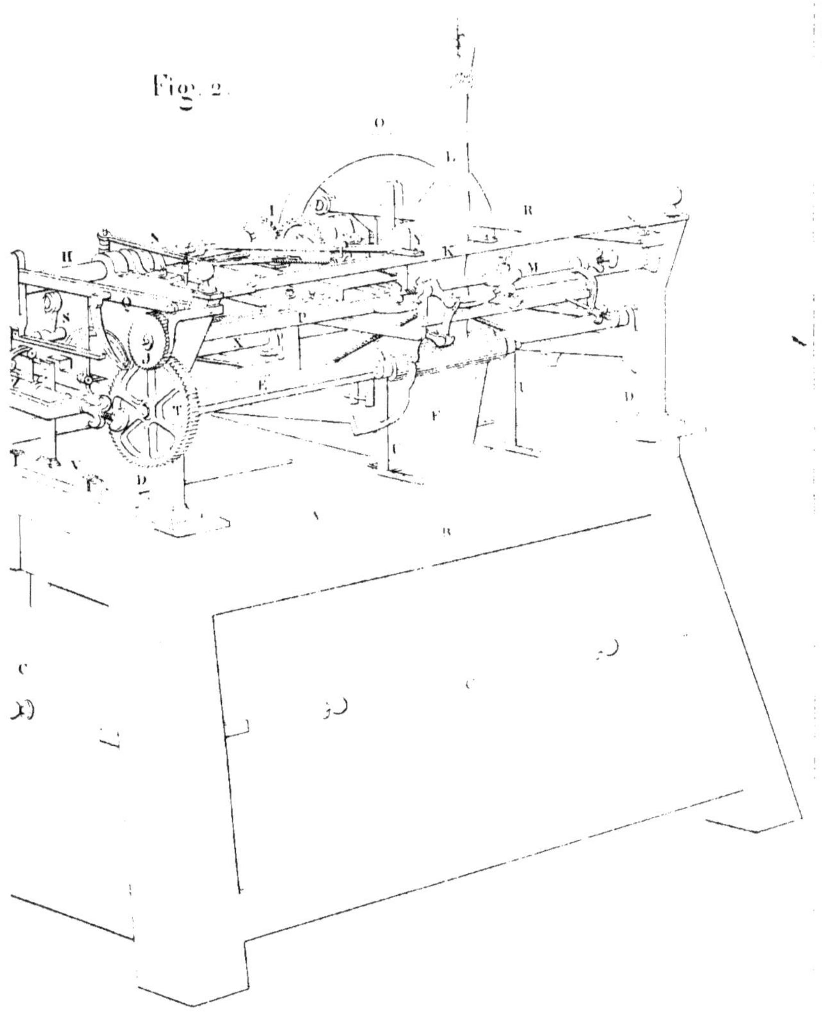

Dessiné par V. De Mol…

Machine à Carder
de M. B...

Fig. 1.

Machine à Bouter les Cardes
de M. Papavoine.

Fig. 2.

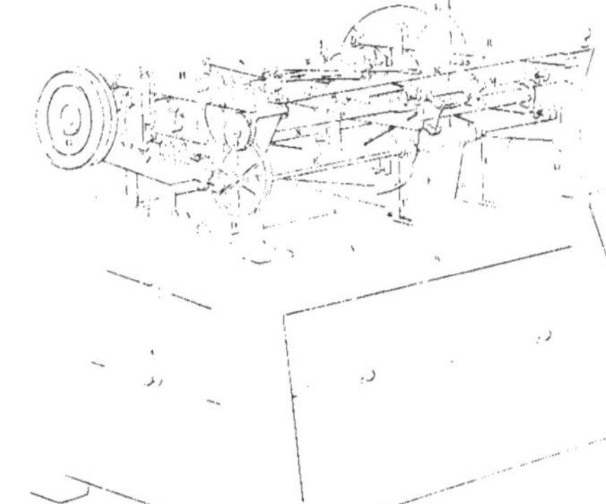

Gravé par Machère

Pl. 11, 12, 13 et 14

s de Férraux.

Modè

Modèle N.° 8.

Crémaillères nouvelles dites Crémones françaises de l'invention de Mr. Fértaus.

Modèle N° 1. | Modèles N° 2 et 3. | Modèles N° 4 et 5. | Modèle N° 6. | Modèle N° 7. | Modèle N° 8.

CONDITIONS

DE LA SOUSCRIPTION ET BUT DE L'OUVRAGE.

Cet Ouvrage, qui aura quatre volumes et peut-être cinq, se publie par livraisons, chacune de une feuille in-8° d'impression, accompagnées de planches gravées sur acier ou sur cuivre.

— Le prix pour l'ouvrage complet, est, pour Paris, de. . . 20 fr.
— Pour les Départemens. 25
— Et pour l'Étranger. 30

Toute souscription se paie d'avance, et on ne peut souscrire pour une des livraisons ou des volumes séparés. Il faut prendre la totalité.

Le but de l'ouvrage est de donner une description complète de l'Exposition de 1834, c'est-à-dire, de présenter l'historique des 2,459 Exposans qui y figuraient, de faire connaître leurs établissemens, les objets exposés, de signaler les perfectionnemens et les progrès apportés dans chaque art, d'énumérer les récompenses obtenues par chaque industriel, enfin de présenter la statistique industrielle la plus récente des villes, des localités et des départemens qui ont contribué à cette Exposition.

Chaque description, lorsque le sujet l'exige, est accompagnée de la planche gravée qui sert à la faire concevoir; de telle sorte que la réunion des dessins choisis donne une idée exacte de ce que renfermaient de plus remarquable les quatre pavillons.

C'est le seul ouvrage qui ait été publié sur cet objet à une aussi grande échelle, et il fait le pendant de celui qui a été rédigé sur les Expositions précédentes de 1798 à 1819, en 4 volumes in-8°, et qu'on trouve au bureau central de la *Société Polytechnique* et du *Recueil industriel*, rue Neuve-des-Capucines, n° 13 *bis*.

VERSAILLES. — IMPRIMERIE DE MARLIN.